L. Dorn u. a.
Schweißen in der Elektro- und Feinwerktechnik

Autorenverzeichnis

Federführender Autor
Prof. Dr.-Ing. L. Dorn
Technische Universität Berlin
Straße des 17. Juni 135
1000 Berlin 12

Mitautoren
Ing. M. Burstin
c/o Schlatter AG
8952 Schlieren/Schweiz

Dipl.-Ing. K. Lindner
Weld-Equip Deutschland
Josef-Retzer-Str. 47
8000 München 60

Obering. L. Pfeifer
AEG-Telefunken
Institut für Schweißtechnik
Goldsteinstraße 235
6000 Frankfurt 71

Ing. (grad.) P. Seiler
c/o Haas Strahltechnik
Postfach 29
7230 Schramberg

Prof. Dr. rer. nat. D. Stöckel
c/o G. Rau
Kaiser-Friedrich-Str. 7
7530 Pforzheim

Ing. HTL R. Suter
c/o Schlatter AG
8952 Schlieren/Schweiz

Schweißen in der Elektro- und Feinwerktechnik

Prof. Dr.-Ing. L. Dorn

Ing. M. Burstin
Dipl.-Ing. K. Lindner
Obering. L. Pfeifer
Ing. (grad.) P. Seiler
Prof. Dr. rer. nat. D. Stöckel
Ing. HTL R. Suter

Kontakt & Studium
Band 134

Herausgeber:
Prof. Dr.-Ing. Wilfried J. Bartz
Technische Akademie Esslingen
Fort- und Weiterbildungszentrum
Dipl.-Ing. FH Elmar Wippler
expert verlag, 7031 Grafenau 1/Württ.

CIP-Kurztitelaufnahme der Deutschen Bibliothek

Schweissen in der Elektro- und Feinwerktechnik:
[Laser-, Elektronenstrahl-, Mikroplasma-,
Mikrowiderstands-, Thermokompressions- u.
Ultraschallschweissen, Impulslöten] / Lutz
Dorn... – Grafenau/Württ.: expert verlag, 1984.
  (Kontakt & [und] Studium; Bd. 134: Elektrotechnik)
  ISBN 3-88508-839-8
NE: Dorn, Lutz [Mitverf.]; GT

© 1984 by expert verlag, 7031 Grafenau 1/Württ.
Alle Rechte vorbehalten
Printed in Germany

ISBN 3-88508-839-8

Herausgeber-Vorwort

Aus der ungeheuren Beschleunigung, mit der sich der Wissensstoff in der Welt vermehrt, folgen eine ständige Erweiterung des Grundlagenwissens in den einzelnen Disziplinen, immer neue Aufgaben für die Forschung sowie neue und veränderte Technologien.

Die nationalen Volkswirtschaften und der einzelne Betrieb müssen sich darauf einstellen, wenn sie im Wettbewerb bestehen wollen. Für den Einzelnen resultiert daraus die Notwendigkeit lebenslangen Lernens.

Die Lehr- und Fachbuchreihe Kontakt & Studium versteht sich in diesem Prozeß als ein Hilfsmittel, vor allem für den im Beruf Stehenden. Sie

— ermöglicht den Anschluß an die neuesten wissenschaftlichen Erkenntnisse und Technologien
— bietet klar abgegrenzte Sachgebiete, systematischen Stoffaufbau, verständliche Sprache, viele Abbildungen und Graphiken, zahlreiche praktische Beispiele und Fallstudien
— bewirkt die Vertiefung des in der Berufspraxis erworbenen Fachwissens
— vermittelt durch ein ergänzendes Nachstudium Spezialwissen in einem während der Erstausbildung nicht erlernten Gebiet
— erleichtert das Einarbeiten in ein Fach, das erst in der Gegenwart aktuelle Bedeutung erlangt hat.

Bei der Betreuung der Reihe Kontakt & Studium hat sich die enge Zusammenarbeit zwischen der Technischen Akademie Esslingen und dem expert verlag, Fachverlag für Wirtschaft & Technik, als konstruktiv und erfolgreich erwiesen.

Die Themen der fortlaufend erscheinenden Bände werden systematisch ausgewählt. Sie bilden ein bedeutendes, aktuelles Sammelwerk für die Teilnehmer an den Lehrveranstaltungen der TAE und für die gesamte Fachwelt in Studium und Beruf.

Der vorliegende Band enthält die wesentlichen Teile des in den Lehrveranstaltungen behandelten Stoffes in wissenschaftlich fundierter und praxisnaher Bearbeitung.

Es ist zu wünschen, daß die Vertiefung in den dargebotenen Wissensstoff zu dem von der Technischen Akademie Esslingen und dem Verlag erhofften Nutzen führt.

Technische Akademie Esslingen
Wissenschaftliche Leitung
Prof. Dr.-Ing. J. Bartz

Autoren-Vorwort

In vielen Industriezweigen ist die technische Weiterentwicklung auf eine fortlaufende Verkleinerung der Bauteile ausgerichtet. So wurden aufgrund der Anforderungen der Weltraumfahrt und der Computertechnik in der Elektronik besonders rasche Fortschritte in der Miniaturisierung erzielt. Durch den Übergang von der Röhrentechnik auf Halbleiter-Bauelemente und deren Verknüpfung in integrierten Schaltkreisen steigerte sich die in einem Kubikzentimeter anzuordnende Bauelementezahl seit Mitte der fünfziger Jahre um mehrere Zehnerpotenzen. Auch in der Feinmechanik ist das Voranschreiten dieser Entwicklung, so z.b. bei Schreibmaschinen, Uhren und Kameras unverkennbar.

Die stetige Verkleinerung der Bauteile machte es erforderlich, auch die Fügetechnik in immer kleineren Dimensionsbereichen anzuwenden. Dies führte sowohl zu einer Weiterentwicklung konventioneller Schweißverfahren, wie z.b. des Widerstandsschweißens, als auch zum Einsatz neuartiger Schweißenergiequellen, wie z.B. des Lasers. Der Vorteil des Mikroschweißens gegenüber dem Löten liegt u.a. in der höheren Festigkeit, insbesondere bei erhöhten Temperaturen, sowie im Vermeiden einer Fremdmetallschicht, die sich z.b. im Hinblick auf elektrisches Verhalten und Korrosion nachteilig auswirken kann. Die Wahl des jeweils optimalen Schweißverfahrens richtet sich nach den jeweiligen Anforderungen bezüglich elektrischer und thermischer Eigenschaften, der erreichbaren Zuverlässigkeit sowie der Wirtschaftlichkeit.

Auch die eingesetzten Schweißgeräte mußten immer weiter verfeinert und mit Beobachtungsmikroskopen und Manipulatoren zur exakten Werkstückpositionierung ausgerüstet werden. Insofern wirkten die extremen Anforderungen der Mikroelektronik als Triebfeder für die stürmische Weiterentwicklung des Mikroschweißens, wobei die dabei gewonnenen Erfahrungen auch der Kleinteilfügetechnik in anderen Industriezweigen, wie z.B. der Elektrotechnik, der Feinmechanik und dem Meßgerätebau, zugute kommen.

Im vorliegenden Fachbuch werden die wichtigsten Schweißverfahren der Elektro- und Feinwerktechnik vorgestellt, Hinweise zur optimalen Verfahrensauswahl in Abhängigkeit von der jeweiligen Schweißaufgabe gegeben und Arbeitsrichtlinien für den fachgerechten Einsatz der Mikroschweißprozesse vermittelt.

Prof. Dr.-Ing. Lutz Dorn

Inhaltsverzeichnis

1	**Schweißen in der Elektro- und Feinwerktechnik – ein Überblick** Prof. Dr.-Ing. Lutz Dorn	15
1.1	Einführung	15
1.2	Vorteile des Mikroschweißens gegenüber anderen Fügeverfahren	15
1.3	Voraussetzungen für den Einsatz der Mikroschweißtechnik	16
1.4	Verfahren der Mikrofügetechnik	17
1.5	Schweißeignung der Werkstoffe	18
1.6	Qualitätssicherung	19
1.7	Wirtschaftlichkeit und Arbeitsschutz	22
2	**Mikrowiderstandsschweißen – Verfahren, Geräte und Anwendung** Prof. Dr.-Ing Lutz Dorn	24
2.1	Einleitung	24
2.2	Mikro-Widerstandsschweißen	24
2.2.1	Punktschweißen	25
2.2.2	Buckelschweißen	26
2.2.3	Rollennahtschweißen	27
2.2.4	Stumpfschweißen	28
2.2.5	Isolierdrahtschweißen	28
2.2.6	Spaltschweißen und -löten	28
2.3	Schweißdurchführung	29
2.3.1	Werkstückvorbereitung	29
2.3.2	Maschineneinstellung	29
2.3.3	Elektroden	30
2.4	Aufbau von Mikro-Widerstandsschweißmaschinen	30
2.4.1	Schweißkopf	30
2.4.2	Schweißstromsteuerung	31
2.5	Anwendungsmöglichkeiten des Mikrowiderstandsschweißens	33
2.5.1	Mikrowiderstandsschweißen von Elektronenröhren	36
2.5.2	Kontaktieren an Halbleiterschaltungen	36
2.5.3	Verschließen von Halbleiterschutzgehäusen	39
2.5.4	Punktschweißen von Kupferlitzen an Anschlußklemmen, Kontaktfedern, Stecker usw.	40
2.5.5	Punktschweißen von Kupferdrähten an Anschlußteile	42

2.5.6	Punktschweißen von Heizelementen	43
2.5.7	Isolierdrahtschweißen	44
2.5.8	Stumpfschweißen von Anschlußdrähten an Bauelemente	47
2.5.9	Buckelschweißen in der Brillenindustrie	48
2.5.10	Rollennahtschweißen von Bändern und Membranen	49
2.6	Automatisierung des Mikrowiderstandsschweißens	51
2.7	Zusammenfassung	54
3	**Widerstandsschweißen von NE-Metallen**	**55**
	Obering. L. Pfeifer	
3.1	Einteilung der NE-Metalle nach Norm und Verwendungszweck	55
3.2	Widerstands-Schweißeignung von NE-Metallen	56
3.2.1	Schweißeignungsformel	59
3.3	Punkt-, Buckel- und Rollennahtschweißen	74
4	**Fügen in der Elektro- und Elektroapparate-Industrie**	**77**
	Ing. HTL R. Suter	
4.1	Herstellung von Kleinelektromotoren	77
4.1.1	Blechpaketschweißen	77
4.1.2	Kollektorschweißen	79
4.1.3	Lackdraht- und Litzenschweißen	82
4.1.4	Weitere ähnliche Anwendungen	83
5	**Kontaktschweißen**	**90**
	Ing. Marcel Burstin	
5.1	Einleitung	90
5.2	Die Widerstandsschweißverfahren für das Kontaktschweißen	90
5.2.1	Grundlagen der elektrischen Widerstandsschweißung	92
5.2.1.1	Schweißstrom I	92
5.2.1.2	Schweißwiderstand R	92
5.2.1.2.1	Elektrodenkraft F_e	93
5.2.1.3	Stromzeit t	94
5.2.1.4	Zusammenfassung der Einflußgrößen	94
5.2.1.5	Schweißen ungleicher Werkstoffpaarungen	94
5.2.1.5.1	Stromflußrichtung (Peltiereffekt)	95
5.3	Schweißbare Werkstoffe	95
5.3.1	Kontaktträgerwerkstoffe	95
5.3.1.1	Metallische Überzüge	96
5.3.2	Kontaktwerkstoffe	97
5.3.3	Schweißbare Werkstoffpaarungen für Massivkontakte	98
5.3.4	Mehrschichtkontakte	98

5.3.4.1	Bimetallkontakte	98
5.3.4.1.1	Kontaktauflage	98
5.3.4.1.2	Basisträger	99
5.3.4.2	Trimetallkontakte	99
5.3.5	Schweißbare Werkstoffpaarungen für Mehrschichtkontakte	100
5.4	Kontaktschweißverfahren	100
5.4.1	Kontakt-Stumpfschweißverfahren mit vertikaler Kontaktdrahtzuführung: CV-Verfahren	100
5.4.1.1	Aufschweißen der Kontakte nach dem CV-Verfahren	101
5.4.1.2	Kontaktformen	102
5.4.1.3	Verhalten des Kontaktdrahtes	103
5.4.1.4	Bestimmung des Kontaktdrahtdurchmessers	103
5.4.1.5	Kontaktbereich	104
5.4.1.6	Untersuchung der Schweißzone	104
5.4.1.7	Materialeinsparung	104
5.4.1.8	Kontaktschweißmaschine mit vertikaler Kontaktdrahtzuführung	106
5.4.2	Kontakt-Buckelschweißverfahren mit horizontal zugeführten Profildrahtabschnitten: CH-Verfahren	107
5.4.2.1	Aufschweißen der Profildrahtabschnitte nach dem CH-Verfahren	108
5.4.2.2	Kontaktprofilformen	110
5.4.2.2.1	Schweißwarzen	111
5.4.2.2.2	Prägen des Kontaktprofils	113
5.4.2.3	Kontaktprofil-Bereich	114
5.4.2.4	Untersuchung der Schweißzone	114
5.4.2.5	Rund-Kontaktprofildraht	115
5.4.2.6	Kreuzkontakttechnik	115
5.4.2.6.1	Kontaktanordnung	117
5.4.2.7	Umschaltkontakte	118
5.4.2.8	Kontaktschweißmaschine mit horizontaler Kontaktdrahtzuführung	118
5.4.2.9	Stirnkantkontakte	119
5.4.3	Kontakt-Buckelschweißverfahren für Aufschweißkontakte CA-Verfahren	121
5.4.3.1	Aufschweißen der Aufschweißkontakte	122
5.4.3.2	Kontaktschweißmaschine mit automatischer Zuführung der Aufschweißkontakte	122
5.4.4	Kontakt-Rollnahtschweißverfahren CN-Verfahren	123
5.4.4.1	Aufschweißen des Kontaktprofilbandes	124
5.4.4.2	Untersuchung der Schweißzone	125
5.4.4.3	Kontakt-Rollnahtschweißmaschine	126
5.4.4.4	Anwendung rollnahtgeschweißter Bänder	127
5.5	Widerstandslöten	127
5.6	Gütesicherung beim Kontaktschweißen	128
5.6.1	Einflußgrößen	129

5.6.1.1	Maschinenabhängig	129
5.6.1.2	Werkzeugabhängig	129
5.6.2	Prüfen von Kontaktschweißungen	130
5.6.2.1	Zerstörungsfreie Prüfung	130
5.6.2.1.1	Visuelle Kontrolle	130
5.6.2.1.2	Prozeßkontrolle beim Schweißvorgang	130
5.6.2.1.3	Mechanische Prüfung	130
5.6.2.1.4	Schweißstrom- und Elektrodenkraftmessung	131
5.6.2.2	Zerstörende Prüfung	131
5.6.2.2.1	Scherzugprüfung	131
5.6.2.2.2	Metallographische Untersuchung	132
5.6.2.2.3	Elektrische Prüfung	132
5.7	Kontaktschweißanlagen	132
5.7.1	Anlagen für Bandfertigung	133
5.7.2	Anlagen für Einzelfertigung	134

6 Eignung unterschiedlicher Verfahren zum Aufschweißen von Kontakten 135
Prof. Dr. rer. nat. Dieter Stöckel

6.1	Einleitung	135
6.2	Schweißen von Halbzeugen für elektrische Kontakte	137
6.2.1	Warmpreßschweißen	139
6.2.2	Diffusionsschweißen	142
6.2.3	Warmwalzschweißen	142
6.2.4	Kaltwalzschweißen	143
6.2.5	Rollennahtschweißen	143
6.2.6	Sonderverfahren	144
6.3	Schweißen von Kontaktteilen	145
6.3.1	Widerstandsschweißen	145
6.3.1.1	Plättchenaufschweißen	145
6.3.1.2	Kugelaufschweißen	146
6.3.1.3	Kontaktschweißen mit horizontaler Drahtzuführung (Profilabschnittschweißen)	147
6.3.1.4	Kontaktschweißen mit vertikaler Drahtzuführung	149
6.3.1.5	Sonstige Widerstandsschweißverfahren	150
6.3.2	Kurzzeit-Abbrennstumpfschweißen (percussion welding)	152
6.3.3	Schallschweißen	153
6.3.4	Laser-Schweißen	155
6.4	Gegenüberstellung der Verfahren	157

7 Feinschweißen mit Wärmequellen hoher Energiedichte — WIG-Lichtbogen, Plasmabogen, Laserstrahl und Elektronenstrahl 159
Prof. Dr.-Ing. Lutz Dorn

7.1	Einleitung	159
7.2	Physikalisches Prinzip der Wärmequellen	159
7.2.1	WIG-Lichtbogen	160
7.2.2	Plasmabogen	161
7.2.3	Laserstrahl	161
7.2.4	Elektronenstrahl	163
7.3	Erzeugung der Schweißwärmequellen	164
7.3.1	WIG-Lichtbogen	164
7.3.2	Plasmabogen	165
7.3.3	Laserstrahl	166
7.3.4	Elektronenstrahl	169
7.4	Energiekonzentration der Schweißwärmequellen	170
7.4.1	WIG-Schweißen	170
7.4.2	Plasma-Schweißen	171
7.4.3	Laserstrahl	171
7.4.4	Elektronenstrahl	172
7.5	Aufschmelzverhalten der Schweißwärmequellen	172
7.5.1	WIG-Lichtbogen	172
7.5.2	Plasmaschweißen	173
7.5.3	Laserschweißen	173
7.5.4	Elektronenstrahlschweißen	175
7.6	Schutz des Schmelzbades	176
7.6.1	WIG-Schweißen	176
7.6.2	Plasma-Schweißen	176
7.6.3	Laserschweißen	176
7.6.4	Elektronenstrahl-Schweißen	177
7.7	Schweißgeeignete Werkstoffe und Werkstücksdicken	178
7.7.1	WIG-Schweißen	178
7.7.2	Plasma-Schweißen	178
7.7.3	Laserschweißen	179
7.7.4	Elektronenstrahl	180
7.8	Vor- und Nachteile der Schweißverfahren	182
7.8.1	WIG-Schweißen	182
7.8.2	Plasmaschweißen	183
7.8.3	Laserschweißen	184
7.8.4	Elektronenstrahlschweißen	184
7.9	Anwendung der Schweißverfahren	185
7.9.1	WIG-Schweißen	185
7.9.2	Plasma-Schweißen	186
7.9.3	Laserschweißen	188

7.9.4	Elektronenstrahlschweißen	193
7.10	Schlußbemerkung	197
8	**Schweißen mit Laser in Feinwerk- und Elektrotechnik** Ing. (grad.) P. Seiler	**199**
8.1	Einführung	199
8.2	Laser-Prinzip	199
8.3	Strahlparameter	201
8.4	Gerätedaten	202
8.5	Optik	203
8.6	Strahlführungen	204
8.7	Sicherheitsanforderungen	204
8.8	Schweißbare Werkstoffe — Schweißgerechte Gestaltung	206
8.8.1	Schweißbare Werkstoffe	208
8.8.2	Schweißgerechte Gestaltung	209
8.9	Oberflächenbeschaffenheit	211
8.10	Schutzgas	214
8.11	Beispiele für Punkt- und Nahtschweißen	215
8.11.1	Punktschweißen	215
8.11.2	Nahtschweißen	216
8.12	Schlußbemerkung	219
9	**Thermokompressionsschweißen und Impulslöten in Elektro- und Feinwerktechnik** Dipl.-Ing. K. Lindner	**222**
9.1	Einleitung	222
9.2	Thermokompressionsschweißen	222
9.2.1	Definition und Grundlagen des Verfahrens	222
9.2.2	Praktische Anwendung des Thermokompressionsschweißens	223
9.2.2.1	Ball-Wedge-Bonden	223
9.2.2.2	Wedge-Bonden von Drähten	226
9.2.2.3	Bändchen-Schweißen	227
9.3	Impulslöten	228
9.3.1	Definition und Grundlagen des Verfahrens	228
9.3.2	Praktische Anwendung des Impulslötens	230
9.3.2.1	Montage von Halbleiterbausteinen auf Filmträger (Gang-Bonden, Film-Bonden)	230
9.3.2.2	Impulslöten elektronischer Bauteile	232
9.3.2.3	Impulslöten lackisolierter Drähte	233
9.3.2.4	Vorbereitung der Werkstücke	233
9.4	Prüfung	234
9.4.1	Prüfung von geschweißten Verbindungen	234

9.4.2	Prüfen von Lötverbindungen	235
9.5	Wirtschaftliche Bedeutung der Verfahren	236
10	**Ultraschallschweißen in Elektro- und Feinwerktechnik**	**237**
	Dipl.-Ing. K. Lindner	
10.1	Einleitung	237
10.2	Definition des Ultraschallschweißens	237
10.3	Grundlagen des Verfahrens	239
10.3.1	Ultraschallschweißen von Metallen	239
10.3.1.1	Bindungsmechanismen	239
10.3.1.2	Energiezufuhr	240
10.3.2	Ultraschallschweißen von Kunststoffen	242
10.3.2.1	Bindungsmechanismen	242
10.3.2.2	Energiezufuhr	242
10.3.3	Energieerzeugung	243
10.4	Praktische Anwendung des Ultraschallschweißens	245
10.4.1	Ultraschallschweißen von Metallen	245
10.4.1.1	Mikroelektronik – Ultraschallbonden	245
10.4.1.2	Ultraschallschweißen von Bauteilen	248
10.4.2	Ultraschallschweißen von Kunststoffen	254
10.5	Wirtschaftliche Bedeutung des Ultraschallschweißens	256
11	**Qualitätssicherung von Mikroschweißverbindungen**	**257**
	Prof. Dr.-Ing. Lutz Dorn	
11.1	Einführung	257
11.2	Qualitätsplanung	258
11.3	Qualitätssicherungsmaßnahmen vor dem Schweißen	260
11.4	Prozeßüberwachung und -regelung	263
11.4.1	Verfahrenskontrolle	263
11.4.2	Prozeßregelung	264
11.4.3	Schlußfolgerung	269
11.5	Qualitätskontrollkarten	269
11.6	Prüfung von Mikroschweißverbindungen	270
11.6.1	Mechanische Prüfverfahren	270
11.6.2	Visuelle Inspektion	272
11.6.3	Metallographische Beurteilung	272
11.6.4	Elektrische Prüfung	273
11.6.5	Sonstige Prüfverfahren	276
11.7	Zusammenfassung	276

Literaturhinweise   277

Stichwortverzeichnis   285

Prof. Dr.-Ing. Lutz Dorn

1 Schweißen in der Elektro- und Feinwerktechnik – ein Überblick

1.1 Einführung

An Großteilen, wie z.b. im Fahrzeug- oder Behälterbau, sind vorwiegend Stähle zu verarbeiten, die schweißtechnisch keine großen Schwierigkeiten bieten. Anders ist es dagegen bei Kleinteilen der Elektro- und Feinwerktechnik: dort kommen nur selten Stähle vor, dafür aber Nichteisenmetalle, einschließlich Edelmetalle, die meist wenig schweißgeeignet sind. Fast immer sind Partner aus unterschiedlichen Metallen zusammenzufügen, die sich in thermischer und elektrischer Leitfähigkeit, Härte, Schmelztemperatur, Oberflächenbeschichtung usw. unterscheiden und damit besondere Anforderungen an das Fügeverfahren stellen.

1.2 Vorteile des Mikroschweißens gegenüber anderen Fügeverfahren

Mikroverbindungen müssen besonders hohen Qualitätsansprüchen genügen. So sind z.b. im Gegensatz zur Fertigung elektronischer Konsumgüter, wie Radio- und Fernsehgeräte, in der Industrieelektronik extreme Zuverlässigkeitsanforderungen zu erfüllen. Augenfällig sind diese Anforderungen bei elektronischen Sicherheitseinrichtungen für die Kerntechnik. Auch in der Raumfahrt müssen die elektronischen Komponenten trotz Einwirkens von Schock-, Strahlungs- und Temperaturbelastungen zuverlässig arbeiten, da der Ausfall nur eines Bauelementes den Erfolg des gesamten Unternehmens gefährdet. Auf vielen anderen Gebieten der Technik ist die Zuverlässigkeit elektronischer Geräte ebenfalls von lebenswichtiger Bedeutung, u.a. in der Flugsicherung mit Radar, in der Wehrtechnik, z.B. bei ferngelenkten Projektilen, oder in der Medizin, z.B. bei Herzschrittmachern.

Diese besonderen Anforderungen an die Funktionstüchtigkeit elektronischer Schaltungen auch unter ungünstigen Umweltbedingungen zu gewährleisten, erforderte einerseits die Herstellungsmethoden für die einzelnen Bauelemente laufend zu verbessern. Auf der anderen Seite mußten Mittel und Wege gefunden werden, die Bauteile mit größtmöglicher Sicherheit miteinander zu verbinden. Hierzu erwiesen sich die konventionellen Fügeverfahren, wie Klemmen und Löten, nur als bedingt geeignet. Beim Klemmen verbleibt zwischen den Fügeteilen ein Übergangswiderstand, der sich infolge mechanischer Lockerung oder chemischer Veränderungen an der Oberfläche im Lauf der Zeit verändern, im Extremfall die elektrische Verbindung sogar ganz unterbrechen kann. Beim Löten wird eine stoffschlüssige Verbindung über eine Fremdmetallschicht zwischen den Werkstückteilen herbeigeführt, die sich aufgrund ihres unterschiedlichen elektrischen Verhaltens nachteilig auswirken kann und deren mechanische Festigkeit bei höheren Temperaturen mehr oder weniger stark abfällt. Das Schweißen ermöglicht demgegenüber homogene stoffschlüssige Verbindungen herzustellen, deren Eigenschaften jenen der Grundmetalle weitgehend entsprechen. Eine Gegenüberstellung der Vor- und Nachteile des Mikroschweißens- und -lötens enthält *Tabelle 1.1*. Bei diesen Angaben handelt es sich um häufig vorliegende, jedoch nicht immer zutreffende Tendenzen, da definitive Ausagen über die Eignung von Mikrofügeverfahren jeweils nur unter Berücksichtigung der speziellen Gegebenheiten im Einzelfall möglich sind.

	Mikroschweißen	Mikrolöten
Stat. Festigkeit	(+)	
Warmfestigkeit	+	
Schwingfestigkeit	(+)	
Korrosionswiderstand	+	
Prüfbarkeit		+
Produktionsausstoß		(+)
Wirtschaftlichkeit		(+)

+ vorteilhaft, (+) teilweise vorteilhaft

Tabelle 1: Gegenüberstellung der Vorteile des Schweißens und Lötens in der Mikrotechnik.

1.3 Voraussetzungen für den Einsatz der Mikroschweißtechnik

Unter Mikroschweißen wird das Fügen von Kleinteilen verstanden, die eine Masse unter etwa 50 g oder eine Dicke unter etwa 1 mm aufweisen. Der Anwendungsbereich des Mikroschweißens ist außerordentlich breit und der Übergang zur „Mikrotechnik" fließend, wie z.B. der Fall von „Großteilen" wie Dieselmoren oder Raketentriebwerken zeigt, an denen Thermoelemente mit ca. 0,5 mm Durchmesser anzubringen sind.

Ein gemeinsames Merkmal der Mikroschweißtechnik ist, daß alle Verfahren ohne Zusatzwerkstoffe arbeiten.

Die Mikroverbindungstechnik stellt wegen der teilweise sehr geringen Abmessungen der einzelnen Bauteile besondere Forderungen an die Vorbereitung zum Schweißen:

1. extrem saubere Oberflächen
2. präzise Passungen
3. sehr exakte Fixierung und Justierung.

Häufig werden die Bauteile vor dem Verbinden intensiv gereinigt, z.B. im Ultraschallbad, und nach der Reinigung nur noch mit Pinzette oder Handschuhen angefaßt, um jede Art von Verunreinigung durch Oxidation oder Fettrückstände zu vermeiden. Teilweise ist es sogar erforderlich, in staubfreien und klimatisierten Räumen oder unter Schutzgas zu arbeiten.

Da die zu verschweißenden Blechdicken teilweise unter 0,05 mm liegen, die Durchmesser der zu kontaktierenden Drähte in Sonderfällen kleiner als 25 μm sind und die Kontaktflächen eine Kantenlänge von $\leqslant$ 100 μm haben können, müssen die Justiereinrichtungen häufig eine Justierung auf wenige μm genau erlauben. Dazu sind Mikromanipulatoren oder Präzisionskreuztische erforderlich, die die Bewegung der Hand um ein Vielfaches untersetzen.

1.4 Verfahren der Mikrofügetechnik

Die Verkleinerung der Bauteile machte es erforderlich, die für das Schweißen eingesetzten Geräte immer weiter zu verfeinern, Bild 1.1. Dabei zeigten sich bei den verschiedenen Verfahren bezüglich ihrer Eignung für Feinschweißaufgaben deutliche Unterschiede. So macht sich z.B. beim Lichtbogenschweißen mit dem Verringern des Schweißstromes eine zunehmende Instabilität des Bogens bemerkbar, den den Einsatz des Verfahrens an Kleinteilen eng begrenzte. Mit der Einführung des Mikroplasma-Schweißens werden diese Einschränkungen teilweise überwunden. Wegen besserer Fokussierbarkeit und Dosierung der Energiezufuhr besitzen der Elektronen- und der Laserstrahl noch günstigere Voraussetzungen für den Einsatz in der Mikrotechnik. Infolge der hohen Investitionskosten ist der Einsatz dieser Verfahren in der Mikrotechnik bisher begrenzt, jedoch insbesondere für das Laserschweißen stark zunehmend.

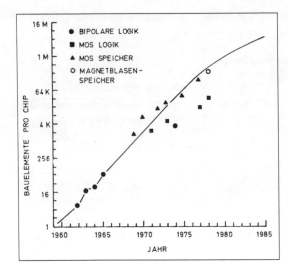

Bild 1.1:
Entwicklung der Packungsdichte von Bauelementen pro Chip innerhalb der letzten 20 Jahre, getrennt nach verschiedenen Logiktechnologien

Die Entwicklung von Widerstand-Feinschweißmaschinen höchster Präzision stellt einen wesentlichen Fortschritt dar, die Schweißtechnik bis in den Bereich kleiner Dimensionen auszudehnen. Für wärmeempfindliche Bauteile — wie sie in der Mikroelektronik vorliegen — haben sich das Thermokompressionsschweißen und das Ultraschallschweißen durchgesetzt.

Tabelle 1.2 zeigt eine Übersicht über die in der Mikrotechnik eingesetzten Schweißverfahren.

1.5 Schweißeignung der Werkstoffe

In der Mikrotechnik ist eine Vielzahl von Werkstoffen zu verbinden, die ganz bestimmte Eigenschaften, wie z.b. elektrische Leitfähigkeit, Wärmeausdehnungskoeffizient, aufweisen müssen, wobei eine Rücksichtnahme auf günstiges Schweißverhalten meist nicht genommen werden kann. Hierzu kommt, daß diese Werkstoffe, z.B. zwecks Korrosionsschutz oder Isolierung, häufig mit Metall- oder Kunststoffüberzügen versehen sind, die das Schweißen noch erschweren können. Schließlich sind meistens Kombinationen zwischen unterschiedlichen Werkstoffen zu schweißen, wodurch sich infolge abweichender thermophysikalischer Eigenschaften (z.B. Schmelzpunkt, Wärmeleitfähigkeit und -ausdehnung) und metallurgischer Reaktionen (z.B. Bildung spröder intermetallischer Phasen) zusätzliche Schwierigkeiten ergeben.

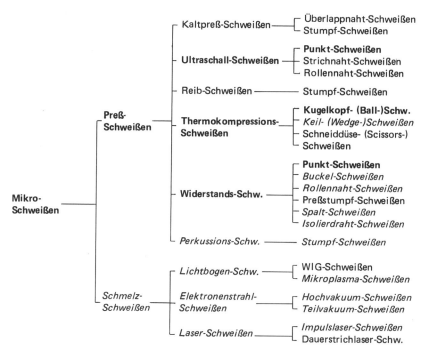

halbfett: häufig eingesetzt
kursiv: weniger häufig eingesetzt
normal: vereinzelt eingesetzt

Tabelle 1.2: Übersicht über die in der Mikrotechnik eingesetzten Schmelz- und Preßschweißverfahren

Die Schweißeignung hängt wesentlich von verwendeten Verfahren ab. So ist z.b. Aluminium ein idealer Werkstoff für das Ultraschallschweißen, während sich Gold mit dem Thermokompressionsschweißen besonders günstig verarbeiten läßt. Eine Übersicht über die Schweißeignung wichtiger Metalle mit verschiedenen Mikroschweißverfahren gibt *Tabelle 1.3*.

1.6 Qualitätssicherung

Ganz besondere Probleme wirft die Prüftechnik bei den Mikro-Verbindungen auf. Die „Größe" der Bauteile, bzw. ihrer Verbindungen, erlaubt häufig nicht die Anwendung der konventionellen Prüftechnik (Zug-, Scher-, Biegeprüfung), da

Werkstoff	Anwendung	Merkmale	Widerstand	Therm.-kompr.	Ultra-Schall	Elektron-strahl	Laser
Al AlMg, AlSi-Leg	Leiter, Struktur	hochschm. Oxidhaut, gut leitend und verformbar	+	−	++	+	(+)
Al-Cu-Leg	Struktur	Rißneigung	(+)	−	++	(+)	(+)
Cu	Leiter	Sehr gut leitend und verformbar, Sauerstoffversprödung, starke Lichtreflexion	(+)	(+)	+	+	(+)
Cu Zn (Ms)	Struktur	niedr. Siedepunkt von Zn (905 °C)	+	−	(+)	−	(+)
CuMn, CuNi	Widerstände	gut verformbar	++	−	(+)	++	+
Cu Be	Kontakte, Federn	spröde	(+)	−	−	+	(+)
Ag AgCu, Ag Pd	Kontakte	sehr gut leitend stark reflektierend gut verformbar	(+)	+	+	++	(+)
Ag-Graphit Ag-Cd-Oxid	Kontakte	nicht verschweißbar Sinterlegierungen	−	−	(+)	−	−
Au	Leiter	gut leitend, gut verformbar, stark reflektierend	+	++	++	++	(+)
Ni	Leiter, Struktur	mittlere Leitfähigkeit, gut verformbar	++	(+)	+	++	++
Ni Cr Ni Cu(Fe)	Heizleiter Widerstände	schlecht leitend	+	−	(+)	+	+
Ni Mn	Thermobimetall	schlecht leitend	++	−	(+)	++	++
Tiefziehstahl	Struktur	gut verformbar mittl. Leitfähigkeit	++	−	+	++	++
18/8 CrNi-Stahl	Struktur (antimagn.)	gut verformbar geringe Leitfähigkeit	++	−	(+)	++	++
Siliziertes Stahlblech	Magnetwerkstoff	Versprödungs- und Aufhärtungs-Neigung	+	−	(+)	+	+
Mo, W	Leiter, Kathoden	hochschmelzend, spröde	(+)	−	(+)	+	(+)
Ta	Leiter, Kathoden	hochschmelzend, gut verformbar	(+)	−	(+)	++	+

Schweißeignung: ++ sehr gut, + gut, (+) teilweise vorhanden, − ungünstig

keine ausreichende Zugänglichkeit für Zangen oder Stempel gegeben ist. Daher bleibt in der Regel nur eine Prüfung unter Betriebsbedingungen oder — zur Abkürzung der Prüfzeit — Kurzzeitprüfungen, wie z.B. Vibrationsprüfungen, Beschleunigungsprüfungen in Zentrifugen, thermische oder mechanische Schocktests oder Temperaturwechselprüfungen.

Noch schwieriger als die zerstörende Prüfung gestaltet sich die zerstörungsfreie Prüfung, da z.B. die Ultraschall-, Röntgen-, Farbeindring- oder magnetischen Rißprüfverfahren keine ausreichende „Auflösung" ermöglichen. Daher bleibt häufig nur eine optische Kontrolle übrig. Zur Prüfung von gas- oder vakuumdichten Verbindungen wird der Helium-Lecktest eingesetzt.

Tabelle 1.4 gibt eine Übersicht über die am häufigsten in der Mikroschweißtechnik eingesetzten Qualitätssicherungs-Maßnahmen.

Zeitpunkt	Art der Prüfung	Prüfverfahren
Vor dem Schweißen	Überprüfung der Teile	Werkstoffzusammensetzung, Überzugsdicke, Oberflächengüte, Form der Teile, richtiges Positionieren usw.
Während des Schweißens	Prozeßkontrolle	Überwachung der Parameter, Beobachtung des Schweißvorganges
Nach dem Schweißen	Visuelle Kontrolle	Verfärbung, Nahtoberfläche, Spritzer
	Elektr. Prüfung	Kontaktwiderstandsmessung, Funktionsprüfung der Bauteile
	Therm. Prüfung	Infrarot-Sensoren, Temperaturschock- bzw. Temperaturwechsel-Prüfung
	Mechan. Prüfung	Zug- und Schwingversuch, Schleuderversuch, Falltest, Vibrationstest
	Sonstige Prüfungen	Metallograph. Schliff, Durchstrahlung, Klima- bzw. Korrosionstests

Tabelle 1.4: Übersicht über die in der Mikroschweißtechnik bevorzugt angewandten Qualitätssicherungs-Maßnahmen

←

Tabelle 1.3: Anwendung, Eigenschaften und Schweißeignung von Werkstoffen der Mikrotechnik mit unterschiedlichen Schweißverfahren

1.7 Wirtschaftlichkeit und Arbeitsschutz

Neben den technischen Kriterien spielt die Wirtschaftlichkeit für die Auswahl der Mikroschweißverfahren eine wesentliche Rolle, Bild 1.2. Sie hängt primär von folgenden Einflußgrößen ab:

— Investitionskosten
— Betriebskosten (Engergie, Kühlwasser, Verschleißteile usw.)
— Kosten für Fertigungsanlauf, Wartung und Instandhaltung
— Kosten für Teilevorbereitung (Genauigkeit, Oberfläche),
— Produktionsausstoß (Taktzeit, Verfügbarkeit)
— Anforderungen an das Bedienungs- und Wartungspersonal
— Anlagenlebensdauer

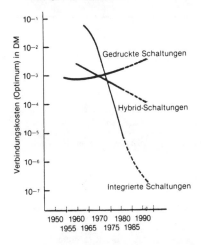

Bild 1.2:
Verbindungskosten von gedruckten Schaltungen, Hybridschaltungen und integrierten Schaltungen

Da das Mikroschweißen überwiegend in der Großserienfertigung eingesetzt wird, besitzt die Mechanisierbarkeit (nur Teilezu- bzw. -abfuhr manuell) und Automatisierbarkeit (alle Funktionen selbsttätig) für die Verfahrensauswahl oft eine ausschlaggebende Bedeutung. *Tabelle 1.5* gibt eine Übersicht über die gegenseitigen Vor- und Nachteile unterschiedlicher Mikroschweißverfahren sowie im Vergleich zu wichtigen Lötverfahren. Wegen der Vielzahl der im Einzelfall zu berücksichtigenden Einflußgrößen sind diese Angaben lediglich als häufig anzutreffende, jedoch nicht in jedem Einzelfall zutreffende Tendenzen anzusehen.

Ein ebenfalls zunehmendes Bestreben richtet sich auf die Humanisierung des Arbeitsplatzes. Daher gewinnen bei der Verfahrensauswahl auch die Fragen der Unfallsicherheit und des Gesundheitsschutzes zunehmend an Bedeutung.

	Ausstoß	Investition	Betriebskosten	Notwendige Zusatz- oder Hilfsstoffe, Verschleißteile
Kaltpreß-Schweißen		−	0	+	Werkzeugverschleiß
Ultraschall-Schweißen	0	0	+	Sonotrodenverschleiß
Thermokompressions-Schw.	0	0	+	Wasserstoff
Widerstands-Schweißen	0	0	+	Elektrodenverschleiß
Perkussions-Schweißen	0	0	+	evtl. Schutzgas
WIG-Schweißen	−	0	0	Schutzgas, W-Elektrod.
Plasma-Schweißen	0	0	0	Schutzgas, W-Elektrod.
Elektronenstrahl-Schweißen	+	−	0	Kathode, Vakuum
Laser-Schweißen	+	−	0	Blitzlampen
Kolbenlöten	−	+	0	Lot, Flußmittel
Bügellöten	0	0	0	Lot, Flußmittel
Tauch-, Schwallöten	+	0	0	Lot, Flußmittel
Ofen-Weichlöten	+	0	0	Lot, evtl. Schutzgas

+ günstig, 0 mittel, − ungünstig

Tabelle 1.5: Gegenüberstellung der Haupteinflußgrößen auf die Wirtschaftlichkeit verschiedener Schweiß- und Lötverfahren in der Mikrotechnik

Prof. Dr.-Ing. Lutz Dorn

2 Mikrowiderstandsschweißen — Verfahren, Geräte und Anwendung

2.1 Einleitung

Unter den Schweißverfahren für Kleinteile zeichnet sich die Mikro-Widerstandsschweißtechnik durch eine vielseitige Anwendung aus. In der Industrieelektronik wird das Mikrowiderstandsschweißen bevorzugt angewandt, wo hohe mechanische oder thermische Beanspruchungen sowie besondere Zuverlässigkeitsanforderungen vorliegen, wie z.B. für die Raumfahrtelektronik. Auch in der Elektrotechnik wird das Mikro-Widerstandsschweißen in großem Umfange eingesetzt. Im Vordergrund steht hierbei der Schaltgerätebau, wo vielfältige Draht- und Litzenverbindungen, Magnetkerne und Klappanker für Relais, Edelmetall- und Wolframkontakte, Steckerfahnen, Bimetallfedern für Thermoschalter u.v.a. geschweißt werden. Auch bei der Herstellung elektrischer Bauteile, wie Widerstände, Kondensatoren, Spulen, Heizwendeln, Glühbirnen, Stecker usw. werden Verbindungen widerstandsgeschweißt. Als Beispiele aus Feinwerktechnik und Optik seien Kamerateile, Metallbrillengestelle und Membrandruckdosen genannt.

2.2 Mikro-Widerstandsschweißen

Allen Widerstandsschweißverfahren liegt dasselbe physikalische Prinzip zugrunde: Die zu verschweißenden Teile werden durch Berühren mit sogenannten Elektroden in einen elektrischen Stromkreis gelegt. Der Stromdurchgang führt aufgrund des Stoffwiderstandes der Werkstückteile sowie des Übergangswiderstandes an der Berührungsstelle der Teile zu einer Erhitzung der Schweißstelle. Gleichzeitig pressen die Elektroden die Teile aufeinander und führen eine stoffschlüssige Verbindung der zumindest teigigen, meist jedoch schmelzflüssigen Schweißkanten herbei.

Die besondere Eignung des Widerstandsschweißens für die Mikrotechnik beruht darauf, daß die Wärme unmittelbar an der Schweißstelle erzeugt wird. Demgegenüber wird z.B. die Wärme des Plasma-, Laser- oder Elektronenstrahles nur auf die Werkstücksoberfläche übertragen und erst durch relativ träge Wärmeausbreitung in die Tiefe des Werkstücks der Schweißstelle zugeführt. Daher gelingt es beim Mikro-Widerstandsschweißen in besonderem Ausmaß,

— die Wärmebeeinflussung örtlich eng zu begrenzen und dadurch Schweißungen in unmittelbarer Nähe wärmeempfindlicher Teile (Halbleiter, Isolierungen) auszuführen,
— mit extrem kurzen Schweißzeiten zu arbeiten und somit einen hohen Fertigungsausstoß zu erzielen.

Die Durchführung des Widerstandsschweißens erfolgt selbsttätig durch die Maschinensteuerung; die Tätigkeit der Bedienungsperson beschränkt sich auf die Vorwahl geeigneter Schweißdaten und das Einlegen und Entnehmen der Schweißteile. Durch die gegenseitige Unverrückbarkeit der aufeinandergepreßten Schweißteile genügen statt komplizierter Spannvorrichtungen einfache Positionierhilfen. Die innige Berührung der Teile an der Schweißstelle erfordert weder eine Zugabe von Zusatzwerkstoff zur Spaltüberbrückung noch von Schutzgas zur Verhinderung des Luftzutritts. Daher ergeben sich als weitere Merkmale für die Mikro-Widerstandsschweißtechnik:

— die Maschinenbedienung erfordert keine besondere Ausbildung, sondern kann von angelerntem Personal durchgeführt werden,
— die einfachen Schweißvorrichtungen ermöglichen ein rasches Einlegen und Entnehmen der Schweißteile,
— die Schweißoperation ist mittels Einlege- und Entnahmevorrichtungen gut automatisierbar,
— die Betriebskosten sind — bedingt durch den Entfall von Materialzugaben oder Schutzgasen — niedrig[1].

Zum Mikro-Widerstandsschweißen wird abhängig von den Anforderungen an die Verbindungen eine Reihe unterschiedlicher Verfahren eingesetzt.

2.2.1 Punktschweißen

Hierbei übernehmen stiftförmige Elektroden die Stromeinleitung und Druckausübung auf die überlappt angeordneten Werkstücksteile, z.B. Bleche, Bänder, Plättchen oder Profile (Bild 2.1a). Die Größe der verschweißten Zone (Schweißlinse) hängt ab von der Dicke der Teile und dem Durchmesser der Elektrodenkontaktfläche. Der Durchmesser der flachen oder leicht balligen Elektrodenspitze wird gleich oder etwas größer als der gewünschte Schweißlinsendurchmesser gewählt. An den Werkstücksoberseiten entsteht an den Elektrodenauflagestellen ein leichter Eindruck, der jedoch bei der Außenseite von Zierteilen dadurch vermieden werden kann, daß man die auf dieser Seite anliegende Elektrode großflächig ausbildet.

Das Punktschweißen ist das am vielseitigsten eingesetzte Verfahren der Mikro-Widerstandsschweißtechnik. Dies beruht vor allem auf der guten Zugänglichkeit der Schweißstelle auch bei komplizierten Werkstücksformen aufgrund der in vielerlei Formen anwendbaren Elektroden (schräggestellt, gewinkelt, gekröpft usw.). Ein weiterer Vorteil liegt darin, daß — abgesehen von der Gewährleistung einer metallisch blanken Oberfläche — eine besondere Schweißkantenvorbereitung nicht erforderlich ist. Ein gewisser Nachteil ist der durch hohe Strombelastung und spezifische Flächenpressung bedingte Elektrodenverschleiß, so daß die Elektrodenspitze je nach Schweißaufgabe mehr oder weniger häufig, mindestens aber nach jeweils 5000 Schweißungen, nachzuarbeiten ist. Weiterhin erfordert es einen vergleichsweise hohen Aufwand, wenn an einem Werkstück mehrere Schweißpunkte nicht nacheinander, sondern gleichzeitig hergestellt werden sollen, weil hierzu jedem Schweißpunkt ein eigenes Elektrodenpaar zuzuordnen ist (Vielpunktschweißen).

2.2.2 Buckelschweißen

Beim Buckelschweißen wird die Stromkonzentration an der Schweißstelle nicht von außen durch die Elektrodenarbeitsflächen, sondern durch Werkstoffvorsprünge (Buckel) an einem der beiden Werkstücksteile vorgegeben (Bild 2.1b). Während des Schweißens entsteht in diesen Buckeln eine hohe Stromdichte, wodurch sie schnell erhitzt und mit dem Gegenblech verschweißt werden. Gleichzeitig werden die erweichenden Buckel zurückverformt, bis die Bleche „satt" aufeinanderliegen.

Die Buckel können bei Zieh- und Stanzteilen meist ohne besonderen Arbeitsgang mit eingeprägt werden. Bei Preßteilen werden die Buckel durch Anstauchen, bei Dreh- oder Frästeilen spanabhebend erzeugt. Die übliche Buckelform ist der Rundbuckel. Wo festigkeitsmäßig mehrere Rundbuckel erforderlich sind, jedoch aus Platzgründen nicht angeordnet werden können, sind als weitere Buckelformen Lang- oder Ringbuckel üblich. Zum Buckelschweißen werden die Teile in plattenförmigen oder profilierten Elektroden oder schraubstockartigen Klemmbacken aufgenommen, die aufgrund ihrer Großflächigkeit eine hohe Lebensdauer aufweisen und die die Schweißstelle nach außen fast unsichtbar machen. Mit einem Elektrodenpaar können mehrere Schweißbuckel an einem Werkstück gleichzeitig in einem Arbeitsgang verschweißt werden.

Eine für die Mikrotechnik besonders wichtige Variante des Buckelschweißens ist das sogenannte Kreuzschweißen. Hierzu werden die Teile in Form von Drähten, Stangen, Voll- oder Hohlprofilen kreuzweise aufeinandergelegt. Dabei entsteht eine punktförmige Berührungsstelle, die den Schweißstrom an der Verbindungsstelle konzentriert. Die Elektroden werden mit passenden Mulden der Profilform genau angepaßt, um die Verformung an der Werkstückoberfläche kleinzuhalten.

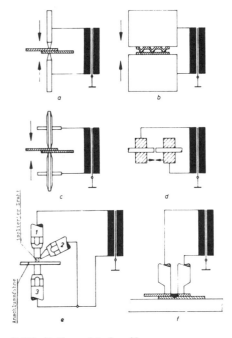

Bild 2.1:
Prinzipielle Darstellung der Widerstandsschweißmethoden
a) Punktschweißen
b) Buckelschweißen
c) Rollennahtschweißen
d) Stumpfschweißen
e) Isolierdarhtschweißen
   (Dreielektrodensystem)
f) Spaltschweißen

2.2.3 Rollennahtschweißen

Beim Rollennahtschweißen werden die Elektrodenkraft und der Schweißstrom durch ein Rollenelektrodenpaar übertragen, durch dessen Drehung das Werkstück vorgeschoben wird (Bild 2.1c). Werden durch das umlaufende Rollenpaar in schneller Folge Stromstöße geschickt, so entsteht eine Reihe sich überlappender Punkte, d.h. eine Dichtnaht.

Die Elektrodenlebensdauer ist vergleichsweise hoch, da sich die Rollen über den gesamten Umfang gleichmäßig abnutzen. Nachteilig ist beim Schweißen von Dichtnähten, daß ein Teil des Schweißstromes anstatt über die Schweißstelle über die bereits geschweißte Naht fließt (Nebenschluß). Daher sind zum Schweißen elektrisch gut leitender Nichteisenmetalle, z.B. Aluminium oder Messing, auch bei geringen Blechdicken, Maschinen hoher elektrischer Leistung erforderlich.

2.2.4 Stumpfschweißen

Hierbei werden Drähte oder Profile stirnseitig mit sich oder an Anschlußteile geschweißt (Bild 2.1d). Die Übertragung des Schweißstromes und der Stauchkraft auf die Schweißteile geschieht mittels Klemmbacken. Das Stumpfschweißen kann an normalen Punktschweißmaschinen geschehen, die dazu mit geeigneten Spannvorrichtungen ausgerüstet werden. Für Aufgaben der Serienfertigung, z.B. beim Bekappen von Widerständen oder Anschweißen von Anschlußdrähten an Kondensatoren usw., werden halb- oder vollautomatische Stumpfschweißmaschinen eingesetzt.

2.2.5 Isolierdrahtschweißen

Eine in der Elektrotechnik vielfach gestellte Aufgabe ist das Verbinden von isolierten Kupferdrähten mit Anschlußteilen, zum Beispiel Klemmen, Buchsen oder gedruckten Schaltplatten. Das Anschweißen isolierter Kupferdrähte an Anschlußteile ist ohne vorhergehende Abisolierung möglich, wenn

— es sich um eine lötbare Lackisolation handelt,
— der Durchmesser des Isolierdrahtes zwischen 0,04 und 0,5 mm liegt und
— die Anschlußkörper aus Kupferlegierungen bestehen und vorteilhaft verzinnt oder versilbert sind.

Hierzu wird die auf dem Isolierdraht aufsetzende Elektrode 1 zunächst im Stromdurchgang über eine Hilfselektrode 2 erwärmt, so daß die Isolation verdampft, Bild 2.1e. Damit wird der Weg für den Schweißstrom zur unteren Elektrode 3 freigegeben und die Verbindung des Kupferdrahtes mit dem Anschlußteil herbeigeführt.

2.2.6 Spaltschweißen und -löten

Das Verfahren ermöglicht Verbindungen auf einer isolierenden Unterlage auszuführen, weil beide Schweißelektroden von einer Seite aufsetzen, Bild 2.1f. Beide Elektroden, die starr miteinander gekoppelt oder einzeln gefedert sein können, sind durch einen engen Spalt galvanisch voneinander getrennt. Aufgrund der Stromverdrängung fließt der Strom über das Werkstück und führt zu einer Verschweißung im Bereich zwischen den Elektrodenspritzen. Mit dem Spaltschweißen werden sowohl Verbindungen im festen Zustand (Diffusion) als auch über die flüssige Phase hergestellt.

2.3 Schweißdurchführung

2.3.1 Werkstückvorbereitung

Beim Mikro-Widerstandsschweißen ist der Stoffwiderstand der zu verbindenden Werkstückteile aufgrund der geringen Schweißquerschnitte in der Regel gering, weshalb den Kontaktwiderständen an den Übergangsstellen zwischen Elektroden und Werkstück sowie zwischen den Werkstücksteilen eine besondere Bedeutung für den Schweißvorgang zukommt. Daher setzt das Erzielen reproduzierbarer Schweißergebnisse eine gleichmäßige Güte, Sauberkeit, Oxidfreiheit und Kontur der Elektrodenkontaktflächen und der Werkstücksoberflächen voraus.

2.3.2 Maschineneinstellung

Stromstärke, Schweißzeit und Elektrodenkraft sind abhängig von den zu verbindenden Werkstoffen und nach den Abmessungen der Werkstücksteile zu wählen. Um die bestmögliche Abstimmung der Schweißparameter zu finden, empfiehlt sich, zuvor Probeschweißungen mit unterschiedlichen Einstellwerten durchzuführen.

Der Schweißstrom beeinflußt die Größe des Schweißpunktes und seine Festigkeit. Er wird unter Berücksichtigung des Werkstoffes und der Werkstücksdicke so hoch gewählt, daß sich möglichst kurze Schweißzeiten ergeben. Dabei darf jedoch an der Berührungsfläche der Elektroden ein oberer Grenzwert für die Stromdichte nicht überschritten werden, um eine Überhitzung (Spritzen) zu vermeiden. Durch die Wahl kurzer Schweißzeiten kann die zugeführte Wärme in besonderem Ausmaß auf die Verbindungsstelle konzentriert werden. Als Vorteile der Kurzzeitschweißung sind zu nennen: feinkörniges Schweißgefüge hoher Festigkeit, geringer Oberflächeneindruck, hohe Elektrodenstandzeit und hohe Arbeitsgeschwindigkeit. Beim Punktschweißen von Nichteisenmetallen, wie Cu oder Al, sind wegen des geringen elektrischen Widerstandes und der hohen Wärmeleitfähigkeit besonders große Stromstärken und kurze Schweißzeiten erforderlich.

Die Elektrodenkraft ist ausreichend hoch zu wählen, um die für den Stromübergang erforderliche innige Berührung an der Schweißstelle herbeizuführen und bei Erreichen der Schweißtemperatur die Werkstücksteile zu vereinigen. Die obere Grenze für die Elektrodenkraft wird durch die Abmessungen und Warmfestigkeit der benutzten Elektrodenspitzen festgelegt.

2.3.3 Elektroden

Die Anwendung des Widerstandsschweißens in der Praxis kann durch die Neigung des Schweißwerkstoffes erschwert werden, an die Elektroden anzulegieren. Dies erfordert ein periodisches Nacharbeiten in kürzeren Zeitabständen. Daher kommt der Wahl des richtigen Elektrodenwerkstoffes abhängig vom zu schweißenden Werkstoff eine entscheidende Bedeutung zu. Für Eisen und unlegierte Stähle sowie für die Mehrzahl der Nichteisenmetalle werden als Elektrodenwerkstoff Cu-Cr-Legierungen bevorzugt. Dagegen wird beim Schweißen von Cu anstelle der üblichen Cu-Legierungen zweckmäßigerweise Mo oder W als Elektrodenwerkstoff gewählt. Bei Al und Mg und ihren Legierungen besteht aufgrund der Oxidschicht eine besonders starke Anlegierungsneigung. Daher ist ein vorhergehendes mechanisches oder chemisches Entfernen der Oxidhaut empfehlenswert. Als Elektrodenwerkstoff eignen sich besonders kaltverfestigtes Reinkupfer sowie Cu-Ag- oder Cu-Cd-Legierungen. Für Cr-Ni-Stähle und hochwarmfeste Ni-Legierungen empfiehlt sich die Verwendung von Cu-Co-Be-Legierungen.

2.4 Aufbau von Mikro-Widerstandsschweißmaschinen

Die Aufgaben der Mikro-Schweißtechnik stellen infolge bevorzugter Anwendung von NE-Metallen, komplizierter Werkstücksgeometrie und geforderter Zuverlässigkeit der Verbindungen extreme Anforderungen an die Präzision und Leichtgängigkeit der Schweißeinrichtungen, die über diejenigen üblicher Schweißeinrichtungen weit hinausreichen. Die erforderliche Perfektion in der Bauausführung läßt sich aufgrund der Verknüpfung von elektrischen und mechanischen Funktionen nur durch umfangreiche Erfahrungen sowohl in der Feinmechanik als auch in der Elektronik und Starkstromtechnik erreichen[2].

2.4.1 Schweißkopf

Das Maschinengehäuse darf unter Wirkung der Elektrodenkraft keine meßbare Aufbiegung oder Verwindung aufweisen, um jede seitliche Ausweichbewegung der Elektroden zu verhindern. Die Führung des beweglichen Elektrodensystems geschieht mittels spielarmer Gleitlagerung oder noch vorteilhafter mit spielfrei einstellbarer Kugelführung. Die präzise Senkrechtführung ist z.B. für die Verschweißung feinster Drähte unerläßlich, da bereits beim kleinsten Spiel der Elektroden ein sicheres Treffen der Drahtkreuzungsstelle und ein Verbleib der Elektrode bei der Druckausübung nicht sichergestellt sind.

Bei den kleinen Typen erfolgen die Elektrodenschließbewegung und die Elektrodenkrafterzeugung durch Fußhebelbetätigung. Das fußbetätigte Schließen erleichtert bei diffizilen Schweißungen das lagegenaue Aufsetzen der Elektrode. Über eine zwischengeschaltete Druckfeder ist die Elektrodenkraft stufenlos einstellbar, wobei sichergestellt ist, daß der Strom erst bei Erreichen des eingestellten Wertes einsetzen kann. Bild 2.2 zeigt einen Feinschweißkopf für Verbindungen an Metalldrähten und -folien. Arbeitshilfen wie Mikroskop, Punktleuchte oder Manipulatoren können angebaut werden.

Bild 2.2:
Anschweißen einer Spiralfeder (Federbronze) an einen Spulenrahmen (Messingfahne, verzinnt) für ein Drehspulmeßinstrument. Fußbetätigte Feinpunktschweißmaschine mit horizontal angeordnetem Schweißkopf und pinzettenartig angeordneten Elektroden.
(Werkfoto: Messer Griesheim-PECO)

Bei den größeren Maschinentypen wird für das ermüdungsfreie Arbeiten in der Serienfertigung die Elektrodenkraft druckluftbetätigt. Um den nachteiligen Einfluß der Reibung zwischen dem Kolbendichtring und der Zylinderwandung zu reduzieren, wird die Dichtfunktion durch eine hochflexible Gummimembrane übernommen (Rollmembranzylinder), Bild 2.3.

2.4.2 Schweißstromsteuerung

Zur Steuerung des Schweißstromes (und bei pneumatischen Maschinen auch des Kraftablaufes durch Ansteuern der Magnetventile) kommen für die kurzen Schweißzeiten der Mikrotechnik ausschließlich elektronische Steuerungen in Betracht. Überwiegend wird mit Wechselstromsteuerungen gearbeitet, die die Netzspannung von 50 Hz über steuerbare Gleichrichter zu- und abschalten, Bild 2.3. Als Gleichrichter sind an die Stelle der früheren quecksilberdampfgefüllten Röhren (Ignitrons) heute steuerbare Siliziumhalbleiter (Thyristoren) getreten. Die Vorteile des Thyristors gegenüber dem Ignitron für die Mikroschweißtechnik liegen in dem günstigeren Zündverhalten bei kleinen Strömen, dem höheren Wirkungsgrad und in den geringeren Abmessungen begründet. Ein automatischer Überlastungsschutz mit Warnanzeige schaltet das Gerät bei fehlender Thyristorkühlung oder Überlastung ab.

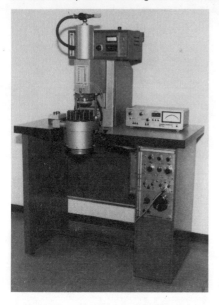

Bild 2.3:
Pneumatische Feinpunktschweißmaschine mit Thyristor-Schweißstromsteuerung und Rundschaltsteller zum Schweißen von Akkuzellen-Verschlußkappen (überlappte vernickelte Stahlscheiben, 0,5 mm dick) mit selbsttätigem Auswerfer
(Werkfoto: Messer-Griesheim-PECO)

Die Forderung nach feiner Energiedosierung für Präzisionsaufgaben erfüllt die netzsynchrone Schaltungstechnik der Steuerung durch eine exakte Zeitbegrenzung und eine stufenlose Leistungseinstellbarkeit über Phasenanschnitt. Der einstellbare Schweißzeitbereich liegt zwischen 1/2 und $>$ 100 Perioden. Es können daher nicht nur Präzisionsschweißungen, z.B. an Kleinteilen aus NE-Metall mit sehr kurzer Stromzeit, ausgeführt werden, sondern auch Hart- oder Weichlötungen mit Widerstandserwärmung, z.B. an Kupferprofilen.

Häufig vorteilhaft sind Schweißtakter mit Stromprogrammsteuerung, Bild 2.4a. Mit ihnen läßt sich der Schweißstrom in zwei oder mehrere Stromstöße aufteilen, deren Dauer und Amplitude unterschiedlich eingestellt sein kann. Auch die Pause zwischen den Impulsen ist einstellbar. Als vorteilhaft erwiesen hat sich dieses Mehrimpulsschweißen beim Verbinden von Kleinteilen aus NE-Metallen, beim Punkt- oder Buckelschweißen plattierter Bleche, beim Punktschweißen von Drahtkreuzungen und beim Stumpfschweißen.

Impulssteuerungen entnehmen den Schweißstrom aus einer Kondensatorbatterie, die mit einer stabilisierten Spannung aus dem Stromnetz aufgeladen wird, Bild

2.4b. Dabei ist die Strombelastung für das Netz gering verglichen mit Wechselstromschweißgeräten von gleicher Schweißleistung. Die Impulsdauer kann mit Wicklungsumschaltung in Stufen verändert werden. Die Impulssteuerungen werden bevorzugt für Schweißaufgaben eingesetzt, bei denen sich kurze Schweißzeiten von einigen Millisekunden vorteilhaft auswirken, beispielsweise für das Verschweißen metallurgisch unverträglicher Metalle (Kupferdrähte an Aluminiumteile) oder für Schweißungen in unmittelbarer Nähe von wärmeempfindlichen Teilen (Kappendichtschweißungen an Transistoren in der Nähe von Glasdurchführungen).

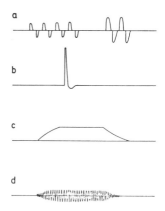

Bild 2.4:
Stromarten bei der Mikro-Widerstandsschweißung
a) Thyristor-Wechselstromsteuerung mit zwei getrennt einstellbaren Stromimpulsen
b) Kondensatorentladesteuerung
c) Gleichstromsteuerung mit einstellbarem Stromanstieg und -abstieg
d) Mittelfrequenzsteuerung mit einstellbarem Stromanstieg und -abstieg

Weiterhin wurden für besonders diffizile Schweißaufgaben, insbesondere auf dem Gebiet der Mikroelektronik, Spezialsteuerungen entwickelt, die als Schweißstrom entweder einen Gleichstrom oder einen 1 000-Hz-Wechselstrom liefern, wobei der Stromverlauf mit einem einstellbaren Anstieg und Abfall (up- und down-slope) versehen werden kann, Bilder 2.4c und 2.4d[3].

2.5 Anwendungsmöglichkeiten des Mikrowiderstandsschweißens

Die Bilder 2.5—2.7 geben eine Übersicht über Anwendungsbeispiele des Widerstandspunktschweißens. Auf einige dieser Beispiele wird nachfolgend näher eingegangen.

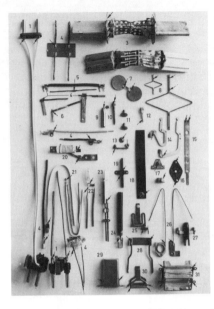

Bild 2.5:
Anwendungsbeispiele des
Mikrowiderstandsschweißens
(Photo: Messer Griesheim-PECO)

Nr.	Bauteil	Werkstoffe
1	Kabelstecker	Cu-Litze (0,75 mm^2) mit Ms-Stift vernickelt (4 mm ø)
3	Schmelzsicherung	Cu-Folie (0,2–0,4 mm) mit Ms (1–2 mm) versilbert
4	Litzendrahtanschluß	Cu-Litze (0,5–1,5 mm^2) mit Ms und Bz (0,3–0,8 mm)
5	Litzenverbindung	Cu-Litze (0,75 mm^2) miteinander
6	Heizleiter	Bi-Band (0,4 x 3 mm) mit St (0,8 mm)
7	Akkuzelle	Ni-Band (0,2 mm) mit Ni-Gewebe (0,1 mm)
8	Drahtbügel	Ni-Draht (0,6–1 mm ø) aufeinander
9	Steckerkontakt	Ms (0,5 mm) mit Ms (0,4 mm ø)
10	Spulenanschluß	Isolierter Cu-Draht (0,2 mm ø) mit Ms (2,5 mm ø) warmgestaucht
11	Bolzen	Ms (0,3 mm) mit Ms (2,0 mm ø)
12	Kontaktfeder	BeBz (0,4 mm) vergoldet
13	Abzeichenträger	Ms (0,6 mm) mit Ms (0,8 mm)
14	Schaltkontakt	Ag-Draht (1,0 mm ø) mit Ms (0,8 mm)
15	Relaisfeder	Ag (2,0 mm ø) mit Neusilber (0,5 mm)
16	Bimetallschalter	Stahl Ag-plattiert (2,5 mm ø) auf Bimetall (0,3 mm)
17	Schaltkontakte	Ag (2 mm ø) auf Ms (0,8 mm)
18	Kontaktfeder	W (5 mm ø) auf Federstahl (0,5 mm) hartgelötet
19	Antennenrohrfeder	Bz (0,4 mm) mit Ms vernickelt (0,6 x 6 mm ø)
20	Heizdrahtwicklung	CrNi-Draht (0,5 mm ø) mit St (0,8 mm)
21	Heizleiteranschluß	Cu-Litze (0,5 mm^2) mit CrNi-Draht (0,3 mm ø)
22	Lampenvorwiderstand	Cu-Manteldraht (0,5 mm ø) mit Cu-Draht (0,6 mm ø) verzinnt
23	Bimetallschalter	Vacon-Draht NiFeCo (2,0 mm ø) mit Bimetall (1,0 mm)
24	Heizelement	St (0,8 mm) vernickelt mit CrNi (2 mm ø)
25	Kontaktfeder	BeBz (0,2 mm) mit Ms (0,5 mm)
26	Litzenanschluß	Ni-Litze (0,5 mm^2) mit St (0,8–1,0 mm)
27	Schutzkontakt	Ag (4,0 mm ø) mit Ms versilbert (1,5 mm) hartgelötet
28	Stromanschluß	Cu-Draht (2 mm ø) mit St (1 mm)
29	Relaiskappe	Neusilber-Winkel CuNiZn (0,5 mm) mit Neusilber-Kappe (0,3 mm)
30	Relaissockel	St (0,8 mm) mit St (1,0 mm)
31	Kamerasucher	Ms (0,6 mm) mit Ms (0,6 mm)

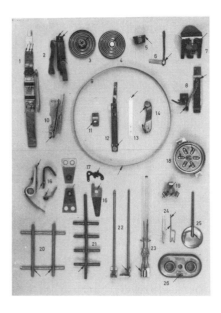

Bild 2.6:
Anwendungsbeispiele des
Mikrowiderstandsschweißens
(Photo: Messer Griesheim-PECO)

1	Schaltschütz-Stromzuführung	Cu-Folien (4 x 0,2 mm) mit St (0,8 mm)
2	Bimetall-Schalter	Bimetall (0,6 mm) mit St (0,8 mm)
3	Membrankapsel	St-Nippel (8 mm ø) mit Membran CrNi-Stahl-Membran (0,3 mm)
4	Membrankapsel	St-Scheibe (0,8 x 5 mm ø) mit CrNi-Stahl-Membran (0,3 mm)
5	Halbleitergehäuse	St-Kappe (9,5 mm ø) mit Vacon-Sockel NiFeCo (Ringbuckelschweißen)
6	Heizleiteranschluß	Cu-Litze (1,5 mm^2) mit St-Band (0,8 mm)
7	Relaisanker	St vernickelt (1 mm) mit St vernickelt (1,5 mm)
8	Thermoschalter	Bimetall (0,6 mm) mit St (0,8 mm)
9	Topfeinfassungsring	CrNi-Stahl (0,4 x 12 mm) aufeinander (Quetschschweißung)
10	Thermoschalter	Bimetall (0,8 mm) mit St (0,5 mm)
11	Schaltkontakt	St (5 mm ø) versilbert mit St (0,8 mm)
12	Schaltkontakt	St (5 mm ø) versilbert mit St (0,6 mm)
13	Schaltkontakt	Ag (2,5 mm ø) mit Neusilber CuNiZn (0,4 mm)
14	Schaltkontakt	Ag (6 mm ø) mit Ms (0,8 mm)
16	Unterbrecherkontakt	St-Nietfuß (5 mm ø) auf W mit St-Träger (0,5 mm) warmgetaucht
17	Lagerzapfen	St-Zapfen (1,5 mm ø) mit St (0,6 mm) warmgetaucht)
18	Federscheibe	St vernickelt (0,4 mm) aufeinander
19	Nabe	St verkupfert (0,8 mm) auf St (0,8 mm)
20	Drahtgitter	Al (3,0 mm ø)
21	Drahtgitter	Ms (3,0 mm ø)
22	Heizelement	St vernickelt (0,8 mm) und CrNi (2 mm ø)
23	Biluxbirne	Ni-Reflektor (0,3 mm) mit Ni-Draht (0,8 mm ø)
24	Kontaktfeder	Bz (0,4 mm) vergoldet aufeinander (4 Buckel)
25	Mundspiegel	Ms-Stiel (2 mm ø) mit Ms-Pfanne (0,6 mm)
26	Gehäusedeckel	St-Winkel (0,8 mm) mit Ms (1,0 mm), buckelgeschweißt

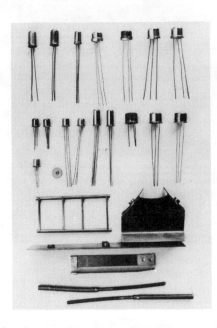

Bild 2.7:
Anwendungsbeispiele des
Mikrowiderstandsschweißens
(Photo: Messer Griesheim-PECO)

2.5.1 Mikrowiderstandsschweißen von Elektronenröhren

Den Ausgangspunkt für die Mikrofügetechnik bildeten die Elektronenröhren. In der Röhrenherstellung sind die einzelnen Systemteile (Anoden, Kathoden, Gitter usw.) elektrisch und mechanisch zuverlässig zu verbinden. Vorzugsweise finden dabei die Werkstoffe Molybdän, Wolfram, Nickel, Kupfer und Eisen in Dicken etwa von 800 µm bis herunter zu 40 µm Anwendung (zum Vergleich: die durchschnittliche Dicke eines menschlichen Haares beträgt etwa 50 µm). Wegen der auftretenden hohen Temperaturen bis etwa 2000 °C bei Glühkathoden, müssen die Verbindungen eine hohe Warmfestigkeit aufweisen. Die zum Teil in hoher Stückzahl gefertigten Röhren, z.B. Rundfunkröhren, erforderten zudem eine rasch arbeitende Fügemethode[4].

2.5.2 Kontaktieren an Halbleiterschaltungen

Das Mikro-Widerstandsschweißen wird gleichermaßen für interne als auch externe Schaltverbindungen herangezogen. Dabei versteht man unter internen Schweißverbindungen solche innerhalb von elektronischen Bauelementen, z.B. das Kontaktieren zwischen Halbleiter und Anschlußdraht in einem Transistor oder zwischen den Leiterbahnen eines integrierten Schaltkreises usw. Externe Schweißverbindungen dienen der Verbindung von Bauelementen untereinander oder von Bauelementen mit Anschlußklemmen, Verkapselung von Bauelementen usw.

Bei Hybridschaltungen, die aus einem Träger aus Glas oder Keramik bestehen, auf den die passiven Bauelemente (Widerstände, Kondensatoren und Leiterbahnen) als Dünnschicht (etwa 1–5 µm dick) oder Dickschicht (etwa 10–20 µm dick) aufgedruckt oder aufgedampft sind, werden die Halbleiterbauelemente nachträglich eingesetzt. Wegen der nur einseitigen Zuführbarkeit für den elektrischen Strom wird für das Kontaktieren der Halbleiteranschlußdrähtchen oder -bändchen auf den dafür vorgesehenen „Landeplätzen" des Filmschaltkreises das Spaltschweißen angewandt. Hierbei drücken zwei parallel angeordnete Elektroden, die durch einen Spalt galvanisch voneinander getrennt sind, das zu kontaktierende Anschlußbeinchen auf den Anschlußplatz (Bild 2.8). Aufgrund der

Bild 2.8:
Kontaktieren von Flatpacks auf gedruckten Schaltungen mittels Spaltschweißen

Elektrodenpolung und der isolierenden Unterlage fließt der Schweißstrom von einer zur anderen Elektrode längs der zu verbindenden Werkstückteile und bewirkt durch Widerstandserwärmung die Kontaktierung. Der mit Luft oder Isolationsmaterial ausgefüllte Spalt beträgt etwa das 2- bis 5fache der Bändchendicke. Die Schweißzeiten liegen bei etwa 10 ms, die Elektrodenkräfte um 0,5 bis 1 kp je Elektrodenspitze. Die Anschlußbändchen bestehen aus Gold, Platin, Palladium, Nickel, Kupfer oder Kovar mit Querschnitten von 50 x 250 µm bis hinunter zu 5 x 100 µm. Weitere Anwendungen für das Spaltschweißen sind das Verbinden von Solarzellen für Satellitenflugkörper und das Anbringen von Anzapfungen an Potentiometerwicklungen.

Das Aufschweißen von integrierten Flachbausteinen (flat packs) auf gedruckte Leiterplatten bietet gegenüber dem üblichen Schwallöten steckbarer integrierter

Bausteine den Vorzug, daß die Schaltplatten nicht gebohrt zu werden brauchen und das Durchstecken der nach unten gebogenen Anschlußdrähte der Flachgehäuse (dual-in-line) entfällt. Auch ist der Preis und der Raumbedarf für normale Flat Packs geringer als für die „DIL"-Gehäuse, und die Schaltplatte kann auf beiden Seiten, unter Umständen sogar mit mehreren Flachgehäusen aufeinander, bestückt werden. Das Spaltschweißen ist für dünne Anschlußbändchen zwischen 0,025 x 0,125 und 0,25 x 0,75 mm geeignet. Sie können aus vergoldetem Kovar (FeNiCo), Dumet (FeNi) oder Reinnickel bestehen. Die Leiterbahnen aus Kovar oder Kupfer mit Nickelplattierung und 1–2 μm dicker Vergoldung sollen mindestens 70 μm dick sein. Die erreichbare Festigkeits- und Temperaturbelastbarkeit von Spaltschweiß-Verbindungen ist gut. Da jedes Beinchen einzeln kontaktiert werden muß, ist der Zeitaufwand für die Kontaktierung von Flatpacks mit vielen Anschlußbeinchen allerdings vergleichsweise hoch (eine Schweißung benötigt ungefähr 0,5 bis 1 s). Die Anwendung des Spaltschweißens von Flatpacks beschränkt sich daher auf Schaltungen mit besonderen Festigkeits- und Temperaturanforderungen (Raumfahrt-Elektronik[5]).

Eine weitere Anwendung findet das Spaltschweißen bei der Reparatur von Leiterplatten, bei denen Leitungsbahnen durch Ätzfehler oder mechanische Beschädigungen örtlich unterbrochen sind. Hierzu werden die betreffenden Stellen durch Aufschweißen eines Metallbändchens, z.B. aus Nickel, überbrückt, Bild 2.9. Die für Aufgaben dieser Art eingesetzten Schweißmaschinen sollen vorteilhaft mit einer Konstantspannungssteuerung ausgerüstet sein, um Überhitzungen zu vermeiden.

Bild 2.9: Reparatur von Leiterplatten durch Spaltschweißen
von Nickelbrücken
(Photo: Messer Griesheim-PECO)

2.5.3 Verschließen von Halbleiterschutzgehäusen

Zum Verschließen von Schwingquarzen, Halbleitern usw. mit Metallgehäusen wird das Ringbuckelschweißen eingesetzt. Die Gehäuse bestehen entweder aus Kovar (Fe-Ni-Co-Legierung) mit einer Nickel- oder Goldoberfläche oder aus unlegiertem Stahl, gegebenenfalls mit einer Nickel-, Silber-, Zinn- oder Goldoberfläche. Dabei wird die Kappe mit der Grundplatte auf dem ganzen Umfang mit einem einzigen kurzen Stromimpuls unter hohem Anpreßdruck in einer schmalen Zone verbunden, die durch Anprägen eines Buckels an einem der beiden Gehäuseteile definiert ist. Es kommen Gehäuse mit runder, ovaler oder rechteckiger Grundfläche zur Verarbeitung. Der Umfang der Schweißnaht kann je nach der Dimensionierung der Schweißmaschine bis zu 50 mm bei max. 1000 Ws Energie oder bis zu 100 mm bei max. 3000 Ws Energie betragen.

Zum Dichtschweißen in kontrollierter Atmosphäre (getrockneter Stickstoff oder Stickstoff-Helium) werden die Schweißmaschinen von einer Klimabox aufgenommen, Bild 2.10. Die Einrichtung umfaßt eine Schweißmaschine mit 8teiligem Schaltteller, Klimakammer, Vakuumschleusenofen, Vakuumausgangsschleuse, Pumpstände für Vakuum und für die Schutzgasumwälzung sowie -trocknung, ferner Überwachungs- und Regeleinrichtungen für den Kammerinnendruck, die Ofentemperatur und die Restfeuchte des Schutzgases.

Bild 2.10:
Mechanisierte Buckelschweißmaschine mit Schaltteller in Schutzgaskammer für Schwingquarzgehäuse
(Werkfoto: Messer Griesheim-PECO)

Die Schweißsteuerung arbeitet nach dem Energiespeicherprinzip mit transformierter Kondensatorenentladung. Die Elektrodenkraftsteuerung ist einstellbar für sanftes Aufsetzen der Elektrode auf einem Werkstück, schnellen Kraftanstieg auf Schweißdruck und schnellen Rückhub am Ende des Schweißzyklus. Die vormontierten und im Schleusenofen vorgetrockneten Bauelemente werden von einer Arbeitskraft aus Magazinen in die Aufnahme des Schalttellers eingesetzt, selbsttätig zur Schweißstation befördert, geschweißt und in einen Sammeltank ausgeworfen. Verbogene Fußdrähte werden in einer kleinen Vorrichtung gerichtet, so daß sie in die obere Elektrode tauchen können; geknickte Drähte, falsch liegende oder fehlende Bauteile werden von einem Sensor gemeldet und das Arbeitsspiel gestoppt. Die Einhaltung der Schweißparameter wird überwacht. Je nach Geschicklichkeit der Bedienungsperson beim Einlegen kann der Ausstoß bis zu 1 500 Teile/h betragen; in einer weiteren Ausbaustufe, bei der auch das Zuführen und Einlegen mechanisiert ist, 1 800 bis 2 000 Teile/h.

Hochintegrierte Mikroschaltungen, Oszillatoren o.ä. können eine solche Größe annehmen, daß sie mit Buckelschweißen nicht mehr zu verschließen sind. Bei Flachgehäusen, die eine Seitenlänge bis zu 75 mm haben können, wird der flache Deckel mit etwa 0,1 mm Dicke mit Rollennahtschweißen von je zwei Längsseiten gleichzeitig in einem Durchlauf geschweißt. Beide Rollen werden parallel von je einer Steuerung gespeist, die nach dem Kondensatorimpulsverfahren arbeitet und bis zu 540 Impulse/min liefern kann[6].

2.5.4 Punktschweißen von Kupferlitzen an Anschlußklemmen, Kontaktfedern, Stecker usw.

Zur Vorbereitung des Litzenendes wird bei Kabeln die Isolation auf eine Länge von etwa 5 mm entfernt. Die Litzenadern sind gut zu verdrillen, so daß ein Aufspreizen vermieden wird. Die einzelnen Litzenadern können versilbert oder verzinnt sein. Anstelle des Verdrillens kann das Litzenende auch dünn tauchverzinnt werden, um zu gewährleisten, daß alle Adern in der Schweißstelle erfaßt werden. Eine weitere Möglichkeit hierzu besteht darin, das Litzenende zunächst kompakt zu schweißen und dann in einem zweiten Arbeitsgang an das Anschlußteil zu schweißen.

Die Anschlußteile — Steckerfahnen, Anschlußklemmen, Kontaktfedern, Steckerstifte, Steckbuchsen usw. — sollen aus einem mit Kupferlitzen gut schweißbaren Werkstoff bestehen, z.B. Messing, Zinnbronze, Phosphorbronze, Neusilber, unlegierter Weichstahl. Ihre Oberfläche kann mit 3–10 μm versilbert oder verzinnt sein. Eine Vernickelung ist schweißtechnisch ungünstig. Die Werkstückoberfläche muß im Bereich der Schweißstelle eben und metallisch blank und für das Anlegen der beiden gegenüberstehenden Schweißelektroden frei zugänglich sein.

Dem Verspröden der Schweißstelle infolge Wärmeeinwirkung und Rekristallisation beim Schweißen wirkt eine Tropfwasserkühlung entgegen. Mit einer geeigneten Form für die Kontaktfläche der Schweißelektrode wird die unvermeidliche mechanische Verformung der Werkstücke in engen Grenzen gehalten.

Mit Mikro-Widerstandsschweißmaschinen entsprechender Leistungsgrößen werden bestimmte Bereiche von Litzenquerschnitten von 0,1—10 mm^2 verarbeitet. Bauelemente, z.B. für elektrische Schaltgeräte, die sich für ein mechanisiertes Zuführen eignen und mit Kupferlitzenabschnitten geringer Länge verschweißt werden, werden bevorzugt an halbautomatischen Sondermaschinen verarbeitet:

Die halbautomatische Schweißanlage (Bild 2.11) dient dem Anschweißen von Kupferanschlußlitzen mit einem Querschnitt von 0,75 mm^2 an Schalterkontaktfahnen aus Messing, Neusilber oder ähnlichen Werkstoffen. Die Schalter mit den Kontaktfahnen werden automatisch sortiert, lagerichtig ausgerichtet, zugeführt und positioniert. Das Zuführen der Kabelenden übernimmt die Montageperson. An allen 4 Kabelenden bzw. Anschlußfahnen wird die Verbindung mit einem Schweißhub hergestellt. In der Minute können etwa 6—10 Bauteile geschweißt werden.

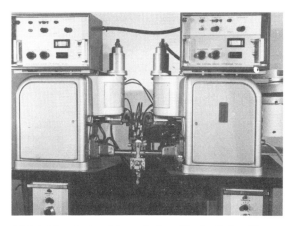

Bild 2.11: Mechanisierte Anlage für das Schweißen von Kabellitzen
an Schnurschalter mit automatischer Sortier- und
Positioniereinrichtung für die Schnurschalter
(Photo: Messer Griesheim-PECO)

Eine beträchtliche Steigerung des Ausstoßes ermöglichen Drehtellermaschinen mit Doppelstationen, wobei mit jedem Arbeitshub jeweils 2 Arbeitsvorgänge durchgeführt werden. An der Anlage in Bild 2.12 werden Bronzefedern an einem

Bimetallträger buckelgeschweißt. Danach wird von Haspeln eine Kupferlitze zugeführt, an der späteren Schnittstelle kompaktgeschweißt, um das Aufspreizen zu verhindern, dann an den Träger geschweißt und auf Länge abgeschnitten. Die fertigen Teile werden automatisch ausgeworfen. Von 2 Bedienungspersonen werden nur die Einzelteile in Aufnahmen eingelegt; jedes Freigeben der Sicherheitslichtschranken startet ein Arbeitsspiel. Kontrolleinrichtungen überwachen die richtige Lage der Teile und die Maschinenfunktion. Jede Bearbeitungsstation ist doppelt vorhanden, so daß ein Ausstoß von rund 50 Stück je Minute erzielt wird.

Bild 2.12: Mechanisierte Anlage für das Schweißen an einem Bimetallauslöser mit Litzenzuführ- und -abschneideeinrichtung, 6 Punkt- und Buckelschweißstationen und elektronischer Folgesteuerung
(Photo: Messer Griesheim-PECO)

2.5.5 Punktschweißen von Kupferdrähten an Anschlußteile

Anstelle flexibler Kupferlitzen lassen sich auch massive Kupferdrähte — z.B. Anschlußdrähte elektronischer Bauelemente, wie Kondensatoren, Widerstände usw. — aufschweißen. Der Dickeunterschied zwischen Draht und Anschlußteil sollte nicht größer als etwa 1:2 sein. Abhängig von der Maschinenleistung können Kupferdrähte von etwa 0,3—3 mm Ø verschweißt werden. Bei den größeren Drahtdicken oder Werkstoffkombinationen, die sich nur schwer schweißen lassen, kann es zweckmäßig sein, das Widerstandshartlöten anzuwenden, wobei während des Erwärmungsvorganges Hartlot und Flußmittel zugeführt werden.

Durch Anbau von Schalttellern, mechanischer Teilezu- und -abfuhr und weiterer Bearbeitungswerkzeuge lassen sich Widerstandsschweißmaschinen gut mechanisieren. In Bild 2.13 ist eine halbautomatisch arbeitende Punktschweißmaschine mit Schaltteller dargestellt, an der das Ende einer Relaisspule aus Kupferdraht von Ø 2 mm an eine versilberte Ms-Anschlußfahne geschweißt wird. Die Bedienungsperson hat nur beide Teile in Aufnahmeschablonen einzulegen. Sobald sie danach den Strahl einer Lichtschranke freigibt, läuft automatisch gesteuert ein vollständiges Arbeitsspiel ab; der Schaltteller dreht sich um eine Teilung weiter; in der Schweißstation werden die Teile festgespannt und geschweißt; in der Auswerfstation wird das Werkstück mit einer Prägung versehen und abgeworfen. Kontrolleinrichtungen prüfen dabei die richtige Lage der Teile und die Funktion der Maschine. Je nach Art der Teile kann so ein Ausstoß von 20–25 Stück pro Minute erreicht werden[7].

Bild 2.13:
Mechanisierte Punktschweißmaschine mit Lichtschrankenauslösung, Schaltteller und Auswerfer
(Photo: Messer Griesheim-PECO)

2.5.6 Punktschweißen von Heizelementen

Während beim Schweißen von Heizelementen die Wendeln (CrNi) im Durchmesserbereich von 0,1–0,4 mm in üblicher Weise mit gegenstehenden Elektroden an die Anschlußstifte (Stahl) angeschweißt werden können, erfordert der entstehende Nebenanschluß bei 0,5–0,8 mm dicken Wendeln eine besondere Arbeitstechnik, Bild 2.14. Die Schweißelektrode setzt von oben auf die Wendeln auf, während die Gegenelektrode seitwärts versetzt von unten als Kontaktelektrode durch Federkraft gegen den Anschlußstift gedrückt wird. Die beiden anderen Teile sind Isolierstücke und dienen als mechanische Stützen, um die Kräfte der Schweiß- und Kontaktelektrode aufzunehmen. Bei schwer schweißbaren Heizleiterwerkstoffen, z.B. Kantal (CrNiAl), wird auch mit kurzen Doppelimpulsen gearbeitet, um einer Versprödung der Schweißung entgegenzuwirken. Abhängig von den Griffzeiten können mit dieser Heizwendelvorrichtung 15 bis 20 Schweißungen pro Minute durchgeführt werden[8].

Bild 2.14:
Heizwendel-Schweißvorrichtung für Feinschweißmaschine mit Thyristorsteuerung zum Anschweißen von Heizleiterspiralen an Anschlußstifte
(Photo: Messer Griesheim-PECO)

2.5.7 Isolierdrahtschweißen

Eine Aufgabe, die in der Elektrotechnik vielfach gestellt wird, ist das Verbinden von isolierten Kupferdrähten mit Anschlußteilen, z.B. Klemmen, Buchsen, aber auch gedruckten Schaltplatten. Das Anschweißen isolierter Kupferdrähte an Anschlußteile ist unter folgenden Bedingungen ohne vorhergehende Abisolierung möglich:

- Es muß sich um eine lötbare Lackisolation handeln
- Der Durchmesser des Isolierdrahtes muß zwischen 0,04 und 0,5 mm liegen
- Die Anschlußkörper bestehen aus Messing, Bronze oder Kupfer und sind vorteilhaft verzinnt oder versilbert

Durch Durchführung des Schweißens wird die auf dem Isolierdraht aufsetzende Elektrode durch direkte oder indirekte Strombeheizung erwärmt, so daß die Isolation verdampft. Damit wird der Weg für den Schweißstrom freigegeben, der die Verbindung des Kupferdrahtes mit dem Anschlußteil herbeiführt. Für das Schweißen isolierter Kupferdrähte im Dickenbereich von 40–200 μm ohne vorhergehende Abisolierung auf Anschlußteile aus Messing, Bronze oder Kupfer ohne oder mit Plattierung aus Zinn oder Silber wird eine Wolframelektrode mit einer feinen Rille versehen, deren Breite und Tiefe dem Durchmesser des Isolierdrahtes entsprechen. Auf diese Weise erfolgt der Stromfluß zunächst von den sog. Höckern der W-Elektrode über das Anschlußteil zur Gegenelektrode und bewirkt durch seine Wärmewirkung ein Verdampfen der Lackisolation und ein Erweichen des Anschlußteiles. Der anschließende Stromdurchgang über den Draht mit gleichzeitigem Nachsetzen der Elektrode führt zur Verschweißung der Werkstücksteile. Bei lötbaren Isolierschichten und geringen Drahtdicken reicht ein einziger kurzer Stromimpuls (etwa 3 Perioden) aus, um die Isolierung zu entfernen und die Verschweißung herbeizuführen. Demgegenüber ist bei größeren Drahtdurchmessern ein Stromprogramm erforderlich, um während eines Vorimpulses von etwa 6 Perioden die Isolierung zu entfernen, dem nach etwa 5 Perioden Strompause ein kräftiger zweiter Stromstoß (etwa 1 Periode Dauer) für das Verschweißen des Drahtes folgt.

Für Drähte größeren Durchmessers wird das in Bild 2.15 dargestellte Dreielektrodensystem eingesetzt[9].

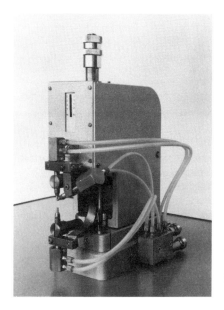

Bild 2.15:
Dreielektrodensystem zum Schweißen isolierter Kupferdrahte
(Werkfoto: Messer Griesheim-PECO)

Eine spezielle Ausführung dieser Technik dient bei der Herstellung von elektronischen Datenverarbeitungsanlagen zum Anschweißen der isolierten Spanndrähte von 50–100 µm Ø auf die lotplattierten Kupferleitbahnen des Rahmens, Bild 2.16. Wegen der isolierenden Unterlage erfolgt die Stromzufuhr einseitig über eine V-förmige Elektrode aus Wolfram, die an ihrer Spitze mit einer Aussparung entsprechend der Form des Kupferlackdrahtes versehen ist. Für die Serienfertigung werden die Drähte zwischen kammartigen Stiften vorgespannt, und der Speicher wird nach jeder Schweißung um das Rastermaß der Spanndrähte weiterbewegt. Die Taktzeit kann damit bis auf 30 Schweißungen pro Minute gesteigert werden.

Bild 2.16:
Isolierdrahtschweißen von Kupferlackdrähten auf metallisierte Anschlußflächen bei der Herstellung von Kernspeicherrahmen für Datenverarbeitungsanlagen
(Photo: Messer Griesheim-PECO)

2.5.8 Stumpfschweißen von Anschlußdrähten an Bauelemente

Elektronische Bauelemente, wie Widerstände, Kondensatoren, Dioden usw., müssen üblicherweise mit Anschlußdrähten aus ECu verzinnt, 0,5–0,8 mm Ø, NiFe oder NiFeCo versehen werden. Auch dies kann mit Widerstandsschweißen geschehen, wobei je nach der Bauform der Draht stumpf angeschweißt wird, Bild 2.17.

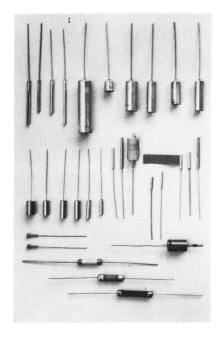

Bild 2.17:
Mikro-Widerstands-Stumpfschweißen von Anschlußdrähten an elektrische Bauelemente wie Kondensatorbecher, Widerstände usw.
(Photo: Messer Griesheim-PECO)

Für die Verarbeitung von Kleinserien oder von Teilen mit häufig wechselnden Abmessungen, für die die Schweißmaschine entsprechend umgestellt werden muß, eignen sich normale Punktschweißmaschinen mit Stumpfschweißvorrichtung. Für die Großserienfertigung werden Sondermaschinen eingesetzt.
Die Bauelemente werden über Fördergeräte an die Schweißstelle geführt, die Drähte von Haspeln abgezogen, beidseitig beschnitten und angeschweißt. Auch hier werden als Energieversorgung Steuergeräte nach dem Kondensatorentladeprinzip eingesetzt. Diese sind im Ladekreis so bemessen, daß sie bis zu 180 Impulse, bei geringer Energie bis zu 300 Impulse je Minute, abgeben können. Mit diesen Fertigungsautomaten wird ein Ausstoß von etwa 3000–6000 Teilen in der Stunde erreicht.

2.5.9 Buckelschweißen in der Brillenindustrie

Eine wichtige Aufgabe in der Herstellung von Brillengestellen stellt das Aufschweißen der Scharnierböcke an die Brillenbügel (Metallbügel bzw. Metalleinlage von Kunststoffbügeln) dar, Bild 2.18. Bild 2.19 zeigt eine Zwillingsanlage zum Aufschweißen der Scharnierböcke. Die Scharniere werden durch eine automatische Zuführung selbsttätig in die Schweißposition gebracht, während der linke und rechte Brillenbügel durch Zweihandbedienung mittels Anschlägen positioniert werden. Beide Scharnierschweißungen werden gleichzeitig ausgeführt. Der Ausstoß beträgt ca. 1200 Teile pro Stunde.

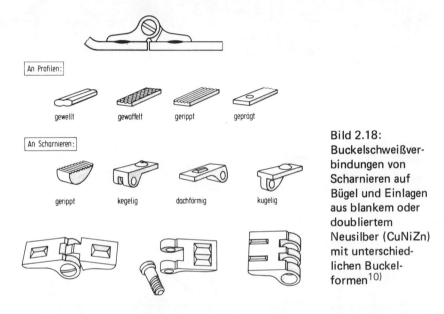

Bild 2.18: Buckelschweißverbindungen von Scharnieren auf Bügel und Einlagen aus blankem oder doubliertem Neusilber (CuNiZn) mit unterschiedlichen Buckelformen[10]

Weitere Anwendungsbeispiele für das Mikrowiderstandsschweißen und -löten in der Brillenindustrie sind:

- Anschweißen der Scharniere an den Querbalken
- Anschweißen der Linseneinfassungsringe an den Querbalken von Metallbrillen
- Anschweißen der Nasenstege an die Linseneinfassungsringe
- Verankerungsstifte für den Kunststoffkörper am Nasensteg
- Widerstandslöten der Schließblöcke zur Linsenbefestigung an den Einfassungsringen[10]

Bild 2.19:
Zwillings-Schweißanlage mit Linearzuführungen für das Buckelschweißen von Scharnierböcken an Brillenbügeln
(Werkfoto: Messer Griesheim-PECO)

2.5.10 Rollnahtschweißen von Bändern und Membranen

Zur Rationalisierung bei der Herstellung von Kontaktfedern kann, anstatt Edelmetallkontakte einzeln auf einen Träger zu schweißen, ein Draht aus Silber, Gold- oder Silberlegierungen, Neusilber und anderen, kontinuierlich flach auf ein Trägerband, beispielsweise aus Bronze, Messing oder Neusilber, geschweißt werden, aus dem dann die Kontaktfedern ausgestanzt werden, Bild 2.20. Dabei kommen Rollnahtschweißmaschinen in Tischbauform zum Einsatz, deren scheibenförmige Elektroden über einen Motor mit Reduzier- und Differentialgetriebe und Kardanwellen angetrieben werden. Ein Nahttakter als Steuergerät liefert fortlaufend Schweißstromimpulse mit einstellbarer Dauer und Pause. So kann man erreichen, daß das Material in der Berührungszone lückenlos verschweißt ist und beim Ausstanzen an beliebiger Stelle kein Spalt entsteht, der die Stromübertragung der Kontaktfeder beeinträchtigt oder Korrosion verursacht. Mit der abgebildeten Maschine werden Edelmetalldrähte im Durchmesserbereich von 0,3–1,5 mm verarbeitet. Je nach Werkstoff und Materialdicke beträgt die Vorschubgeschwindigkeit 0,3–2,7 m/min.

Bild 2.21 zeigt eine Maschine zum Rollennahtschweißen einer Innen- und Außenmembrane für Druckmembrandosen aus nichtrostendem Stahl. Das Werkstück wird aus einem Vertikalmagazin mit einem Kolben horizontal auf die

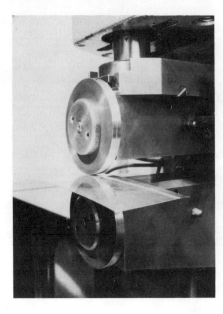

Bild 2.20:
Rollnahtschweißen von Bimetallkontaktbändern aus Silberdraht auf Messing
(Photo: Messer Griesheim-PECO)

Bild 2.21:
Nahtschweißautomat mit Wendelförderer für Membrandruckdosen
(Werkfoto: Messer Griesheim-PECO)

untere Elektrodenrolle geschoben und mit einem mitlaufenden Druckstück angepreßt. Nach dem Aufsetzen der oberen Rolle wird der Dosenumfang dichtgeschweißt und das fertige Teil mit einem Druckluftstoß ausgeworfen. Dabei passiert es eine Lichtschranke, deren Impuls den Start für ein neues Arbeitsspiel gibt. Alle mechanischen Bewegungen werden von einer elektronischen Ablaufsteuerung geschaltet und mit berührungslosen Gebern überwacht. Die Arbeitskraft hat nur den Wendelförderer mit einem ausreichenden Teilevorrat zu füllen. Je nach Dosendurchmesser, d.h. Länge der Rundnaht, wird ein Ausstoß von 600 bis 900 Teilen/h erreicht[6].

2.6 Automatisierung des Mikrowiderstandsschweißens

Der Einsatz des Mikroschweißens ist in besonderem Maße auf die Herstellung von Großserien-Bauteilen ausgerichtet. Daher verstärkt sich in den letzten Jahren zunehmend das Bestreben, die Durchführung des Schweißablaufes zu automatisieren und die Schweißeinheit mit anderen Bearbeitungsvorgängen, wie z.B. Beschneiden, Ausstanzen, Biegen und Fräsen zu einer kompletten Fertigungseinheit zu integrieren. Dieser Tendenz wurde durch Entwicklung spezieller Baueinheiten, wie z.B. für den Schweißkopf, den Werkstücktransport, die Einlegekontrolle, das Beschneiden von Litzen, das Prägen und das selbsttätige Auswerfen der geschweißten Werkstücke, Rechnung getragen, welche die wiederkehrenden Grundbausteine der den vielfältigen Feinschweißaufgaben angepaßten Sonderschweißmaschinen bilden, Tabelle 2.1. Der Einsatz einer Einzweck-Sondermaschine ist gerechtfertigt, wenn ein Fertigungsvolumen von 1 bis 2 Millionen Teilen pro Jahr mit einer Laufzeit von einigen Jahren vorliegt[12].

Als Beispiel zeigt Bild 2.22 eine Schaltteller-Schweißanlage für das Punkt- und Buckelschweißen für das teilmechanisierte Schweißen von kleinen bis mittelgroßen Werkstücken aus der Feinwerk- oder Elektrotechnik. Die Maschine ist mit einem Schaltteller mit acht Aufnahmestationen, einem Manipulator für das Auswerfen des fertigen Werkstückes, Steuergeräten für Schweißstrom, Elektrodenkraft und den Ablauf des Arbeitsspieles sowie Schutzvorrichtungen für die Bedienungssicherheit ausgestattet. Die Arbeitskraft hat nur die Einzelteile in der vorderen Ladestation einzulegen. Die Maschine transportiert sie zur Schweißstation, schweißt und wirft sie über eine Rutsche in einen Sammelbehälter. Fehlende oder falsch liegende Teile werden mit einem Sensor gemeldet und die Maschine gestoppt. Abhängig von der Werkstückgröße können solche Maschinen mit unterschiedlich großen Schalttellern ausgerüstet werden, wobei die kleineren Teller pneumatisch, die großen, wegen der zu beschleunigenden Massen, motorisch angetrieben sind. An diesen können auch zusätzliche Einrichtungen für das mechanisierte Zuführen eines oder zweier Einzelteile oder für Arbeitsgänge, wie

Werkstück	Schweiß-verfahren	Maschinenart	Ausstoß
Überstromschalter, Träger und Litze an Bimetall	Buckel Punkt	Rundtaktmaschine mit teilmechanisierter Werkstückzuführung Bei Zwillingsanordnung aller Arbeitsstationen	1 200 bis 1 500/h 2 400 bis 3 000/h
Litzenabschnitt vorgeschweißt und getrennt als Teil für Schaltgeräte	Punkt	Automat mit Zuführ- und Schneideeinrichtung, je nach Litzenquerschnitt	5 500 bis 2 000/h
Schaltstück, Kontakt auf Träger	Stumpf	Automat als Reihentaktmaschine mit Zuführ-, Stanzeinrichtung, je nach Kontaktgröße	3 000 bis 6 000/h
Kontaktbimetall, Kontaktprofil auf Träger	Rollennaht	Automat als Reihentaktmaschine mit Zuführ- und Stanzeinrichtung, je nach Profilgröße	60 bis 200 m/h
Relaisfedern, Kontakt auf Träger	Punkt Stumpf	Automat mit Zuführ- und Schneideeinrichtung	3 000 bis 6 000/h
Widerstand und Kondensator, Axialdraht an Kappe	Stumpf	Automat mit Zuführ- und Schneideeinrichtung in Zwillingsanordnung	6 000 bis 18 000/h
Anschlußleitung, Litze an Schnurschalter	Punkt	Zwillingsmaschine mit Vierfachschweißkopf und mechanisierter Schalterzuführung	1 000 bis 1 200/h
Anschlußleitung, Litze an Schukostecker	Punkt	Maschine mit Werkstückvorschub	400 bis 500/h
Rohrheizkörper, Flachstecker an Anschlußstift	Buckel	Zwillingsmaschine mit mechanisierter Steckerzuführung	1 000 bis 1 200/h
Brillengestell, Scharnier an Bügel	Buckel	Zwillingsmaschine mit Stapelmagazinen und mechanisierter Scharnierzuführung	1 200/h

Werkstück	Schweiß-verfahren	Maschinenart	Ausstoß
Taschenlampen-batterie, Verbinder an Zellen	Punkt	Reihentaktautomat mit Bandtransport, Zuführ- und Schneideeinrichtung, alle Arbeitsstationen 6fach parallel	3 000/h
Membrandruck-dosen	Rollen-naht	Automat mit mechanisier-ter Ein- und Ausgabe	600 bis 900/h
Gehäuse für Halb-leiter, Schwing-quarze, Mikro-schaltungen	Buckel	Reihentaktmaschine mit mechanisierter Magazin-zu- und -abführung	2 000 bis 3 000/h
TV-Bildröhren, Haltefedern an Rahmen	Buckel	Vierfach-Schweißanlage	500/h
Relais-, Magnet-, Trafospulen, Spu-lendrahtende an Anschlußfahne	Punkt	Rundtaktmaschine mit Zwillingsschweißstation, je nach Wickelzeit	1 000 bis 700/h
Kleinmotorenanker, Wicklungsdraht-ende an Kollek-lamellen	Warm-stauchen	Automat mit Ein- und Aus-gabevorrichtungen, je nach Lamellenzahl	400 bis 200/h
Wälzlagerkäfig, Käfigenden aneinander	Stumpf	Stanz- und Biegeautomat mit Schweißstation, je nach Käfiggröße	3 000 bis 6 000/h
Metallgehäuse, Gewindemutter an Wand	Buckel	Maschine mit mechanisierter Teilezuführung	1 500/h
Ölfilter, Flansch an Bodenteil	Buckel	Rundtaktmaschine mit me-chanisierter Ein- und Aus-gabe	1 200/h
Zargen für Rohre, Behälter, Längs-kanten aneinander	Folien-naht	Maschine mit Spannwagen, je nach Blechdicke und Naht-länge	50/h

Tabelle 2.1: Beispiele für das mechanisierte und automatische Mikro-widerstandsschweißen von unterschiedlichen Werkstücken[11]

Bild 2.22:
Schaltteller-Schweißanlage für Punkt- und Buckelschweißungen
(Werkfoto: Messer Griesheim-PECO)

Prüfen, Biegen oder Messen, angebaut werden. Der Arbeitstakt kann entweder elektronisch über eine Zeitsteuerung vorgegeben oder durch den Rhythmus der Arbeitskraft mit Freigeben einer Lichtschranke bestimmt werden; die Kapazität liegt bei 1000 bis 1500 Teilen/h[6].

2.7 Zusammenfassung

Unter den in der Mikrotechnik angewendeten Verbindungsverfahren ist das Widerstandspreßschweißen wegen der relativ niedrigen Anschaffungs- und Betriebskosten, wegen der hohen Güte der Verbindungen und der Reproduzierbarkeit besonders wirtschaftlich. Mit entsprechend modifizierten Elektrodenformen und elektronischen Steuerungen für Elektrodenkraft und Schweißstrom läßt es sich für die verschiedenartigsten Kombinationen von Werkstückdicken, Metallegierungen und Geometrien der Verbindungsstelle einsetzen. Wenn es das Fertigungsvolumen rechtfertigt, kann eine Widerstandsschweißmaschine für Kleinteile durch Anbau von Zu- und Abführeinrichtungen und weitere Arbeitseinheiten automatisiert werden.

Auf die Fragen der Schweißeignung von Werkstoffen und die Gütesicherung beim Mikrowiderstandsschweißen wird in weiteren Beiträgen des vorliegenden Fachbuches eingegangen. Als vertiefende Literatur sei auf[13-18] verwiesen.

Obering. L. Pfeifer

3 Widerstandsschweißen von NE-Metallen

3.1 Einteilung der NE-Metalle nach Norm und Verwendungszweck

Nichteisenmetalle sind nach DIN 17007 Blatt 4 in 2 Werkstoff-Hauptgruppen, den

— „Schwermetallen" (außer Eisen) und den
— „Leichtmetallen",

unterteilt. Zur Kennzeichnung dient die erste Stelle der Werkstoffnummer, wobei mit der Ziffer „2" die Hauptgruppe der Schwermetalle und mit einer „3" die der Leichtmetalle gekennzeichnet sind. Eine weitere normmäßige Unterteilung der NE-Grundmetalle ist Tabelle 3.1 zu entnehmen. Die hier aufgeführten Werkstoffbereiche sind auf die verschiedenen Grundmetalle nach Maßgabe ihrer Reinheitsgrade und nach den Legierungen je Grundmetall aufgeteilt.

Hauptgruppe: Schwermetalle außer Eisen	
NE-Grundmetall	Werkstoff-Nr.-Bereich
Kupfer	2.0000–2.1799
Zink, Cadmium	2.2000–2.2499
Blei	2.3000–2.3499
Zinn	2.3500–2.3999
Nickel, Kobalt	2.4000–2.4999
Edelmetalle	2.5000–2.5999
Gold, Iridium, Osmium, Palladium, Platin Rhodium, Ruthenium, Silber	
Hochschmelz. Metalle	2.6000–2.6999
Niob, Molybdän, Rhenium, Tantal Vanadium, Wolfram, Zirkonium	

Fortsetzung Tab. 3.1 S. 56

Hauptgruppe: Leichtmetalle	
NE-Grundmetall	Werkstoff-Nr.-Bereich
Aluminium	3.0000–3.4999
Magnesium	3.5000–3.5999
Titan	3.7000–3.7999

Tabelle 3.1: Einteilung der NE-Grundmetalle nach DIN 17007 Bl. 4

Für die Anwendung der NE-Metalle speziell in der Elektrotechnik ist eine Aufteilung nach dem Verwendungszweck angebracht. Hiernach ist zu unterscheiden in:

— Leiterwerkstoffe
— Widerstandswerkstoffe: Widerstandslegierungen, Heizleiterlegierungen
— Kontaktwerkstoffe: Technisch reine Metalle, schmelzmetallurgisch und pulvermetallurgisch hergestellte Metalle
— Magnetwerkstoffe: Weich- und hartmagnetische Werkstoffe

Entsprechend dieser Unterteilung sind in Tabelle 3.2 Anwendungsbeispiele aufgeführt.

Im Hinblick auf die schweißtechnische Fertigung spielen neben den NE-Grundwerkstoffen und den NE-Legierungen in besonderem Maße die NE-Werkstoffpaarungen und ganz besonders die NE-Metalle mit NE-Oberflächenüberzüge eine entscheidende Rolle. Tabelle 3.3 zeigt beispielhaft eine Auswahl der am häufigsten angewendeten Werkstoffe und deren Kombinationen.

3.2 Widerstands-Schweißeignung von NE-Metallen

In der gesamten Schweißtechnik ist die Frage nach der Schweißeignung eines Werkstoffes die dominierende Frage überhaupt. Künftige Forsch.-Arb. auf dem Gebiet der Schweißtechnik werden daran zu messen sein, inwieweit die vielfältigen Probleme der Schweißeignung aufgeklärt werden. Dabei ist es wichtig zu wissen, daß nicht nur die physikalischen Werkstoffeigenschaften und die geometrischen Verhältnisse der Fügeteile die Schweißeignung beeinflussen. Vielmehr wird die Schweißeignung eines Werkstoffes oder einer Werkstoffkombination entscheidend vom angewendeten Schweißverfahren mitbestimmt. So gelten die meisten Angaben, die über die Schweißeignung in den existierenden Werkstofftabellen zu finden sind, vorzugsweise für konventionelle Schmelzschweißverfahren, nicht aber für Sonderschweißverfahren und auch nicht für das Widerstands-

Leiterwerkstoffe	z.B. verwendet für:
Aluminium, Al	Freileitungen, Stromschienen, Wicklungen von Motoren etc.
Beryllium, Be	Satelliten-Antennen, Transistoren, Speichertrommeln von EDV-Anlagen
Blei, Pb	Akkumulatoren, Kabelmäntel, Halbleitertechnik
Cadmium, Cd	Akkumulatorenplatten, Halbleitertechnik
Chrom, Cr	Bestandteil von Widerstandslegierungen, Thermoelement-Legierungen
Eisen, Fe	Freileitungen, Al-plattiert für Anoden
Gold, Au	Sicherungen, Wid.-Thermometer, Kontaktauflagen, Halbleitertechnik
Iridium, Ir	chem. beständ. Metall, Thermoelemente, Elektroden für Zündkerzen
Kupfer, Cu	Leitungen, gedruckte Schaltg., Thermoelemente etc.
Magnesium, Mg	Getterwerkstoff, Leg.-Zusatz, z.B. E-AlMgSi
Mangan, Mn	Halbleitertechn., Bestandt. v. Al- und Cu-Legierungen
Molybdän, Mo	Kontakte, Thermoelemente, Heizleiter 1700 –2000 °C, Röhrenbau
Nickel, Ni	Anodenbleche, Thermoelemente, Gitterdrähte, Halbleitertechnik
Niob, Nb	Gleichrichter, Röhrenbau, Kondensatoren, Heizleiter bis 1800 °C
Osmium, Os	Thermoelemente, Hochleistungskontakte
Palladium, Pd	Thermoelemente, Kontakte, Halbleitertechnik
Platin, Pt	Thermoelemente, Röhrenbauteile, Kontaktauflagen
Quecksilber, Hg	Kontaktflüssigkeit, Wid.- und Ausdehn.-Thermometer
Rhenium, Re	Elektronenröhren, in Sonderfällen für elektrische Kontakte
Rhodium, Rh	chem. beständ. Metall, Thermoelemente, Kontaktauflagen
Ruthenium, Ru	Thermoelemente, Legierungszusatz
Silber, Ag	Sicherungen, Kontakte, Röhren, Halbleitertechn.
Tantal, Ta	Thermoelem., Heizleiter bis 2000 °C, Senderöhren, Kondensatoren
Titan, Ti	Getterwerkstoff, Galvanotechn., Stromschienen
Wolfram, Wo	Kathoden f. Senderöhren, Heizleiter bis 2500 °C, Thermoelemente
Zink, Zn	Leiterwerkst., Fassungen, Halbleitertechnik
Zinn, Sn	Kontaktfedern, el. Zähler, Halbleitertechnik
Zirkonium, Zr	Reaktor-, Hochfrequenz- und Röhrentechnik, Kontakt-Legierung

Widerstandswerkstoffe

— Widerstandslegierungen, z.B.
   Cu Ni 44   für Potentiometer, Instrumenten-, Vor- und Nebenwiderstände
— Heizleiterlegierungen, z.B.
   Ni Cu 30 Fe   für Heizwendel
   Ni Cr 30 20   für Haushaltsgeräte, Elektroöfen, hochohmige Widerstände

Kontaktwerkstoffe

— Technisch reine Metalle (siehe Leiterwerkstoffe)
— Schmelzmetallurgisch hergestellte Legierungen, z.B.
   Silber — Kupfer
   Silber — Cadmium
   Hartsilber
   Kupfer — Beryllium
   Kupfer — Zink (Messing)
   Kupfer — Silber (Silberbronze)
   Kupfer — Zinn (Zinnbronze)

Fortsetzung Tab. 3.2 S. 58

- Pulvermetallurgisch hergestellte Werkstoffe, z.B.
  Silber — Nickel
  Silber — Cadmiumoxyd
  Silber — Wolfram
  Silber — Graphit
  Silber — Zinnoxyd
  Wolfram — Kupfer

Magnetische Werkstoffe

- Weichmagnetische Werkstoffe, z.B. Dynamo- und Transformatorenbleche
- Hartmagnetische Werkstoffe, z.B. Dauermagnetwerkstoffe

Tabelle 3.2: Werkstoffe für die Elektrotechnik

NE-Grundwerkstoffe:

Aluminium, Al	Blei, Pb
Kupfer, Cu	Molybdän, Mo
Silber, Ag	Wolfram, Wo
Nickel, Ni	Tantal, Ta

NE-Legierungen:

Al 99,5 Ti	Cu Ni 44
Al Mg 3	Ni Cu 30 Fe
Al Mg Si	Nr Cr 30 20
Al Zn Mg	Ag-Ni (Hartsilber)
Cu-Zn (Messing)	Ag-Cd-Oxyd
Cu-Be	Ag-Graphit
(Berylliumbronze)	
Cu-Ag	
(Silberbronze)	
Cu-Sn (Zinnbronze)	

NE-Werkstoffpaarungen:

Kupfer mit Aluminium
       mit Messing
       mit Silber-Cadmiumoxyd
       mit Silber-Graphit

NE-Metalle mit anderen NE-Oberflächenbeschichtungen:

z.B. Cu-verzinnt, Cu-versilbert, Messing-versilbert, etc.

Tabelle 3.3: Auswahl der in der Elektrotechnik am häufigsten angewendeten NE-Werkstoffe und deren Kombinationen

schweißen. Für die elektrotechnische Fertigung typische Beispiele hierfür sind die häufig anzutreffenden Al/Cu-Kombinationen und die Messingverbindungen. Während Aluminium und Kupfer, wegen der Bildung intermetallischer Phasen, nicht über die schmelzflüssige Phase zu verbinden sind, eignet sich diese Werkstoffpaarung sehr wohl für das Widerstands-Abbrennstumpf-, das Reib- und das Kaltpreß- sowie für das Ultraschallschweißen. Umgekehrt sind Messinglegierungen für das Widerstandsschweißen zwar geeignet, jedoch beispielsweise nicht für das Elektronenstrahlschweißen. Der Grund hierfür liegt darin, daß Messing aus einer Kupfer-Zink-Legierung besteht und Zink auf Grund seines niedrigen Dampfdruckes im Vakuum vorzeitig verdampft.

Während die Schweißbedingungen für Stahl als Basiswerkstoff und das Verhalten von Stahl beim Schweißen heute hinreichend bekannt sind, liegen für das Widerstandsschweißen fast aller der oben genannten Werkstoffe der Elektrotechnik bis heute seitens der Forschung nur bruchstückhafte Ergebnisse vor. Dies gilt u.a. auch für den Werkstoff Aluminium, der in der Elektrotechnik in den letzten Jahren wieder steigende Bedeutung gewinnt. So ist es nach Lage der Dinge verständlich, warum allgemeingültige Tabellen, die der Anwender in vorteilhafter Weise benutzen könnte, kaum vorhanden sind und auch in naher Zukunft nur vereinzelt verfügbar sein werden. Es ist deshalb das Ziel der nachstehenden Ausführungen, ein gewisses Verständnis für die teilweise in Korrelation zueinander stehenden vielfältigen Probleme des Widerstandsschweißens von NE-Metallen zu vermitteln.

3.2.1 Schweißeigungsformel

Naturgemäß bestimmen die physikalischen Werkstoffeigenschaften die Schweißeignung zwar nicht alleine, aber doch in aller erster Linie. Um zahlenmäßig den graduellen Unterschied der Eignung verschiedener NE-Metalle ausdrücken zu können, dient folgende Formel:

$$s = \frac{4,2 \cdot 10^6}{\kappa \cdot \lambda \cdot T_S}$$

Hierin bedeuten:
$\quad$ s = Schweißfaktor,

folgende Werte für „s" kennzeichnen die Schweißeignung mit:
$\quad$ s < 0,25 (schlecht)
$\quad$ s = 0,25–0,75 (einigermaßen)
$\quad$ s = 0,75–2,0 (gut)
$\quad$ s > 2,0 (ausgezeichnet)

κ = Elektrische Leitfähigkeit in Sm/mm^2
λ = Thermische Leitfähigkeit in W/mK
T_S = Schmelztemperatur in °C

Die nach dieser Formel errechneten Werte für den Faktor s geben dem Anwender einen ersten und orientierenden, allerdings auch nur ungefähren Anhalt über das Widerstandsschweißverhalten eines Werkstoffes. Mit dieser Einschränkung hat sich die Anwendung der Formel in der Praxis gut bewährt. Keinesfalls aber kann und soll hiermit Anspruch auf Allgemeingültigkeit erhoben werden.

In Tabelle 3.4 sind die errechneten Schweißfaktoren verschiedener NE-Metalle, die nach ihrem elektrotechnischen Verwendungszweck geordnet sind, zusammengestellt. Der besseren Übersicht wegen zeigt Tabelle 3.5 für die verschiedenen Werkstoffgruppen die Mittelwerte dieser Schweißfaktoren. Es ist zu erkennen, daß, von Ausnahmen abgesehen,

— die Leiterwerkstoffe $\kappa \geqslant 15$ Sm/mm^2
— die Leitbronzen und
— die Kontaktwerkstoffe

einen Schweißfaktor $< 2{,}0$ aufweisen und damit für das elektrische Widerstandsschweißen ungünstig sind.

Nun wäre es allerdings ein Irrtum anzunehmen, daß z.B. die Heizleiterwerkstoffe mit einem sehr hohen mittleren Schweißfaktor von $s \geqslant 260$ eine besonders gute Widerstands-Schweißeigung haben. Vielmehr zeigt sich an diesem Beispiel die Unvollkommenheit der beschriebenen Schweißeignungsformel, die sich u.a. darin ausdrückt, daß aus einer Vielzahl von Einflußgrößen nur die 3 wesentlichsten, die elektrische und die thermische Leitfähigkeit sowie die Schmelztemperatur berücksichtigt sind. Es erscheint daher unerläßlich, zumindest einige weitere schweißeignungsbestimmende Einflußgrößen zu beschreiben:

— Die *Siedetemperatur* T_{SD} gilt allgemein als eine Größe mit nur geringem Einfluß auf die Schweißeignung. Liegt jedoch die Siedetemperatur in unmittelbarer Nähe der Schmelztemperatur, dann allerdings ist sie für die Spritzerbildung beim Schweißen sehr bedeutend. Ein typisches Beispiel hierfür ist das besonders schweißspritzerfreundliche Messing mit $T_S = 905$ °C und $T_{SD} = 906$ °C (siehe Tab. 3.4). Um bei der nahezu explosionsartigen Zustandsänderung des Werkstoffes im Schweißbereich eine weitestgehend kraftschlüssige Verbindung zwischen Elektroden und Werkstück beim Schweißen aufrecht zu erhalten, sind hierfür Maschinen mit gutem Nachsetzverhalten empfehlenswert. Das gilt im übrigen auch für alle eutektisch schmelzenden Werkstoffe. Es wäre in diesem Zusammenhang wünschenswert, wenn das Maschinen-Nachsetzverhalten in

Leiterwerkstoffe mit hoher elektrischer Leitfähigkeit $\kappa \geqslant 15$ Sm/mm²

Werkstoff	Elektr.-Leitfähigkeit κ [Sm/mm²]	Therm. λ [W/mK]	Schmelz-temperatur T_S [°C]	Siede-temperatur T_{SD} [°C]	Schweiß-faktor S
Al 99,5 Ti	36	230	660	2500	0,8
Al Mg 3	20	147	610–640	~ 2500	2,3
Al Mg Si	31	188	590–640	~ 2500	1,2
Al Zn Mg	18	121	480–650	~ 2500	3,4
Al	37	222	658	2500	0,8
Beryllium Be	15,1	167	1283	2970	1,3
Gold Au	45,4	310	1063	2950	0,3
Iridium Ir	21,7	59	2454	5300	1,3
Kupfer Cu	58	385	1083	> 2310	0,2
Magnesium Mg	22	172	650	1107	1,7
Molybdän Mo	17,9–20,8	159	2630	4800	0,6–0,5
Rhodium Rh	23,3	88	1966	4500	1,0
Silber Ag	62	423	961	2180	0,2
Wolfram W	18,2	130	3380	5930	0,5
Zink Zn	16,5	113	419	907	5,4

Fortsetzung Tab. 3.4 S. 62

Spezielle Leiterwerkstoffe $\kappa \leqslant 15$ Sm/mm²

Werkstoff	Elektr.-Leitfähigkeit κ [Sm/mm²]	Therm. λ [W/mK]	Schmelz-temperatur T_S [°C]	Siede-temperatur T_{SD} [°C]	Schweißfaktor S
Blei Pb	4,8	33	327	1750	79,9
Cadmium Cd	17,7	100	321	767	8,9
Chrom Cr	6,7–7,7	67	1890	2500	5,0–4,3
Mangan Mn	2,6	50	1250	2030	26,1
Nickel Ni	9,0–14,0	63	1455	2730	5,1–3,3
Niob Nb	5,6–7,7	54	≈2500	2500	5,5–4,0
Palladium Pd	9,8	67	1554	3000	4,1
Platin Pt	9,3–10,2	71	1773	≈ 4400	3,6–3,3
Rhenium Re	4,8	46	3176	≈ 5900	6,0
Tantal Ta	6,5	54	≈3000	4100	4,0
Titan Ti	≈ 2,1	17	≈1700	3300	70,2
Zinn Sn	7,0–9,0	63	232	> 2362	41,2–32,0
Zirkonium Zr	2,4	17	1857	3500	56,3

Fortsetzung Tab. 3.4 S. 63

Widerstandslegierungen *bei RT

Werkstoff	Elektr. Leitfähigkeit *κ [Sm/mm²]	Therm. λ [W/mk]	Schmelz- temperatur T_s [°C]	Siede- temperatur T_{SD} [°C]	Schweiß- faktor S
CuMn 12 Ni	2,3	22	960		87,4
Cu Ni 20Mn	2,0	22	1030		91,9
CuNi 44	2,0	23	1280		72,6
CuMn 2Al	8,0	84	1040		6,0
CuNi 30 Mn	2,5	25	1180		56,7
CuMn 12NiAl	2,0	25	1000		96,5
CuMn 7	3,4–2,3	22	920		61,7–91,2
CuNi 1	40,0	22	1085	keine Angaben, angenommen	4,4
CuNi 3	20,0		1090		8,8
CuNi 6	10,0		1095		17,6
CuNi 11	6,7		1100		26,2
CuNi 21 Mn	3,3		1150		50,8
Ni 99,2	11,1		1440		12,1
NiCu 30Fe	2,2		1300		67,4

Fortsetzung Tab. 3.4 S. 64

Leiterbronzen (Kupfer-Knetlegierungen)

Werkstoff	Elektr.-Leitfähigkeit κ [Sm/mm^2]	Therm.- λ [W/mk]	Schmelztemperatur T_S [°C]	Siedetemperatur T_{SD} [°C]	Schweißfaktor S
Leitbronze I BZ 1					
Cu Cd 0,4	55	306	1060		0,2
Cu Cd 0,5					
Cu Cd 0,7					
Cu Mg 0,1	48	331	1078		0,2
Leitbronze II BZ 2					
Cu Cd 1	45	243	1060		0,4
Cu Cd Sn					
Cu Cd Sn 1					
Cu Mg 0,4	36	301	1078		0,4
Leitbronze III BZ 3					
CuCd 1,2 Sn 1,2	30	121	1060		1,1
CuMg 0,7					
Cu Sn 2,4	18	121	1078		1,8

Heizleiterlegierungen

Werkstoff	Elektr.-Leitfähigkeit κ [Sm/mm^2]	Therm.- λ [W/mk]	Schmelztemperatur T_S [°C]	Siedetemperatur T_{SD} [°C]	Schweißfaktor S
NiCr 7030	0,8	13	1380		290,8
NiCr 8020	0,9	15	1400		229,3
NiCr 6015	0,9	13	1390		254,8
Ni Cr 3020	1,0	13	1390		242,1
CrNi 2520	1,1	13	1380		222,8
NiFe 7030	3,2		1030		
CrAl 25 5	0,7	13	1500		321,0
CrAl 20 5	0,7	13	1500		305,4

Fortsetzung Tab. 3.4 S. 65

Kontaktwerkstoffe

Werkstoff	Elektr.-Leitfähigkeit κ [Sm/mm^2]	Therm. λ [W/mk]	Schmelztemperatur T_S [°C]	Siedetemperatur T_{SD} [°C]	Schweißfaktor S
Silber-Kupfer					
Ag 97Cu 3	57	368	900	2150	0,2
Ag 90Cu10	52	335	780	2150	0,3
Ag 80Cu20	51	335	780	2150	0,3
Silber-Cadmium					
Ag 85Cd15	21	126–293	890		1,8–0,8
Hartsilber					
Ag 95Ni 5	–		930		–
Kupfer-Beryllium					
Cu 98,3 Be 1,7	15	84	950	2300	3,5
Messing					
Cu 80Zn20	19	142	985	906	1,6
Cu 72Zn28	16	126	925	906	2,3
Cu 63Zn37	15	96	905	906	3,2
Silberbronze					
Cu 98Ag 2	37	260	1000	765	0,5
Cu 94Ag 6	33	230	700	765	0,8
Zinnbronze					
Cu 94–92 Sn 6–8	9–8	75–67	910–865	2270	6,8–9,1
Silber-Nickel					
Ag 90Ni10	54	226	961	2200	0,4
Ag 80Ni20	47	310	961	2200	0,3
Ag 60Ni40	37	365	961	2200	0,3
Silber-Cadmiumoxyd					
Ag 88CdO12	45	–	961	1390	–
Silber-Wolfram					
Ag 70W30	43	327	961	2200	0,3
Ag 40W60	29	276	961	2200	0,5
Ag 30W70	26	255	961	2200	0,7
Ag 20W80	22	239	961	2200	0,8
Ag 10W90	18	222	961	2200	1,1

Fortsetzung Tab. 3.4 S. 66

Silber-Graphit Ag 99,5–90 C 0,5–1	55–50	–	–	–	–
Ag 98 C 2	48	–	961	2200	–
Ag 97–95 C 3–5	3,5–4,0	–	961	2200	–
Silber-Zinnoxyd Ag 95SnO₂5	–	–	960	–	–
Wolfram-Kupfer W 80–70 Cu 20–30	–	–	1080	–	–

Tabelle 3.4: Schweißeignungsfaktoren verschiedener NE-Metalle in Abhängigkeit physikalischer Werkstoffeigenschaften

Werkstoff:	Mittl. Schweißfaktor:
Leiterstoff $\kappa \geqslant 15$ Sm/mm²	1,3
Spez. Leiterwerkst. $\kappa \leqslant 15$ Sm/mm²	20,2
Leitbronzen	0,7
Widerstandslegierungen	50,0
Heizleiterlegierungen	266,6
Kontaktwerkstoffe	1,7
dazu im Vergleich: Austenitischer Stahl	40,0
Eisen	3,1

Tabelle 3.5: Mittlerer Schweißfaktor für verschiedene Werkstoffgruppen

naher Zukunft objektiv erfaßbar und zahlenmäßig ausgedrückt werden könnte.

Die *Anlegierungsneigung* zwischen Elektroden und Werkstück ist umso intensiver, je höher die gegenseitige Löslichkeit der Werkstoffe von Elektrode und Werkstück zueinander ist. So verwendet man beispielsweise für das Schweißen von Kupfer bevorzugt Elektroden mit Wolfram-Einsätzen ganz einfach deshalb, weil Kupfer in Wolfram und umgekehrt Wolfram in Kupfer nicht löslich sind. Nun sind aber derartige Diffusionsvorgänge bekanntlich zeit- und temperaturabhängig, womit weitere Gesichtspunkte hinzukommen. Da die Schweißzeiten im Vergleich zu den Zeiten, unter denen Diffusionsvorgänge im allgemeinen ablaufen, relativ kurz sind, können sie hier als zweitrangig betrachtet werden. Gelegentlich wird sogar die Meinung vertreten, daß es sich — der kurzen Zeiten wegen — gar nicht um Diffusionsvorgänge im eigentlichen Sinne handeln würde. Dominierend ist im vorliegenden Fall tatsächlich der Temperatureinfluß. Hieraus resultiert naturgemäß die Forderung nach geringen Übergangswiderständen zwischen Elektroden und Werkstück, guter Elektrodenkühlung — obwohl ihre Bedeutung bezüglich des Anlegierens oft überschätzt wird — und die Benutzung von Elektrodenwerkstoffen mit hoher elektrischer Leitfähigkeit wie etwa CuAg-Legierungen für Aluminiumschweißungen. Ebenfalls für das Schweißen von Aluminiumwerkstoffen werden Übergangswiderstände von weniger als 100 $\mu\Omega$ angestrebt, wozu Oberflächenoxydschichten chemisch oder mechanisch entfernt werden müssen. Gegenwärtige Aktivitäten lassen hoffen, daß ein sicheres Messen der Übergangs- oder Kontaktwiderstände bald möglich sein wird.

Bild 3.1:
Alodine behandeltes,
punktgeschweißtes
Aluminiumblech

Trotz der vorstehend aufgezählten Maßnahmen, ist das Eindringen von feinsten Cu-Partikeln der Schweißelektroden in die Werkstückoberfläche offensichtlich nicht zu verhindern. Dies wird deutlich am punktgeschweißten Aluminiumblech, welches in Bild 3.1 dargestellt ist. Es handelt sich um eine einwandfreie und mit optimierten Parametern hergestellte Punktschweißung, die einer anschließenden

Alodine-Behandlung — einem Chromatierverfahren — unterzogen wurde. Die schwarz gefärbten Stellen, die erst durch die Alodine-Behandlung entstanden sind, zeigen die Bereiche an, in denen Cu-Partikel eindiffundiert sind. Vor dem Chromatieren waren die Elektrodenarbeitsflächen in idealer Weise metallisch blank.

Der beschriebene Vorgang stellt bereits ein erstes Anlegieren dar und ist häufig schon bei weniger als 10 Schweißungen nachweisbar. Die Anlegierung tritt also sehr frühzeitig ein und nicht erst dann, wenn ein deutliches „Kleben" der Werkstücke an den Elektroden wahrnehmbar ist. Somit zeigt dieses Beispiel, daß die vielfältigen Angaben über mögliche Punktzahlen bis zum Auftreten der Anlegierung, äußerst differenziert zu betrachten sind.

Zusätzlich zu den konventionellen Maßnahmen der Oxydschichten-Entfernung gewinnt in jüngster Zeit die Anwendung von Diffusionsbarrieren zunehmend an Bedeutung. Der Markt bietet sie teils in flüssiger Form zum Auftragen auf die Werkstückoberfläche als sogenannte „Schweißhilfe" an. Darüber hinaus ist seit langem bekannt, daß graphitierte Elektrodenarbeitsflächen ebenso diffusionshemmend wirken und damit der Anlegierungsneigung entgegenwirken wie mit Speichel angefeuchtete Elektrodenspitzen. Speichel besteht zu 99,5% aus Wasser mit einem mittleren Ph-Wert von 6,4. Speichel enthält u.a. aber auch geringe Mengen der Schwefel-Kohlenstoff-Stickstoffverbindung Thiocyanat. Es ist zu vermuten, daß sich durch diese Verbindungen eine Zwischenschicht bildet, wodurch die Diffusion gebremst wird. Diese Vermutung trifft auch zu für die Schweißhilfen auf Spiritusbasis mit Phenolphthalein-Zusätzen. Die Frage nach weiteren wirkungsvollen Diffusionsbarrieren steht an.

Bild 3.2 zeigt die Topographie eines Schweißpunktes an einem 20 μm dicken Tantal-Wärmeleitblech einer Kathode, deren Grundkörper aus Molybdän besteht. Aus elektronenoptischen Gründen können für derartige Kathoden keine Elektroden auf Cu-Basis benutzt werden. Die verwendeten W-Elektroden haben jedoch zum Tantal eine starke Anlegierungsneigung, die zur abgebildeten Oberflächenschädigung führt.

In Bild 3.3 ist die Topographie eines mit graphitierten W-Elektroden geschweißten Punktes abgebildet. Es ist deutlich zu erkennen, daß in diesem Fall keine Schädigung der Oberfläche eingetreten ist. Dagegen wurde im Elektrodeneindruck an der Oberfläche mit der Mikrosonde Kohlenstoff nachgewiesen, wie Bild 3.4 zu entnehmen ist. Eine Kohlenstoffdiffusion von der Oberfläche in die Ta-Folie konnte nicht nachgewiesen werden. Während des Langzeiteinsatzes der Kathode bei 1000 °C ist allerdings ein nachträgliches Eindiffundieren des auf der Tantaloberfläche haftenden Graphits in den Schweißpunkt nicht auszuschließen. Ist dann das Kohlenstoffangebot hoch genug, die Löslichkeitsgrenze für Kohlenstoff im Tantal liegt bei 2000 °C bei etwa 1000 ppm, bilden sich Tantal-Karbide

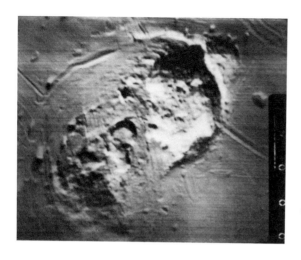

Bild 3.2:
Schweißpunkt-Topographie, ohne Diffusionsbarriere geschweißt
(V = 200:1)

mit der Folge einer Versprödung und damit einer Schwächung der Schweißstelle. Das Beispiel macht somit deutlich, daß unter bestimmten Voraussetzungen durch Diffusionsbarrieren auch Folgeschäden eintreten können.

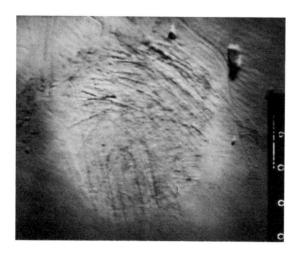

Bild 3.3:
Schweißpunkt-Topographie, mit Diffusionsbarriere geschweißt
(V = 200:1)

— Die *Wärmeschockempfindlichkeit* einiger Werkstoffe bestimmt ebenfalls die Schweißeignung. Gerade die Heizleiterwerkstoffe zählen dazu. Obwohl ihr Schweißfaktor extrem hohe Werte aufweist, wird eine gute Schweißeignung vorgetäuscht, die in vielen Fällen wegen der Rißanfälligkeit auf Grund des Wärmeschocks nicht vorhanden ist.

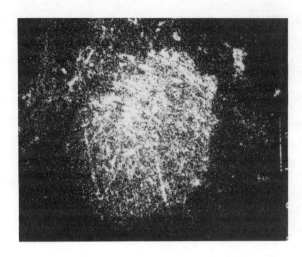

Bild 3.4:
Kohlenstoffnachweis
im Elektrodeneindruck
auf der Tantaloberfläche

Bild 3.5 zeigt derartige durch Wärmeschockeinwirkung entstandene Risse an der Oberfläche eines punktgeschweißten ferritisch Chrom-Eisen-legierten Heizleiterwerkstoffes.

— Die *Neigung zum Kornwachstum* ist für verschiedene Werkstoffe ebenfalls ein zahlenmäßig nicht erfaßbares Kennzeichen der Schweißeignung. Ein Beispiel hierfür ist Nickel. Tatsächlich ist dieser Werkstoff entsprechend den zugehörigen Schweißfaktorwerten von 4,0 bis 5,5 gut schweißgeeignet. Zu beachten ist allerdings bei der Wahl der Schweißparameter das erhöhte Kornwachstum. Es ist bekannt, daß unter bestimmten Umständen die klassische Schweißlinsenbildung hier nicht eintritt. Trotz Kurzzeitschweißung ist aber eine unerwünschte, bis zur Werkstückoberfläche durchgehende Kornbildung, möglich.

Bild 3.5:
Oberflächen-Risse durch
Wärmeschockeinwirkung

— *Werkstoffpaarungen,* die beim Schmelzschweißen intermetallische Phasen bilden, sind bedingt widerstandsschweißgeeignet, obwohl die Grundwerkstoffe artgleich durchaus gute Schweißeigenschaften haben können.

Die vorstehend aufgezählten Einflußgrößen lassen sich durch eine Reihe mehr oder weniger wichtiger Eigenschaften ergänzen. Man muß aber schließlich noch hinzufügen, daß es sicherlich auch Schweißeignungs-Einflüsse gibt, die zum gegenwärtigen Zeitpunkt noch unbekannt sind.

Eine in der elektrotechnischen Fertigung häufig vorkommende Verbindung ist der Kreuzstoß von Cu-Drähten, wie er in Bild 3.6 dargestellt ist. Wegen der ungünstigen Widerstands-Schweißeigenschaften von Kupfer, hilft man sich in solchen Fällen in vorteilhafter Weise mit der Anwendung von verzinnten Kupferdrähten und erzielt dabei an Stelle einer Schweißverbindung eine reproduzierbar sichere Widerstands-Weichlötverbindung.

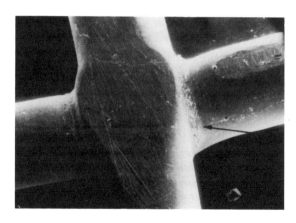

Löthohlkehle

Bild 3.6:
Mit konventioneller Widerstands-Schweißmaschine hergestellte Weichlötverbindung verzinnter Cu-Drähte.
(V = 70:1)

3.2.2 Überzugssysteme

Oberflächenüberzüge dienen vielfältigen Aufgaben. Im wesentlichen handelt es sich um die Verbesserung des Korrosionsschutzes und der Lackierfähigkeit sowie der Erhöhung der Verformbarkeit. Aber auch das dekorative Aussehen wird durch Oberflächenüberzüge gestaltet und nicht zuletzt werden bestimmte elektrische sowie schweiß- und löttechnische Eigenschaften erzielt.

Gleichgültig, ob es sich beim Grundwerkstoff um Stahl oder um ein NE-Metall handelt, in fast allen Fällen besteht die Oberfläche, sofern es sich überhaupt um einen metallischen Überzug handelt, aus einem Nichteisen-Metall.

Im Bild 3.7 ist ein Sicherungselement mit typischen NE-Metall-Verbindungs-Paarungen, wie sie in der elektrotechnischen Fertigung häufig vorkommen, dargestellt. Das Element enthält insgesamt 27 Verbindungsstellen, wobei aus Sicherheitsgründen an einigen Stellen Widerstands-Hartlötungen vorgesehen wurden.

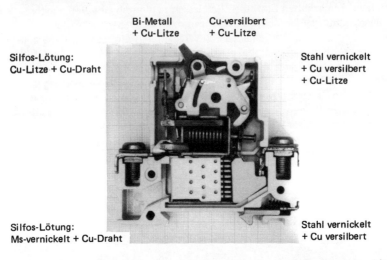

Bi-Metall + Cu-Litze

Cu-versilbert + Cu-Litze

Silfos-Lötung: Cu-Litze + Cu-Draht

Stahl vernickelt + Cu versilbert + Cu-Litze

Silfos-Lötung: Ms-vernickelt + Cu-Draht

Stahl vernickelt + Cu versilbert

Bild 3.7: Beispiele verschiedener NE-Metall-Verbindungs-Paarungen an einem Sicherungselement

Die Fragen der Schweißeignung eines oberflächenbeschichteten Werkstoffes sind naturgemäß noch unübersichtlicher als sie es ohnehin schon für einen unbeschichteten Werkstoff sind. Zwar überwiegen im allgemeinen die Schweißeigenschaften der Grundwerkstoffe, jedoch wird das Anlegieren entscheidend von der Art und der Dicke der Oberfläche bestimmt.

Ergänzend zu den metallischen Überzügen sind schweißtechnisch die nichtmetallischen sowie die organisch nichtmetallischen Beschichtungen zu beachten. Schließlich ergibt sich durch die beinahe beliebige Kombinationsmöglichkeit der Überzüge, wie in Bild 3.8 dargestellt, ein komplexes Überzugssystem. Hinzu kommt, daß die Schweißeignung nicht nur für jede der vielen Variationsmöglichkeiten eine andere ist, sie wird zusätzlich, wie die Praxis gezeigt hat, von der Beschichtungsdicke und vor allem — was vielfach übersehen wird — vom angewendeten Überzugsverfahren beeinflußt.

Von den metallischen Überzügen bereiten die galvanisch aufgetragenen Schichten die relativ geringsten Schwierigkeiten, die Anlegierungsneigung ist im allgemeinen gering.

Der Grund hierfür liegt in der Schichtdicke, die in der Regel zwischen 3 bis 15 µm liegt. Aber schon in diesem Dickenbereich gibt es schweißtechnische Unterschiede, d.h. der eigentlich problemlose Bereich liegt bei Dicken bis etwa 6 µm, wohingegen Schicktdicken um 15 µm, obwohl sie galvanisch aufgetragen wurden, Probleme verursachen können. Ein z.B. 18 µm dick galvanisch vernickeltes dünnwandiges Relaisgehäuse ließ sich nicht rißfrei punktschweißen, während das gleiche Gehäuse mit einer nur 6 µm dicken Nickelschicht keine Schwierigkeiten bereitete. Ähnliche Fälle wurden auch mit versilberten Messingteilen beobachtet.

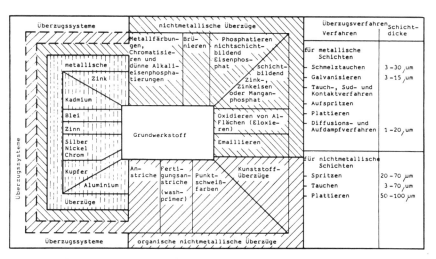

Bild 3.8: Überzugssysteme und Überzugsverfahren für Werkstoffe mit Oberflächenbeschichtungen

Metallische Oberflächenüberzüge mit mehr als 20 µm Dicke verursachen dagegen fast immer Anlegierungsprobleme, wodurch die Elektrodenstandmenge naturgemäß reduziert wird. Die Frage, mit welcher Elektrodenstandzeit in der Praxis letztlich zu rechnen ist, hat deshalb in den letzten Jahren die Fachwelt, sowohl Anwender wie auch Blech- und Maschinenhersteller, erheblich beschäftigt. Die Angaben sind verwirrend und schwanken ganz beachtlich. Doch wo liegen die Gründe? Mit subjektiven Interessen lassen sich die von einander abweichenden Angaben allein sicherlich nicht erklären. Es erscheint deshalb umso wichtiger, ernsthaft nach den wirklichen Ursachen zu fragen, um eine eigene Meinungsbildung zu ermöglichen.

Der Beurteilungsmaßstab des Anwenders spielt hierbei mit Sicherheit die wesentlichste Rolle. Einerseits wird das Oberflächenaussehen der Schweißteile und der damit verbundene Korrosionsrückgang im Schweißbereich für manche Anwender das Hauptkriterium sein und für andere die Verbindungsfestigkeit. Schon hieraus resultieren unterschiedliche Angaben. Aber selbst der unvermeidliche Festigkeitsabfall in Abhängigkeit der Punktzahl wird, weil er nicht stetig verläuft, unterschiedlich bewertet. So kann man gerade beim Schweißen feuerverzinkter Bleche einen plötzlichen Abfall der Festigkeit weniger Punkte feststellen, der sich dann aber bei Weiterführung der Arbeiten überraschenderweise nicht weiter fortsetzt. Der Grund hierfür liegt in einer gewissen Regenerationsfähigkeit der Elektrodenarbeitsfläche. Es wird verständlich, daß es nach Lage der Dinge schwerfällt, das Ende der Elektrodenstandmenge objektiv festzulegen.

Die unterschiedliche Schweißeignung eines metallischen Überzuges als Einflußgröße auf die Elektrodenstandmenge wird oft nicht beachtet. Sie ist aber vorhanden und sogar von nennenswerter Bedeutung. So kann beispielsweise eine metallische Oberfläche, selbst wenn man von temporären Oberflächenschichten, wie Bearbeitungsrückständen von Fett und Öl oder von Staub und Schmutz, absieht, gute Schweiß- und schlechte Korrosionseigenschaften oder umgekehrt haben. Ebenso könnte die Lackierfähigkeit der Schweißeignung diametral gegenüberstehen. Schweißtechnisch bedeutet dies ein jeweiliges Anpassen der Schweißparameter, woraus sich wiederum unterschiedliche Elektrodenstandmengen erklären.

Es ist unbestritten, daß der Elektrodenwerkstoff, die Elektrodenkühlung und auch die Elektrodenform Einfluß auf die erreichbare Elektrodenstandmenge haben. Beispielsweise wird in jüngster Zeit die Zapfenelektrode bevorzugt angewendet, um hohe Standmengen zu erreichen. Selbstverständlich ist auch der Einfluß der Schweißmaschine, z.B. das Nachsetzverhalten und die elektrischen Eigenschaften, auf die Lebensdauer der Elektroden vorhanden. Trotz allem erscheinen diese Einflüße im Hinblick auf das Vorstehende vielfach überbewertet.

3.3 Punkt-, Buckel- und Rollennahtschweißen

Die bisherigen Ausführungen beziehen sich allgemein auf das Widerstandsschweißen von NE-Metallen bzw. NE-Metall-Überzügen. Man kann hinzufügen, daß auf Grund der beschriebenen elektrischen und thermischen Eigenschaften dieser Werkstoffe, höhere Schweißströme wie auch höhere Elektrodenkräfte erforderlich sind. Die Werte dürften um etwa 20–30% gegenüber Stahlschweißungen nach oben verschoben sein. Zweifellos sind auch Strom-/Kraftprogramme nützlich und gelegentlich sogar unerläßlich, insbesondere dann, wenn zu den beschriebenen Werkstoffeinflüßen auch noch geometrische Einflüsse der Bauteile hinzukommen und auf die Schweißbarkeit einwirken.

Der Einfluß der Schweißstromform auf die Schweißlinsenbildung und auf das Anlegierungsverhalten wird z.Zt. heftig diskutiert. Dabei steht dem klassischen 50Hz-Wechselstrom der niederfrequente Schweißstrom der Frequenzwandler-Maschinen und der Gleichstrom von Gleichrichter-Schweißmaschinen gegenüber. Es wird behauptet, daß ein geringerer Skineffekt und die geringeren elektromagnetischen Kräfte an der Elektrode sowie der Amplitudenwechsel bei unterschiedlichen Nulldurchgängen schweißtechnisch von gravierendem Vorteil seien. Demgegenüber wird die mechanische Maschinencharakteristik völlig zu Unrecht immer noch unterbewertet. Anders ausgedrückt, das mechanische Verhalten einer Widerstandsschweißmaschine kann durchaus von größerem Einfluß sein als die Stromform. Eine einseitige Schweißlinsenausbildung ist bisher nur beim Punktschweißen mit Gleichrichter-Schweißmaschinen beobachtet worden.

Im Vergleich zum Punktschweißen sind die Probleme beim Rollennahtschweißen, insbesondere die der Anlegierung, eher größer. Das Buckelschweißen von NE-Metallen gestaltet sich immer dann als schwieriger, wenn mit einem cold- und einem heat-collapse zu rechnen ist. Gemeint ist damit ein teilweises Zusammenbrechen des Schweißbuckels in Abhängigkeit der Werkstoffhärte unter Elektrodenkrafteinwirkung vor Schweißstromeinschaltung und unter Schweißstromeinwirkung ein weiteres, zudem schnelleres Zusammenbrechen im Vergleich zur Nachsetzgeschwindigkeit der Elektroden. Die Gefahr für einen heat-collapse ist demnach immer dann gegeben, wenn ein Werkstoff mit geringem Schmelzintervall vorliegt. Bei Beachtung dieser Zusammenhänge ist es ganz natürlich, daß man für das Buckelschweißen von NE-Metallen Buckelformen anwendet, die mechanisch außerordentlich steif sind und darüberhinaus Maschinen benutzt, die ein extrem schnelles Nachsetzen der Elektroden während des Schweißvorganges ermöglichen.

Bild 3.9:
Kontaktmesser-Platte
eines Streifen-
Sicherungs-Elementes

Im Bild 3.9 ist eine aus Messing gefertigte Endplatte einer Streifensicherung dargestellt. Das Anschweißen des Kontaktmessers über die gesägte Stirnfläche wurde am sichersten mit einem in die Endplatte eingedrückten Ringbuckel realisiert. Buckel dieser Art eignen sich im Sinne des Vorstehenden am besten.

Das Buckelschweißen NE-Metall-oberflächenbeschichteter Stahlbleche ist dagegen vergleichsweise zum Punktschweißen einfacher. Die Anlegierungsprobleme sind geringer und damit die Elektrodenstandmengen höher. Außerdem bleibt der Korrosionsschutz an der Schweißstelle fast völlig erhalten.

Zu beachten ist allerdings auch hier, daß optimale Buckelformen von den genormten Buckeln für unbeschichtete Stahlbleche abweichen. Auf eine Werkstückvorbehandlung, wie sie etwa für das Punktschweißen von Aluminiumblechen erforderlich ist, kann beim Buckelschweißen weitestgehend verzichtet werden.

Das Widerstandsstumpf- und das Abbrennstumpfschweißen von NE-Metallen wird in der Elektrotechnik und in der Feinwerktechnik relativ selten angewandt. Die vorstehend beschriebenen Werkstoffeigenschaften bestimmen auch hier die Schweißeignung und sie erfordern eine spezielle Auslegung der Schweißmaschinen.

Ing. HTL R. Suter

4 Fügen in der Elektro- und Elektroapparate-Industrie

Fügen kann man kalt, beispielsweise Kaltpreßschweißen oder auch Ultraschallschweißen. Das andere Extrem ist das Schmelzschweißen durch Lichtbogen oder andere Hochenergiestrahlenquellen. Widerstandsschweißen oder Widerstandsfügen liegt zwischen diesen beiden Extremen. Auf normalen Punktschweißmaschinen lassen sich viele Anwendungen in der Elektroindustrie lösen. Die Punktschweißmaschine als gesteuerte Stromquelle macht eine Widerstandserwärmung. Zum Schweißen von extrem niederohmigen Werkstücken sind spezielle Elektroden notwendig, z.B. aus Wolfram. Bei entsprechender Ausbildung dieser Wolframeinsätze kann die normalerweise reine Widerstandserwärmung, keine Wärmeeinbringung von außen, in eine konduktive Erwärmung umgewandelt werden, d.h. die Wolframelektroden erwärmen sich durch den Stromdurchgang ebenfalls, womit auch von außen Wärme in die Werkstücke zugeführt wird. Dazu hat Wolfram eine kleine Verbindungsneigung mit diesen Werkstoffen. Da der Einsatz von normalen Punktschweißmaschinen oft nur eine geringfügige Rationalisierung gegenüber den bisher verwendeten Fügeverfahren bedeutete, wurde die relativ einfache Mechanisierungsmöglichkeit des Widerstandsschweißens ausgenützt, und für verschiedene Industrien wurden Spezialmaschinen entwickelt.

4.1 Herstellung von Kleinelektromotoren

Es wurden drei verschiedene Verfahren zum rationellen Herstellen solcher Motoren entwickelt.

4.1.1 Blechpaketschweißen

Die Bleche werden gleichzeitig mit dem Ausstanzen mit Buckeln versehen, die so bemessen sind, daß man dem Aufeinanderschichten der Abstand zwischen den einzelnen Blechen ungefähr 2/10 mm beträgt. Wird nun das Paket unter die Schweißpresse gebracht, so entsteht durch den Schweißdruck eine innige Berührung der Buckel untereinander, der Schweißstrom erhitzt diese — worauf die Buckel zusammengedrückt und verschweißt werden. Damit sich auch die Endbleche bei höheren Paketen gut verschweißen lassen, müssen die Buckel wechselseitig angebracht werden.

Mit dieser Methode können auch geglühte und lackisolierte Bleche verschweißt werden. Der verwendete Lack darf allerdings nicht allzu zäh sein. Durch das Buckeln der Bleche muß die Lackschicht an den Berührungsflächen teilweise zerstört werden können. Neben Statoren für Kleinmotoren, Alternatoren, Transformatoren und Schützenkernen können natürlich auch andere Bauelemente mit geschichteten Blechpaketen geschweißt werden.

Geschweißte Pakete zeichnen sich vor allem durch ihre Stabilität und Maßhaltigkeit aus. Durch Wegfall der Nieten und vereinfachte Produktion können erhebliche Einsparungen erzielt werden.

Es wurden Anlagen entwickelt, auf welchen die zu verbindenden Bleche ab Stapel auf ±1 Blech abgestapelt, der Schweißstation zugeführt, verschweißt und entladen werden, also vollmechanisierte Produktionseinheit.

Bild 4.1 zeigt die realisierte Anlage zum vollmechanisierten Abstapeln und Schweißen von geschichteten Blechpaketen.

Bild 4.1:
Vollmechanisierte Anlage zum automatischen Abstapeln und Schweißen von Blechpaketen

4.1.2 Kollektorschweißen

Beschreibung des Verfahrens

Beim Kollektorschweißen wird keine reine Widerstandserwärmung angewendet. Die Arbeitselektrode wird auf die Schlitzpartie mit den eingelegten Drähten aufgesetzt. Daneben sitzt die Kontaktelektrode auf der Lamelle, damit ein Stromfluß durch das Werkstück ermöglicht wird. Im Gegensatz zum normalen Punktschweißen wird jedoch die Wärme nicht nur im stromdurchflossenen Werkstück erzeugt, sondern ein Großteil dieser Wärme wird durch die Elektrode von außen zugeführt. Die Arbeitselektrode ist deshalb so ausgelegt, daß sie sich unter Stromeinfluß aufgrund ihrer Abmessungen und des hohen Innenwiderstandes sehr stark erwärmt und daher, nicht wie beim Punktschweißen dem Werkstück Wärme entzieht, sondern zuführt. Zusammen mit der durch den Übergangswiderstand erzeugten Wärme wird dadurch die Kollektorlamelle an den Rändern des Schlitzes erwärmt, bis die Festigkeit des Kupfers soweit abnimmt, daß das Randkupfer durch die aufgebrachte Schweißkraft in den Grund des Schlitzes gestaucht wird. Die eingelegten Drähte, deren Isolationen durch die Wärmeeinwirkung zerstört worden sind, werden dabei durch das plastische Kupfer fest umschlossen. Durch den immer noch fließenden Schweißstrom wird die Temperatur weiter erhöht, und unter Einwirkung der Schweißkraft kommt die Diffusionsschweißung zustande, die eine niederohmige, dauerhafte Verbindung gewährleistet.

Die Höhe der benötigten Schweißkraft liegt zwischen 50 und 100 kp je verstemmtem Querschnitt in mm^2 und beträgt bei 0,2 mm Wicklungsdraht rund 60 kp. Die Kontaktelektrode soll möglichst nahe der Schweißelektrode angebracht werden, damit die Kollektorlamelle nicht unnötig stark erwärmt wird. Aus dem gleichen Grund soll sie aus einem Werkstoff guter Wärmeleitfähigkeit gefertigt werden. Ihr Anpreßdruck soll aber nicht unnötig hoch gewählt werden, damit die mechanische Beanspruchung des Kollektors möglichst gering gehalten wird.

Das Schweißverfahren gilt analog auch für Hakenkollektoren. Bei diesen wird die Schweißelektrode auf den Haken, die Kontaktelektrode auf den zylindrischen Teil des Kollektors gesetzt. Durch den Stromfluß wird der Haken erwärmt, bis seine Festigkeit so gering wird, daß die Elektrodenkraft genügt, um ihn zusammenzudrücken. Die Isolation des eingelegten Wicklungsdrahtes wird durch die Wärmeeinwirkung zerstört, so daß auch hier eine sehr gute galvanische Verbindung entsteht.

a) Verfahrensablauf:

Für Drahtdurchmesser bis etwa 1 mm wird mit konstanter Elektrodenkraft geschweißt. Bei größeren Durchmessern wird mit Druckprogramm gearbeitet, kleine Anfangs- und erhöhte Nachpreßkraft.

Schweißstrom:

Normalerweise wird beim Kollektorschweißen mit üblichen Vier-Zeiten-Steuerungen gearbeitet. Die Schweißzeiten variieren zwischen 4 bis 10 Perioden. Bei Drahtstärken über 1 mm ist Mehrimpulsschweißen notwendig, um das benötigte Kupfervolumen auf die entsprechende Temperatur zu bringen. Wenn, bedingt durch Werkstückstreuungen, die Temperaturtoleranzen mit gesteuertem Strom zu groß werden, ist es heute möglich, die erforderlichen Toleranzen mit Regelgeräten einzuhalten. Mit Hilfe eines Lichtleiters wird direkt die Werkstücktemperatur gemessen. Beim Erreichen des vorgewählten Temperatursollwertes schaltet der Wärmstrom ab.

b) Kontrolle der Schweißstelle:

Zur Bestimmung der Fabrikationsunterlagen muß auch hier durch zerstörende Prüfung die Güte der Verbindung kontrolliert werden. Die schnellste und einfachste Methode ist das mechanische Herausziehen der einzelnen Drähte aus der Verbindungsstelle. Die dazu notwendige Kraft sowie das Aussehen der Drahtenden, Sichtkontrolle auf Isolationsrückstände und Struktur des Gefüges erlauben eine zuverlässige Qualitätskontrolle. Untersuchungen mit Hilfe von Schliffbildern längs und quer zur Drahtachse geben auch hier die beste Auskunft über die Güte der Verbindung. Im Querschliff wird ersichtlich, wie innig das plastische Kupfer die einzubettenden Drähte umschließt. Im Längsschliff kann man erkennen, ob die Wicklungsdrähte nicht übermäßig gequetscht sind, was die zulässige mechanische Beanspruchung herabsetzen würde.

Die Kontrolle der Ankerfehler ist unmittelbar nach dem Kollektorschweißen möglich, da die Kollektorlamellen beim Schweißen nicht verschmutzen oder oxydieren. In den Wicklungen induzierte Spannungen können direkt am Kollektor abgegriffen und auf einem Oszillographen registriert werden.

Vorteile des Schweißens gegenüber dem Löten

Neben der rationelleren Fertigung hat das Kollektorschweißen gegenüber dem Löten noch weitere wesentliche Vorteile.

Beim Schweißen kann hochtemperaturbeständiger Lackdraht zum Wickeln verwendet und direkt in die Schlitze der Kollektorlamellen eingelegt werden, ohne daß der Draht vorher abisoliert werden muß. Zur Vereinfachung des Lötens wurden zwar spezielle Lötdrähte entwickelt, die ebenfalls mit der Isolation in die Schlitze gelegt und eingelötet werden können. Diese Drähte haben aber gegenüber dem Lackdraht den Nachteil, daß sie für die gleichen elektrischen Werte einen wesentlich größeren Durchmesser aufweisen. Dies verursacht ein entsprechend größeres Wickelvolumen und führt daher zu einem größeren Motor. Außerdem kann der Lötdraht thermisch nicht so hoch belastet werden. Die Forderung nach immer kleineren und dadurch handlicheren Elektrogeräten erlaubt meist nur noch die Verwendung von hochtemperaturfesten Wicklungsdrähten.

Die Verarbeitung von nichtabisolierten Drähten erlaubt das Verdrillen der zusammengehörenden Enden der Wicklungen auf den Wickelautomaten, wodurch das Einlegen der Drähte in die Schlitze wesentlich vereinfacht wird. Die Entwicklung der neuesten Wickelautomaten, die nach dem Wickeln die Drahtenden direkt in die Schlitze einlegen, verstemmen und ablängen, wurde erst durch das Kollektorschweißen ermöglicht. Die in der Autoelektrik vielfach verwendeten Rotoren mit Hakenkollektoren, die vollautomatisch gewickelt werden, können nun dank des Diffusionsschweißens ebenfalls mit normalem Lackdraht ausgeführt werden.

Für die heute zulässigen Wicklungstemperaturen und die durch hohe Drehzahlen auftretenden großen Zentrifugalkräfte genügen eingelötete Kollektoranschlüsse nicht mehr. Die Betriebssicherheit der Motoren wird durch das Kollektorschweißen wesentlich erhöht.

Auch in der Fertigung selbst ergeben sich dank des Schweißens Einsparungen. Es ist kein teures Lötzinn notwendig. Beim Schweißen bleibt die Auflagefläche der Kollektorbürsten sauber; dadurch können die Rotoren unmittelbar nach dem Schweißen mit Prüfmaschinen auf Wicklungs- und Schrittfehler kontrolliert werden. Ohne den Arbeitsgang des Abdrehens von Lötzinn können die Rotoren direkt vergossen werden. Bei billigen Kollektoren, die heute meist stranggepreßt werden, sind die Nuten zwischen den einzelnen Lamellen freigefräst, das heißt sie sind nicht mit einem Isoliermaterial ausgefüllt. Beim Schweißen können diese Kollektoren ohne weiteres verwendet werden, zum Löten jedoch müßten diese Nuten mit Füllstoffen ausgelegt werden, da sich sonst die Zwischenräume mit Zinn füllen würden.

Voraussetzungen zum Schweißen

Um eine optimale Güte der Verbindung zu erreichen, muß der Kollektor dem Schweißverfahren angepaßt werden. Speziell zu beachten sind die Schlitzdimensionen, Winkel und Breite. Die Wicklungsdrähte müssen durch Bandagen oder Verstemmen im Schlitz gehalten werden.

4.1.3 Lackdraht- und Litzenschweißen

Im Elektroapparatebau und vor allem bei der Kleinmotorenfertigung, in der Statorherstellung werden viele Verbindungen zwischen lackisolierten Wicklungsdrähten und Litzen zum Anschluß an die Netzverbinder benötigt. Das Schweißen als Variante zum Kaltverpressen oder Schutzgasschweißen ergibt ähnliche Vorteile wie beim Kollektorschweißen. Das Verfahren verwendet ein Kupferband als Verbindungsglied. Von einem Kupferband werden je nach Drahtdurchmesser und Anzahl der zu verbindenden Drähte kürzere oder längere Stücke abgeschnitten und zu einem U geformt. Die zu verschweißenden Drahtenden können beide von einer oder aber auch von beiden Seiten eingelegt werden. Nachdem die Drähte oder Litzen in das gebogene Kupferstück eingelegt sind, wird das U durch die Elektroden unter Strom zusammengedrückt. Dabei erwärmt sich zuerst der Kupferbügel und brennt die Isolationen der Lackdrähte weg, worauf die nun abisolierten Drähte durch das plastisch gewordene Kupferband fest umschlossen werden. Bild 4.2 zeigt die nach diesem Prinzip arbeitende Maschine. Alle Bewegungen sind zwangsläufig durch Kurven gesteuert. Werden die Drähte nur von einer Seite zugeführt, so werden die überstehenden Enden nach dem Schweißen abgeschnitten. Die Zykluszeit zum Schweißen, Schneiden und Ausstoßen sowie Formen des U-Kupferbügels für die nächste Schweißung beträgt 1 s.

Bild 4.2:
Lackdraht-Schweißmaschine Pal 20/20

Es ist möglich, das flachgepreßte Kupferverbindungsstück durch Einschieben oder Einpressen des Verbindungsstückes in entsprechende Nuten der Kunststoffisolierteile zugleich als mechanischen Abstützpunkt zu verwenden.

4.1.4 Weitere ähnliche Anwendungen

Drähte wie auch Litzen können bei günstigen Materialpaarungen und dicken Kombinationen auch direkt aufgeschweißt werden. Entsprechend den Anforderungen an die Verbindung kann durch Variieren von Maschinendaten und Verwendung von verschiedenem Elektrodenmaterial direkt geschweißt oder aber widerstandsgelötet werden, mit oder ohne Lotzusatz. Ebenfalls kann die Widerstandsschweißmaschine zum Warmverstemmen oder Warmnieten eingesetzt werden. Bild 4.3 zeigt ein solches Kombinationsbeispiel, Verschweißen von Träger mit Bimetall sowie Verschweißen von Kupferlitzen mit Bimetall. Bild 4.4

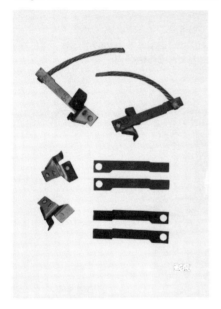

Bild 4.3:
Schutzschalter Wärmepaket, verschweißen St-Bi-Metall — Cu-Litze

zeigt die Anlage zur Lösung dieser Aufgabe. Der Träger sowie das Bimetall werden von Hand in Drehtischaufnahmen gelegt, während die Litze direkt ab Haspel bezogen und kontinuierlich an jedes Bimetall angeschweißt wird. Am Drehtisch sind drei Schweißeinheiten und eine Schere. Das komplett geschweißte Werkstück wird durch einen Greiferarm vom Drehtisch abgehoben und in einen Behälter gelegt. Bild 4.5 zeigt den Drehteller der Anlage vergrößert. Die Schweißpresse links im Bild verschweißt Bimetall und Träger. Die mittlere Schweißmaschine verpreßt und verschweißt die Litze, damit sich diese beim Trennen nicht aufdrillen kann. Die rechte Schweißpresse schließlich verschweißt die vorverpreßte Litze mit dem Bimetall. Die Taktzeit dieser Anlage beträgt 3 s.

Bild 4.6 zeigt eine ähnliche Schweißaufgabe. An die Anlasserspule wird ein Stück

Bild 4.4:
Anlage für das Schweißen der 3 Einzelteile des Bildes 4.3

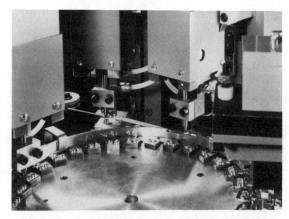

Bild 4.5:
Detail zu Bild 4.4

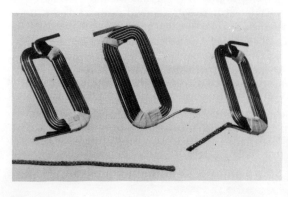

Bild 4.6:
Autoanlasserspule mit Anschlußlitze

Bilder 4.7 und 4.8:
Anlage zum automatischen Anschweißen von Cu-Litzen ab Haspel an Anlasserspule

Litze angeschweißt, gleichzeitig wird die Spule beschnitten. Auch die Bilder 4.7 und 4.8 zeigen den Drehteller mit und ohne Aufbauten.

Bild 4.9 zeigt die Schweißlösung, Herstellung von Schuko-Steckerkabeln, bei denen die Stecker an die Kabel mit Thermoplasten angespritzt werden. In einem Kunststoffteil sind die beiden Kontaktstifte und das Kontaktband für die Schutzerde befestigt, Bild 4.10. Die abisolierten Enden des zu verbindenden Dreileiterkabels werden in drei hintereinander ablaufenden Schweißoperationen mit dem Stecker verschweißt. Die Hauptvorteile der Schweißlösung sind hier ein Erfordernis. Dank kurzer Schweißzeit, konzentrierte lokale Wärmeeinbringung, d.h. geringe Erwärmung der Steckerstifte, damit der Kunststoff nicht beschädigt wird.

Die beschriebenen Verfahren lassen sich modifizert auch für andere Fertigungen einsetzen.

Beim Widerstandsschweißen entstehen sehr wenig Umweltemissionen, weder Rauch, Lärm noch sonstige Belästigungen.

Bild 4.9:
Schukostecker mit angeschweißtem Kabel

Bild 4.10:
Maschine zum Anschweißen von Kabel an Schukostecker

Schweißen von Gehäuse

Anstelle von Steck-, Niet- oder Schraubverbindungen bietet die Schweißlösung große Vorteile. Als Vergleichsbeispiel dient ein Lüftergehäuse gemäß Bild 4.11. Vier galvanisch plattierte, gestanzte und zwei tiefgezogene Endplatten, verbunden durch zwei Leitbleche, bilden das Gehäuse. Bei der mechanischen Verbindung wurden in den beiden Seitenschildern Schlitze gestanzt. Die Leitbleche ihrerseits sind mit angestanzten Lappen versehen, die in die Schlitze eingefädelt werden müssen, was bei vier Teilen gleichzeitig nicht sehr einfach ist.

Bild 4.11:
Tangentiallüftergehäuse
Montageschweißung

Bei der Schweißlösung benötigen die Leitbleche keine Vorbereitung, d.h. die Seitenkanten sind gerade, was einer Materialeinsparung von 6 mm pro Leitblech entspricht. In die Seitenschilder werden anstelle der früher benötigten Schlitze Durchzugbuckel eingepreßt. Zum Schweißen werden die Leitbleche in einem schraubstockartigen Säulenführungswerkzeug maßgenau positioniert. Die beiden Seitenschilder werden von der obern und der untern Elektrode zugeführt und in einem Arbeitsgang als Serieschweißung verbunden. Die Schweißlösung bietet neben der Verbilligung noch weitere Vorteile. Die Gehäuse neigen weniger zu Vibrationen und damit zu kleineren Lärmbelästigungen.

Widerstandswärmen

Die Widerstandsschweißmaschine mit Transformator und Stellgliedern ist eine gesteuerte oder geregelte Wärmequelle mit weiten Verwendungszwecken.

Warmnieten

Beim Warmnieten führen die Elektroden Strom und Kraft in das Niet. Mit Drücken von 100 bis 200 N/mm^2 werden die Nietschäfte warm gestaucht.

Hauptvorteile des Widerstands-Warmnietens

Die Schrumpfspannungen erzeugen höhere Schließkräfte, bei spröden Materialien keine Rißbildungen. Dank der Wärme, teilweise Diffusionsverbindung zwischen den zu verbindenden Teilen sowie dem Niet, was in der Elektrotechnik kleinere Übergangswiderstände ergibt.

Nieten, die aus Verschleißgründen einsatzgehärtet sein müssen, bei Durchmessern kleiner als 1 mm, können auch mit modernstem Kaltnietverfahren nicht rißfrei verarbeitet werden. Genau kontrollierte Erwärmung ermöglicht es, ohne Beeinträchtigung der Härte an den einsatzgehärteten Verschleißflächen rißfreie Nietköpfe zu formen. Dynamisch und thermisch hoch beanspruchte Nietverbindungen im Düsentriebwerkbau wie auch Textilmaschinen werden auf Widerstandsschweißmaschinen warmgenietet.

Widerstandshartlöten

Die Erwärmung mit extrem hohen Temperaturgradienten ermöglicht extrem konzentrierte Wärmstellen. Je nach Materialpaarung ist das Löten möglich mit oder ohne zusätzlichem Lot.

Kollektorhartlöten

Gleichstrommotoren mittlerer Leistung können meist nicht kollektorgeschweißt werden, da zu wenig massives Kupfer an den Kollektorfahnen zur Verfügung

Bild 4.12:
Rotor zu Gleichstrommotor, vorbereitet zum Widerstandshartlöten

steht, um eine einwandfreie Verbindung herzustellen. Foto 4.12 zeigt einen Rotor, vorbereitet zum Hartlöten auf einer modifizierten Kollektorschweißmaschine. Über das untere der beiden Leiterenden wird eine flußmittelfreie Lothülse geschoben. Die Elektrode zentriert die beiden Leiter, die mit ihrer Schmalseite mit dem Kollektor und dank der Kapillarwirkung des Lotes gegeneinander einwandfrei verbunden werden.

Ing. Marcel Burstin

5 Kontaktschweißen

5.1 Einleitung

Die Kontaktierung, d.h. die Verbindung eines Kontaktwerkstoffes mit einem Kontaktträger kann durch Nieten, Löten, Schweißen, Galvanisieren oder durch Walzplattieren erfolgen. Das Kontaktschweißen beeinflußt die Wahl der Fügetechnik im Fein- bis Mittelkontaktbereich immer mehr. Das Widerstandsschweißen hat sich für Problemlösungen der Massenfertigung auch in diesem Anwendungsbereich als zuverlässige Füge- und wirtschaftliche Fertigungsmethode durchgesetzt.

5.2 Die Widerstandsschweißverfahren für das Kontaktschweißen

Das Aufbringen des Kontaktwerkstoffes auf Kontaktträger, das im Rahmen dieses Aufsatzes besprochen wird, erfolgt auf der Basis der Widerstandsschweißtechnik. Der Kontaktwerkstoff aus Massiv, Bi- oder Trimetall wird unmittelbar auf die Oberfläche des Kontaktträgers aufgeschweißt.

Unter Widerstandsschweißung versteht man das elektrische Schweißverfahren, bei dem unter Ausschluß von Zusatzwerkstoffen die erforderliche Schweißwärme in den Werkstücken selbst erzeugt wird. Die Schweißwärme wird durch einen hohen elektrischen Strom bei relativ niedriger Sekundärspannung in sehr kurzer Zeit erzeugt. An der Übergangsstelle zwischen den zu verbindenden Werkstücken bewirkt der Strom, infolge des Schweißgutwiderstandes, die Erwärmung der Werkstoffe bis zum Erreichen der Schweißtemperatur.

Die während des Schweißvorganges wirkende Elektrodenkraft stellt beim Erreichen der Schweißtemperatur eine innige metallische Verbindung zwischen Kontakt und Kontaktträgerwerkstoff her. Technisch ist eine einwandfrei ausgeführte Schweißung jeder Nietung und Lötung überlegen durch höhere Festigkeit und bessere elektrische und thermische Leitfähigkeit[1].

Die Anpassung der Widerstandsschweißtechnik an die unterschiedlichen Werkstoffe und Fügeprobleme haben zu verschiedenen Verfahrensvarianten geführt. Drei klassische Widerstandsschweißverfahren werden für das Aufschweißen von Edelmetallkontakten angewendet. Daraus ergeben sich, je nach Art des Kontakt-Halbzeugs, vier Widerstands-Kontaktschweißverfahren (Bild 5.1). Das

- Stumpfschweißen für das Aufschweißen von vertikal zugeführtem Kontaktdraht; CV-Verfahren genannt.
- Buckelschweißen für das Aufschweißen von horizontal zugeführten Profildrahtabschnitten; CH-Verfahren genannt.
- Buckelschweißen für das Aufschweißen von Aufschweißkontakten; CA-Verfahren genannt.
- Rollnahtschweißen für das Aufschweißen von Kontaktbahnen; CN-Verfahren genannt.

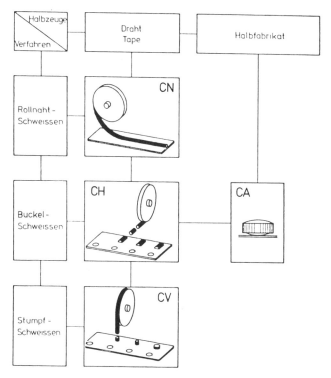

Bild 5.1: Widerstands-Kontaktschweißverfahren

5.2.1 Grundlagen der elektrischen Widerstandsschweißung

Wie bei jeder Widerstandsschweißung ist auch beim Schweißen von Kontaktwerkstoffen die Güte der Schweißverbindung vom Zusammenwirken der drei Größen Schweißstrom, Schweißwiderstand und Schweißzeit abhängig.

Die zur Erzeugung der Schweißtemperatur benötigte Wärmemenge ist nach dem Jouleschen Gesetz

$$Q = I^2 \cdot R \cdot t$$

Q Wärme in Joule
I Schweißstrom in Ampère
R Ohmscher Widerstand in Ohm
t Stromzeit in Sekunden

Die Güte der Fügestelle ist von der Wärmebilanz abhängig. Sowohl die Wärmezufuhr als auch die Wärmeabfuhr über Schweißgut, Elektroden und Abstrahlung müssen konstant gehalten werden.

5.2.1.1 Schweißstrom I

Der Schweißstrom bringt die Schweißstelle auf die gewünschte Temperatur. Wie aus dem Jouleschen Gesetz hervorgeht, wird die zu erzeugende Wärmemenge Q vom Quadrat des Schweißstromes beeinflußt. Jede Änderung des Schweißstromes beeinflußt stark die Güte der Schweißverbindung. Der Schweißstrom muß so groß gewählt werden, daß an der Schweißstelle unter Berücksichtigung aller Faktoren beide zu verschweißenden Werkstoffe in die Schmelzphase kommen. Wird der Idealwert überschritten, so erfolgt eine Überhitzung des Kontaktträgers oder des Kontaktwerkstoffes; in den meisten Fällen des letzteren. Die Überhitzung des Kontaktwerkstoffes führt zu Materialausperlung, im Extremfall zu Spritzerbildung. Die Größe des Schweißstromes wird mit dem gestuften Schweißtransformator gewählt. Die elektronische Steuerung ermöglicht die stufenlose Feineinstellung des Schweißstromes durch Phasenanschnitt.

5.2.1.2 Schweißwiderstand R

Der dem Schweißstrom I entgegenwirkende elektrische Widerstand R setzt sich zusammen — Bild 5.2 — aus den Stoffwiderständen und den Übergangswiderständen. Die Wärmeerzeugung ist proportional der Zeit, der Summe aller Teilwiderstände R_1 bis R_7 und dem Quadrat des Stromes.

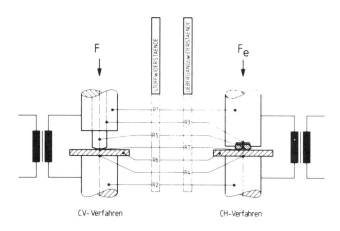

Bild 5.2: Widerstände beim Kontaktschweißen

Die Stromwiderstände der Elektroden R_1 und R_2 sollen klein sein, da die dort entstehende Wärme nur wenig zum Schweißvorgang beiträgt. Eine gute Kühlung der Elektroden ist daher notwendig.

Die Übergangswiderstände R_3 und R_4 zwischen den Elektroden und den zu schweißenden Kontakt und Kontaktträgern sind klein zu halten. Deshalb müssen die Elektroden und die zu schweißenden Teile eine saubere Oberfläche haben. Auch auf eine ausreichende Elektrodenkraft ist zu achten.

Der Stoffwiderstand R_s kann nicht beeinflußt werden; hingegen kann der Stoffwiderstand R_6 des Kontaktträgerbandes durch Freischneiden des Bandes bei der Schweißstelle beeinflußt werden. Dies ist bei Werkstoffen mit hohen Wärmeleitfähigkeiten wie z.B. Kupfer wichtig.

5.2.1.2.1 Elektrodenkraft F_e

Die Elektrodenkraft F_e hat den größten Einfluß auf den Übergangswiderstand R_7 zwischen dem zu schweißenden Kontaktwerkstoff und dem Kontaktträger. Im Übergangswiderstand R_7 und im Widerstand R_s und R_6 der Werkstücke wird die für den Schweißvorgang wesentliche Wärmemenge erzeugt. Ist der Widerstand R_7, gegenüber R_s und R_6 zu groß, werden Kontakt und Kontaktträger an der Schweißstelle zu schnell erhitzt und neigen zu Spritzern. Der Widerstand R_7 ist durch saubere Oberfläche der Werkstücke und eine genügend große Elektrodenkraft klein zu halten[2].

Die Elektrodenkraft F_e muß während des Schweißvorganges genügend groß sein, um die erwärmte Schweißstelle zum Schmelzen und zur metallischen Verbindung zu bringen. Konstruktionen mit möglichst geringen beweglichen Massen und Reibung weisen Bedingungen für gute und gleichmäßige Schweißungen auf.

5.2.1.3 Stromzeit t

Während der Stromzeit, die einige Millisekunden beträgt, muß der Schweißstelle diejenige Wärmemenge zugeführt werden, die für die Erhitzung der Schweißzone auf die Schweißtemperatur notwendig ist. Es entspricht den Grundregeln der Widerstandsschweißtechnik, mit möglichst kurzen Stromzeiten zu arbeiten. Dies gilt im besonderen Maß für das Kontaktschweißen, da fast alle zu schweißenden Werkstoffe hohe Wärme- und elektrische Leitfähigkeiten aufweisen. Kurze Stromzeiten ergeben zudem bessere reproduzierbare Schweißresultate als solche mit langen Stromzeiten. Mit dem Verkürzen der Stromzeit muß der Schweißstrom erhöht werden, um die erforderliche Wärmemenge zu erreichen.

5.2.1.4 Zusammenfassung der Einflußgrößen

Alle drei an Kontaktschweißmaschinen einstellbaren Einflußgrößen, Strom, Zeit und Elektrodenkraft, beeinflussen die Wärmemenge bzw. die Schweißung. Wichtig ist das Erfassen der Wechselwirkung zwischen diesen Größen.

— Je größer die Elektrodenkraft F_e, desto kleiner ist der Widerstand R
— Je kleiner der Widerstand R, desto größer ist der Schweißstrom I
— Je größer der Strom I, desto größer muß die Elektrodenkraft F_e sein.

5.2.1.5 Schweißen ungleicher Werkstoffpaarungen

Die allgemeine Richtlinie für die Widerstandsschweißtechnik lautet, daß sich solche Metallkombinationen gut schweißen lassen, deren Schmelzpunkte, spezifische elektrische Widerstände und elektrische Leitfähigkeiten nahe beieinanderliegen.

Beim Kontaktschweißen werden mit wenigen Ausnahmen nur immer ungleiche Werkstoffpaarungen zusammengeschweißt. Langjährige Erfahrungen zeigen, daß auch Werkstoffe mit ungleichem Schmelzpunkt, spezifischem elektrischem Widerstand und elektrischer Leitfähigkeit, die zum Teil weit auseinanderliegen, geschweißt werden können, z.B. folgende Materialpaarungen:

Werkstoff	Schmelztemperatur °C	Elektrische Leitfähigkeit 10^6 S/m	Elektrischer Widerstand Ω mm²/m
E – Cu	1080	57	0,017
CuZn 37	900	15,5	0,066
CuSn 6	910	9,5	0,12
CuNi 18 Zn 20	1025	3,3	0,29
Ag 999	960	60	0,016
AgNi 10	960	54	0,018

Nebst den ungleichen technischen Daten sind auch die ungleichen Querschnittverhältnisse von Kontakt und Kontaktträger zu berücksichtigen. Um eine gute Schweißverbindung zu erreichen, müssen unter Berücksichtigung aller technischen Daten die Schweißparameter der Maschine so gewählt sein, daß beide Werkstücke in der Schweißzone in die Schmelzphase kommen.

5.2.1.5.1 Stromflußrichtung (Peltiereffekt)

Um eine gute Schweißverbindung ungleicher Werkstoffe, wie dies beim Kontaktschweißen üblich ist, zu erzielen muß die erforderliche Wärmemenge beide Bauteile in die Schmelzphase bringen. Je nach Stromflußrichtung, positiver Pol auf Kontakt oder Kontaktträgerseite, findet eine Beeinflussung der Schweißverbindungsgüte statt, Peltiereffekt genannt. Diese Beeinflussung ist von der Größe der thermoelektrischen Spannung der zu schweißenden Werkstoffe abhängig. An der positiven Polseite tritt ein Wärmeeffekt auf, an der negativen ein Kühleffekt. Die bestgeeignete Stromflußrichtung ist durch Versuche zu ermitteln. Moderne Kontaktschweißmaschinen sind mit Umpolschalter versehen, um die Ermittlung zu erleichtern.

5.3 Schweißbare Werkstoffe

Die Werkstoffe, die in elektronischen und elektrischen Schaltgeräten Anwendung finden, müssen der Leistungsfähigkeit und Lebensdauer der Geräte entsprechen.

5.3.1 Kontaktträgerwerkstoffe

Kontaktträger sind mechanisch, elektrisch und somit thermisch wechselbeansprucht. Deshalb muß darauf geachtet werden, daß eine Erwärmung durch elektrische Belastung die Federeigenschaften nicht unzulässig ändert. Die Zuverlässigkeit der Kontaktträger hängt somit von der richtigen Dimensionierung, vom Leiterquerschnitt und von der Leitfähigkeit ab[3].

Nach ihrer Bedeutung als Kontaktträger können die Werkstoffe wie folgt unterteilt werden, wobei die gut leitenden kupferhaltigen Werkstoffe mehr angewendet werden.

— Kupfer und Kupferlegierungen
— Nickel und Nickellegierungen
— legierter und unlegierter Stahl
— Thermobimetall

Bei Kontaktträgern, die aus Bandmaterial hergestellt und im Mikro- bis Mittelkontaktbereich eingesetzt werden, liegt der Bereich der Materialdicken zwischen 0,08 und ca. 2 mm. Der Oberflächenzustand der Kontaktträgerwerkstoffe hat einen wesentlichen Einfluß auf die Güte der Schweißverbindungen und der Schweißelektroden-Standzeiten.

Um eine gute regelmäßige Schweißung zu erreichen, besonders bei Mikroschweißungen, müssen die Kontaktträgerwerkstoffe metallisch blank, fett- und oxidfrei sein. Auch die Korngröße der Werkstoffe muß regelmäßig sein.

5.3.1.1 Metallische Überzüge

Aus verschiedenen Gründen, auf die hier nicht näher eingegangen wird, müssen gewisse Kontaktträger metallische Überzüge aufweisen. Die in diesem Anwendungsbereich üblichen Beschichtungen — Bild 5.3 — sind: Silber, Zinn, Zink, Cadmium, Nickel, Kupfer und Messing.

Um eine regelmäßige Schweißung zu erreichen, soll die Schichtdicke gleichmäßig sein, um einen gleichmäßigen Übergangswiderstand zu erhalten. Je größer die Schichtdicke ist, desto größer ist die Streuung; deshalb sollten die Schichten des metallischen Überzugs 3—5 μm betragen.

Der metallische Überzug muß gut auf dem Grundwerkstoff haften, da sich der Kontaktwerkstoff mit dem Überzug bindet. Während des Schweißvorganges wird der metallische Überzug auf beiden Seiten des Kontaktträgers erwärmt und kommt teilweise in die Schmelzphase. Auf Grund von Mikroschliffen kann festgestellt werden, daß die Überzugsschicht auf der Elektrodenseite durchgehend, bei Zinn z.B. zum Teil dünner, erhalten bleibt. In der Schweißzone bleibt die Überzugsschicht ebenfalls erhalten mit einzelner Durchdringung in Form von Materialwirbeln.

Trägerwerkstoff / Kontaktwerkstoff		Ag	Ag Cu 3-5	Ag Cu 10	Ag Ni 0,15	Ag Ni 10	Ag Ni 20	Ag Cd 10	Ag Pd 30	Ag Pd 50	Ag Au 10	Pd	Pd Cu	Pd Ru 10	Au Ag 10	Au Co 5	Pt
CuNiZn		●	●	●	●	●	●	●	●	●	●		●	●	●	●	●
CuZn	blank	●	●	●	●	●	●	●	●						●		●
	versilbert	●	●	●	●	●	●	●	●	●					●		●
	vernickelt	●	●	●	●	●	●	●									●
	verzinnt	●	●	●	●	●	●	●	●						●		●
	verzinkt	●	●	●	●	●	●	●	●								●
CuSn	blank	●	●		●	●	●		●	●			●	●			●
	versilbert	●	●		●	●	●	●					●				●
	verzinnt	●	●		●	●	●	●					●				●
CuBe	blank	●	●		●		●		●		●		●				●
	versilbert	●	●		●	●	●		●				●				●
Cu	blank	●	●		●	●	●										
	versilbert	●	●		●	●	●										
St	blank	●	●	●	●	●	●	●									●
	versilbert	●	●	●	●	●	●	●					●				●
	vernickelt	●	●	●	●	●	●	●					●				●
	verzinnt	●	●	●	●	●	●	●					●				●
	verzinkt	●	●	●	●	●	●	●					●				●
	verkupfert	●	●	●	●	●	●	●					●				●
	vermessingt	●	●	●	●	●	●	●					●				●
	cadmiert	●	●	●	●	●	●	●					●				●

Bild 5.3: Schweißbare Werkstoffpaarungen für Massivkontakte

5.3.2 Kontaktwerkstoffe

Von einem elektrischen Kontakt wird im allgemeinen erwartet, daß er über eine bestimmte Betriebszeit einen Stromkreis schließt oder öffnet und eine große Anzahl Schaltspiele ausführt. Als Kontaktwerkstoffe werden je nach Anwendung- und Schaltbedingungen Edelmetall wie Silber, Gold, Palladium, Platin oder davon abgeleitete Edelmetallegierungen verwendet. Goldlegierungen werden im Gebiet der trockenen Stromkreise ($U < 80$ mV und $I < 10$ mA) eingesetzt. Am häufigsten werden Silber, Silberlegierungen oder Verbundwerkstoffe wie Silber-Nickel, Silber-Graphit, Silber-Wolfram und Silber-Metalloxide verwendet. Ihr Anwendungsbereich erstreckt sich vom Schwach- bis zum Starkstromkontakt[4].

5.3.3 Schweißbare Werkstoffpaarungen für Massivkontakte

Alle im Abschnitt 5.3.2 erwähnten Kontaktwerkstoffe oder Legierungen, mit Ausnahme der Metalloxid-Verbundwerkstoffe, können als Massivkontakt direkt auf die Kontaktträgerwerkstoffe, die im Abschnitt 5.3.1 aufgeführt sind, geschweißt werden. Ausnahmen sind Edelstähle und Thermobimetalle.

Bild 5.3 zeigt eine Tabelle der in der Praxis realisierten Werkstoffpaarungen für Massivkontakte[5]. Aus der Tabelle sind Sonderfälle nicht ersichtlich.

5.3.4 Mehrschichtkontakte

Der Bimetall- oder Mehrschichtkontakt löst, ähnlich der plattierten Niete, das Problem eines reduzierten Einsatzes von Edelmetall. Da die Edelmetalle erheblich Kosten verursachen, besteht das Bestreben, sie möglichst eng auf die betreffende Kontaktfläche zu begrenzen; andererseits die Dicken dieser Auflagen an der unteren Grenze des technisch Notwendigen zu halten[6]. Die effektive minimale Edelmetallschicht kann nur durch Versuche eingehend bestimmt werden.

Die Preisschwankungen auf dem Edelmetallmarkt in den letzten Jahren haben bei vielen Geräteherstellern zu einem Neuüberdenken des Edelmetallverbrauchsvolumens geführt. Der Weg zu einem reduzierten Edelmetallverbrauch führt zu einem Mehrschichtkontakt. Die Anwendung von Bimetallkontakten ist bereits stark verbreitet. Trimetalle gewinnen mit der Anwendung in trockener Schaltweise immer mehr an Bedeutung. In der Literatur wird neu ein 5-Lagen-Kontakt für verschiedene Belastungslasten vorgestellt[7].

5.3.4.1 Bimetallkontakte

Die Grundkonzeption des technischen Aufbaus des Bimetallkontaktes besteht darin, zwei Werkstoffe miteinander zu verbinden. Bild 5.4 B zeigt den Aufbau eines Bimetall-Kontaktprofils. Das Profil besteht aus der oberen Schicht der Kontaktauflage und dem Basisträger. Die Kontaktauflage wird unter anderem auch durch Widerstandsrollnahtschweißen mit dem Basiswerkstoff verbunden.

5.3.4.1.1 Kontaktauflage

Als Kontaktwerkstoffe werden alle im Abschnitt 5.3.2 aufgeführten Edelmetallwerkstoffe verwendet werden. Im Gegensatz zum Massivkontakt sind im Bimetallverbund auch oxidhaltige Verbundwerkstoffe einsetzbar. Für Kontaktprofile

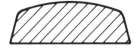 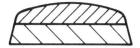 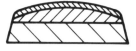

A B C

Bild 5.4: Kontaktprofile:
A) Massiv-, B) Bimetall-, C) Trimetallkontakt

soll die minimale Kontaktauflage nicht unter 3% der Gesamthöhe des Profils liegen, mindestens aber 10 µm betragen[8].

5.3.4.1.2 Basisträger

Der Basisträger des Bimetallkontaktes wird mit der aufgebrachten Kontaktauflage auf den Kontaktträger aufgeschweißt. Der Basisträger soll in erster Linie ein kostengünstiges Ergänzungselement mit guter elektrischer und Wärmeleitfähigkeit zwischen Kontaktträger und Kontaktauflage sein.

Der gewählte Basisträgerwerkstoff muß eine gute Schweißeignung zum jeweiligen Kontaktträgerwerkstoff aufweisen. Im weiteren muß er auch gut verformbar sein, um die für den Widerstandsschweißvorgang notwendigen Schweißhilfen in Form von Materialerhöhungen wie Längswarzen oder Rauten bilden zu können.

5.3.4.2 Trimetallkontakte

In bestimmten Fällen bestehen die Kontakte aus drei übereinanderliegenden Metallschichten — Bild 5.4 C — und werden daher Trimetallkontakte benannt. Der technische Aufbau des Trimetallkontaktes unterscheidet sich je nach Anwendungsbereich.

Im Anwendungsgebiet trockener Schaltkreise, zum Teil auch im Schwachstrombereich, ist der Grundaufbau ähnlich wie beim Bimetallkontakt. Auf dem Basisträger liegt eine Silber- oder Palladiumlegierung. Als dritte Schicht wird meistens eine Goldlegierung mit sehr guter Korrosionsbeständigkeit und konstantem Durchgangswiderstand aufgewalzt. Die obere Kontaktschichtdicke kann bis auf 1 µm verringert werden[4].

Im Anwendungsbereich der Energietechnik ist der Grundaufbau des Trimetallkontaktes durch andere Faktoren beeinflußt als im Schwachstrombereich. Um die Wärmekapazität des Kontaktes zu erhöhen, wird zwischen dem Basisträger und der Kontaktauflage eine Kupferzwischenlage eingewalzt.

5.3.5 Schweißbare Werkstoffpaarungen für Mehrschichtkontakte

Entscheidend für die Schweißbarkeit von Mehrschichtkontakten ist immer die Paarung zwischen Basisträger und Kontaktträgerwerkstoff.

Bild 5.5 zeigt eine Tabelle der in der Praxis realisierten Werkstoffpaarungen für Mehrschichtkontakte. Andere Werkstoffkombinationen sind nicht ausgeschlossen. Aus der Tabelle sind Sonderfälle nicht ersichtlich.

Trägerwerkstoff \ Basisträgerwerkstoff	Ni 99,9	NiCu30Fe	CuNi20	CuNi30	CuNi44	CuNi18Zn20	CuNi30Fe	CuSn6
CuNiZn	•	•	•	•	•	•	•	
CuZn	•	•	•	•	•	•	•	•
CuSn	•	•	•	•				
CuBe	•		•	•	•	•		
CuNiSn	•		•	•	•			
Edelstahl	•					•	•	
Thermobimetall	•					•		

Bild 5.5: Schweißbare Werkstoffkombinationen für Mehrschichtkontakte (andere Kombinationen sind nicht ausgeschlossen)

5.4 Kontaktschweißverfahren

5.4.1 Kontakt-Stumpfschweißverfahren mit vertikaler Kontaktdrahtzuführung: CV-Verfahren

Die Herstellung eines Kontaktes nach dem CV-Verfahren ist im Bild 5.6 schematisch dargestellt. Der endlose Kontaktdraht wird vertikal der Kontaktträger-Oberfläche zugeführt und stumpf aufgeschweißt. Danach trennen Schermesser den Draht auf die vorgegebene Länge ab. Das Volumen dieses Drahtabschnitts muß dem Volumen des zu realisierenden Kontaktes entsprechen. In der nachfolgenden Umformstation wird der Kontaktdrahtabschnitt zum verlangten Kontakt geformt.

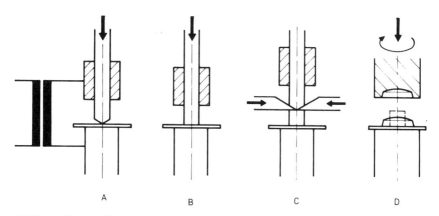

Bild 5.6: Schematische Darstellung des Kontakt-Stumpfschweißverfahrens
CV-Verfahren
A) Zuführen, B) Schweißen, C) Trennen, D) Ausformen des Kontaktes

5.4.1.1 Aufschweißen der Kontakte nach dem CV-Verfahren

Der Kontaktdraht wird von der Klemmeinrichtung, die im beweglichen Teil der Schweißeinheit integriert ist, vertikal dem Kontakttägerband zugeführt. Diese Klemmeinrichtung hat zwei Aufgaben: Erstens muß sie den Kontaktdraht mechanisch klemmen und von der Drahtrolle abziehen, und zweitens muß der Schweißstrom über diese Einrichtung dem Kontaktdraht zugeführt werden. Der Kontaktdraht wird in der Klemmeinrichtung großflächig gehalten, um den Übergangswiderstand an dieser Stelle klein zu halten. Der Kontaktdraht hat auf dem dem Band zugewandten Ende eine dachförmige Form. Durch Einwirken der Elektrodenkraft entsteht eine Abflachung der Drahtendform, die einer länglichen Schweißwarze entspricht. Bei Einleitung des Schweißvorganges erfolgt eine rasche Erwärmung des ganzen Drahtquerschnitts und somit eine sehr gute Verschweißung mit dem Kontakttägerband. Die verschweißte Fläche des Kontaktdrahtes kann bei optimalen Verhältnissen bis 120% des ursprünglichen Drahtquerschnitts ausmachen. Nach dem Aufschweißen des Kontaktdrahtes trennen Schermesser den Draht abfallos ab. Auf dem Kontakttägerband bleibt ein genau bemessenes, stumpf aufgeschweißtes Drahtstück zurück. Das Volumen dieses Drahtabschnitts muß dem Volumen des zu realisierenden Kontaktes entsprechen. Die Form der Schermesser ist so gewählt, daß das Drahtende wiederum eine dachförmige, schweißgerechte Schnittfläche erhält und somit für die nächste Schweißung vorbereitet ist. Die Trennhöhe muß etwas höher sein als die Stauchzone des Kontaktdrahtes, damit der Übergangswiderstand für die nächste Schweißung konstant bleibt (Bild 5.9 A).

5.4.1.2 Kontaktformen

Beim Umformen des aufgeschweißten Drahtstückes zur verlangten Kontaktform, fließt Kontaktwerkstoff über die zentral liegende Schweißzone konzentrisch bis zur Außenkontur des Formgebers. Dabei wird eine saubere, runde Kontaktform erzielt. Die Randzone des Kontaktes liegt, wie bei einem Niet, auf dem Kontaktträger auf. Die Umformarbeit kann durch Schlag-, Druckkraft oder durch Taumelprägen erfolgen. Das letztere Verfahren hat den Vorteil, daß durch die rotierende Arbeitsweise die Umformung mit geringerer Kraft erfolgen kann. Dadurch vermindert sich die geringe Eindringtiefe des Kontaktwerkstoffes im Bereich der Schweißzone in die Oberfläche des Kontaktträgerbandes. Die Eindringtiefe ist von der Kontaktträgerwerkstoffhärte abhängig. Durch entsprechende Gestaltung des Ambosses, z.B. bombierte Erhöhung, kann das Eindringen sogar vermieden werden. Nach dem CV-Verfahren können alle runden Kontaktformen, die in der DIN-Norm 46240 aufgeführt und im Bild 5.7 A wiedergegeben sind, hergestellt

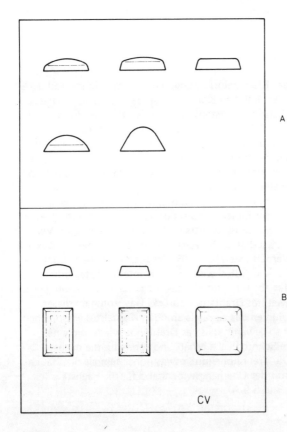

Bild 5.7:
Kontaktformen
A) runde Kontakte
B) rechteckige Kontakte

werden. Um rechteckige Kontaktformen – Bild 5.7 B – zu erreichen, wird ein entsprechender Profildraht mit reduziertem Querschnitt, analog dem Rundkontakt, verwendet. Es ist vorteilhaft, bei allen Kontaktformen einen Flankenwinkel von ca. 7° anzubringen, um das Abheben des Prägestempels zu erleichtern.

5.4.1.3 Verhalten des Kontaktdrahtes

Der Kontaktdraht ist während des Schweißvorganges einer thermischen, beim Formen des Kontaktes einer mechanischen Beanspruchung ausgesetzt. Diese Belastungen haben Einfluß auf das Verhalten der Härte des Werkstoffs. Durch die thermische Belastung ergibt sich eine Härteabnahme; beim Formen des Kontaktes durch die Verdichtung des Kontaktwerkstoffes an der Kontaktoberfläche eine Härtezunahme im Vergleich mit der Ausgangshärte des Kontaktdrahtes.

5.4.1.4 Bestimmung des Kontaktdrahtdurchmessers

Um einen Kontakt durch das CV-Verfahren herzustellen, richtet sich die Bestimmung des Kontaktdrahtdurchmessers in erster Linie nach Durchmesser und Volumen des Kontaktes. Aus schalttechnischen Gründen ist die größtmögliche verschweißte Fläche anzustreben, d.h. es ist der größtmögliche Kontaktdrahtdurchmesser als Ausgangsmaterial zu wählen.

Der Kontaktdraht-Durchmesser kann aus der Formel bestimmt werden – Bild 5.8 –

Kontaktdrahtdurchmesser = Kontaktdurchmesser x Faktor 0,6

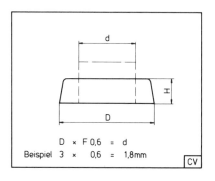

Bild 5.8:
Bestimmungsformel für Kontaktdrahtdurchmesser

Diese Richtlinie hat ihre Gültigkeit, wenn das Verhältnis von Kontaktdurchmesser zu Kontakthöhe, je nach Kontaktform, im Bereich 4:1 bis 8:1 liegt. Eine Optimierung des Kontaktdrahtdurchmessers bzw. der verschweißten Fläche kann erreicht werden, wenn eine genaue Berechnung erfolgt und dabei alle Parameter berücksichtigt werden.

5.4.1.5 Kontaktbereich

Nach dem CV-Verfahren können Kontakte mit Durchmesser von 1–8 mm hergestellt werden. Die üblichen Kontakthöhen liegen zwischen 0,2 bis 2,5 mm. Die formbaren Kontakthöhen stehen immer im Verhältnis zum Kontaktdurchmesser. Bei Kontakten mit flacher Form gilt die Faustregel: minimalste Kontakthöhe gleich 8 bis 10% des Kontaktdurchmessers bei Kontakten mit bombierter Form lautet die Formel je nach Radiusgröße: minimalste Kontakthöhe ca. 10–15% de Kontaktdurchmessers.

5.4.1.6 Untersuchung der Schweißzone

Beim Zusammenschweißen von gleichpaarigen Werkstoffen, z.B. zwei Stahlblechen, entsteht in der Schweißzone das bekannte Bild der Schweißlinse, die die Schmelzzone zwischen beiden Blechen bildet.

Bild 5.9 A zeigt die linsenfreie Schweißzone einer Kontaktschweißung mit ungleicher Werkstoffpaarung nach dem CV-Verfahren. Zwischen dem 1 mm starken Kontaktträger einer Kupfer-Zink-Legierung und dem stark aufgeschweißten Silberdraht mit Durchmesser 3,5 mm entsteht eine diffusionsähnliche Verbindung. Die Mikroaufnahme in Bild 5.9 B bestätigt die linienförmige Verbindungszone bei der in Bild 5.9 A gezeigten Materialpaarung.

Die Mikroaufnahme – Bild 5.9 C – einer Schweißverbindung zwischen einem 1 mm starken Kupfer-Kontaktträger und einem Kontaktdraht aus Silber-Nickel 90/10 Verbundwerkstoff mit Ø 3 mm zeigt hingegen eine wellenförmige Verbindungszone.

5.4.1.7 Materialeinsparung

Bei der Gegenüberstellung einer Schweiß- und einer Nietverbindung aus Massiv-Edelmetallwerkstoff, gemäß Bild 5.10 A und 5.10 B, ist die Materialeinsparung offensichtlich. Während beim geschweißten Kontakt nur das Material aufgetragen wird, das für die Anzahl Schaltspiele notwendig ist, ist bei der Nietverbindung A zusätzliches Material erforderlich, um den Schließkopf für die mechanische Verbindung zum Kontaktträger zu bilden. Das Material für den Schließkopf wird durch das Schweißen eingespart. Das Kontaktschweißen ermöglicht eine

A) Makroschliff
Silber-Kontaktdraht
Ø 3,5 mm auf CuZn-
Träger 1 mm;
V 10fach

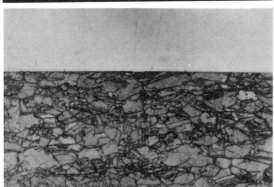

B) Mikroschliff von
Schweißverbindung A,
Bild 5.9 A;
V 200fach

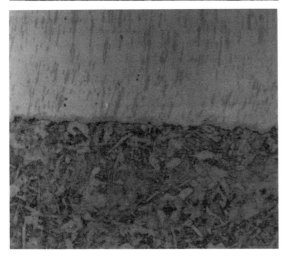

C) Mikroschliff
AgNi 90/10 Kontakt-
draht Ø 3 mm auf Cu-
Träger 1 mm;
V 200fach

Bild 5.9:
Schliffe durch CV-
Schweißverbindungen

Materialeinsparung, die um so größer wird, je dicker der Kontaktträger ist. Als zusätzliche Einsparung sind die Herstellkosten für die Niete mitzurechnen. Bei einer Nietverbindung aus Bimetall (Bild 5.10 C) wird bereits eine Kontaktstelle mit reduziertem Edelmetallanteil angestrebt. Dafür müssen aber wesentlich höhere Façonkosten in Kauf genommen werden. Mit dem CV-Kontaktschweißverfahren können, wie aus Bild 5.10 D zu entnehmen ist, die gleichen Verhältnisse erreicht werden. Aus dem Kontaktträger wird Material herausgedrückt.

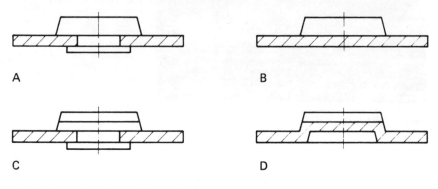

Bild 5.10: Beispiele von Materialeinsparungen
A) Kontaktniete, B) Geschweißte Kontakte, C) Bimetallniete,
D) Geschweißter Sparkontakt

5.4.1.8 Kontaktschweißmaschine mit vertikaler Kontaktdrahtzuführung

Bild 5.11 zeigt eine Kontaktschweißmaschine mit vertikaler Kontaktdrahtzuführung. Entsprechend der Kontaktträger-Durchlaufrichtung von links nach rechts, ist links zuerst die Kontaktschweiß- und rechts die Prägeeinheit ersichtlich. Davor ist ein mechanisch angetriebener Bandvorschub angebracht.

Mit der im oberen Elektrodenhalter eingebauten Draht-Klemmvorrichtung wird der Kontaktdraht vor der Drahtspule abgezogen, gerichtet und durch die Mitte des beweglichen oberen Elektrodenhalters geführt. Die Masse des beweglichen Halters ist klein gehalten, damit beim Schweißen, wenn der Kontaktdraht an der Schweißstelle in die Schmelzphase kommt, der Halter unmittelbar folgen kann. Während der Erstarrungsphase der Schweißzone muß die Elektrodenkraft wirksam bleiben, um eine gute Schweißverbindung zu erhalten. Durch Auswechseln des Formgebers in der Prägeeinheit können verschiedene Kontaktformen hergestellt werden. Die maximale Taktfrequenz einer solchen Anlage beträgt etwa 600 min^{-1}.

Das bereits vorgelochte oder vorgestanzte Kontaktträgerband wird schrittweise

Bild 5.11:
Schweiß- und Prägeeinheit einer Kontaktschweißmaschine mit vertikaler Kontaktdrahtzuführung

durch die mechanisch gesteuerte Bandvorschubeinheit zentriert und vorgeschoben. Um die genaue Kontaktlage zu gewährleisten, wird das Band vor und nach der Schweißstelle zentriert. Der sinusförmige Kurvenablauf des Vorschubes ermöglicht prellfreies Vorschieben und Positionieren des Bandes auch bei hohen Taktzahlen. Die gewählte Konzeption der Bandvorschubeinheit erlaubt auch zwei unterschiedlich große Vorschubschritte in gleichmäßiger Wiederholung, so daß mit nur einer Kontaktschweißeinheit zwei Kontakte nacheinander − paarweise nebeneinander − auf denselben Kontaktträger aufgeschweißt werden. Bild 5.12 zeigt einige mit dem CV-Verfahren geschweißte Kontaktträgerbänder mit gleich- und ungleichmäßigen Kontaktabständen. Sie werden in der Elektro- und Energietechnik verwendet.

5.4.2 Kontakt-Buckelschweißverfahren mit horizontal zugeführten Profildrahtabschnitten: CH-Verfahren

Beim CH-Verfahren wird der Kontaktdraht horizontal zugeführt; somit besteht die Möglichkeit, nebst Kontakten aus Massivwerkstoff auch solche aus Mehrschicht-Werkstoffen, gemäß Bild 5.4, aufzuschweißen. Im Gegensatz zum CV-Verfahren wird beim CH-Verfahren der Profildrahtabschnitt vor dem Schweißen vom endlosen Profildraht abgetrennt.

Bild 5.12:
Nach dem CV-Verfahren geschweißte
Kontaktträgerbänder

5.4.2.1 Aufschweißen der Profildrahtabschnitte nach dem CH-Verfahren

Um einen Profildrahtabschnitt schichtmäßig richtig orientiert auf ein Kontaktträgerband aufzuschweißen, muß der endlose Profildraht lagerichtig horizontal der Trenn- und Schweißstelle zugeführt werden. Vom endlosen Profildraht wird ein Drahtabschnitt mit bestimmter, stufenlos einstellbarer Länge, die der Kontaktlänge entspricht, abfallos abgetrennt. Es gibt verschiedene Systeme, Profildrahtabschnitte abzutrennen; zwei davon sind auf den Bildern 5.13 und 5.14 dargestellt. Bei beiden Systemen wird der abgetrennte Profildrahtabschnitt einzeln im Trennwerkzeug geführt, bis er in die tunnelförmige Aussparung der Elektroden bis zum Anschlag eingeschoben wird. Die obere bewegliche Elektrode führt zwei Bewegungen aus. Der Zustellhub führt die Elektrode bis zur Austrittstelle des Profildrahtabschnittes aus dem Trennwerkzeug. Der effektive Schweißhub entspricht der Profilwarzenhöhe von einigen hundertstel Millimeter. Bei Runddrähten ist der Schweißhub etwas größer. Beim Schweißen von Mikroprofilen muß der Schweißhub immer klein sein, da bei einem größeren Hub die Schweißwarzen zu stark deformiert werden. Um eine gleichmäßige Schweißung zu erreichen, wird die dem Kontaktträgerband zugewandte Kontaktprofilseite mit einer oder mehreren Längswarzen versehen — in bestimmten Fällen werden rhomboidförmige Warzen (Rauten) angewalzt (Bild 5.15) —, an denen dann die Schweißung erfolgt. Der Schweißstrom muß so groß gewählt werden, daß an den Schweißwarzen die nötige Schweißwärme erzeugt wird, bevor die Schweißkraft

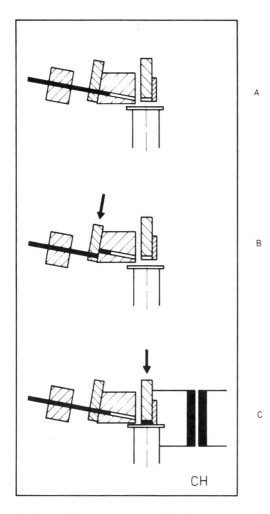

Bild 5.13:
Schematische Darstellung des Kontaktschweißens mit horizontaler Kontaktdrahtzuführung; Variante 1
A) Zuführen
B) Trennen
C) Schweißen

den Kontakt gegen das Kontaktträgerband drückt. Am Ende des Schweißhubs liegt bei richtiger Dimensionierung der Schweißwarzen der untere Rand des Kontaktdrahtabschnitts satt auf dem Kontaktträger auf[9].

Die richtige Dimensionierung der Schweißwarzen ist besonders bei sehr dünnen, federharten Trägerbändern von 0,08 bis 0,15 mm sehr wichtig.

Beim CH-Kontaktschweißverfahren ist festzuhalten, daß der Kontakt auf seiner ganzen Länge verschweißt wird, da sich die Schweißwarze über die ganze Kontaktlänge hinzieht. Die Größe der Schweißzone ist von der Oberflächenbreite der

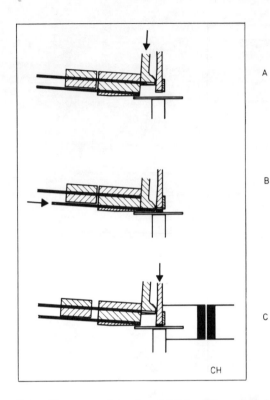

Bild 5.14:
Schematische Darstellung des Kontaktschweißens mit horizontaler Kontaktdrahtzuführung; Variante 2
A) Zuführen
B) Trennen
C) Schweißen

Schweißwarze und der Anzahl Schweißwarzenlinien abhängig. Bei Kontaktprofilen mit Rauten entspricht die Größe der Schweißzone der Summe aller Rauten-Oberflächen, die sich auf dem Profilabschnitt befinden. Bei einigen Materialpaarungen entsteht im Bereich zwischen den Warzen, richtige Warzendimensionierung vorausgesetzt, eine großflächige Verbindung mit dem Kontaktträger.

5.4.2.2 Kontaktprofilformen

Mikrokontaktprofile gelten in Europa noch als neue Konstruktionselemente der Elektronik und Elektrotechnik, während sie in den Vereinigten Staaten seit vielen Jahren eingeführt sind. Durch spezielle Formgebung werden sie den verschiedenen Anwendungen angepaßt. Diese Kontaktprofilformen lassen sich, analog der DIN-Norm 46240 für Rundkontakte, in Hauptgruppen gemäß Bild 5.16 einteilen. Die Kontaktprofile weisen mit Vorteil seitlich eine Anschrägung von ca. $7°$ auf, um das Abheben der Elektroden nach dem Schweißen zu erleichtern.

Während beim runden Kontaktprofildraht, durch die Längsanordnung des Drahtabschnitts, eine natürliche Linienberührung mit dem Kontaktträger entsteht, müssen bei den anderen Kontaktprofilformen Längsschweißwarzen oder Rauten beim Profilieren mitgeformt werden. Zur Kontaktprofilform Bild 5.16 ist auch eine Schweißwarzenform gemäß Bild 5.15 zuzuordnen.

5.4.2.2.1 Schweißwarzen

Bei Kontaktprofilbreiten von 0,3 bis 0,9 mm genügt in der Regel eine Längsschweißwarze. Bei Profilbreiten von 0,9 bis 3,5 mm werden in der Regel zwei Längsschweißwarzen zugeordnet, deren Abstand der halben Kontaktprofilbreite entspricht — Bild 5.17. Davon ausgenommen sind die Kontaktschulterprofile, Bild 5.16 C, I, P und V. Bei diesen Profilen liegt die Elektrode direkt auf den Profilschultern auf; daher müssen die Schweißwarzen genau gegenüber liegen. Rauten werden bei Kontaktprofilen mit Breiten $\geq$ 3,2 mm angewendet. Die Rauten dürfen nicht bis zum Rand angeordnet sein, um das Ausperlen des erwärmten Materials zu vermeiden. Die Randzone soll eine Breite von 0,3 mm aufweisen.

Die Form und Höhe der Längsschweißwarzen richtet sich in erster Linie nach Kontaktträgerbanddicke und erst in zweiter Linie nach der Werkstoffpaarung.

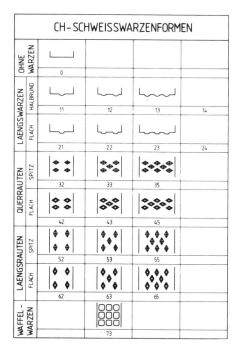

Bild 5.15:
Schweißwarzenformen

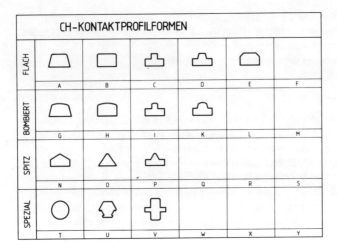

Bild 5.16: Kontaktprofilformen

Bei Kontaktträger-Banddicken $\geq$ 0,15 mm hat sich die im Bild 5.18 aufgeführte Warzengröße[9] gut bewährt. Bei größeren Banddicken kann die Schweißwarze vergrößert, bei dünneren Banddicken hingegen kleiner dimensioniert werden. Das Verhalten der Schweißwarze in der Schweißzone ist im Abschnitt 5.4.2.4 beschrieben.

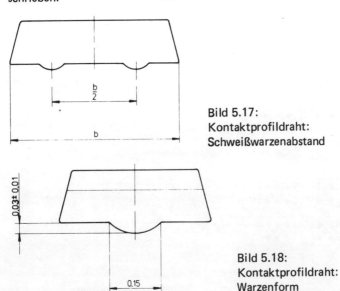

Bild 5.17:
Kontaktprofildraht:
Schweißwarzenabstand

Bild 5.18:
Kontaktprofildraht:
Warzenform

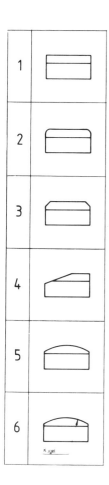

Bild 5.19:
Längsseitig geprägte
Kontaktprofilformen

5.4.2.2.2 Prägen des Kontaktprofils

Bei richtig dimensionierter Schweißwarzenhöhe am Kontaktprofil entspricht die Profilhöhe der Kontakthöhe. Nach dem Schweißvorgang wird der aufgeschweißte Profildrahtabschnitt um ca. 0,02 mm kalibriert, um den beim Trennvorgang entstandenen Schnittgrat zu planieren. Die Längsform des Profildrahtabschnitts entspricht der Darstellung auf Bild 5.19, Pos. 1. Mit der Kalibrier- oder Prägeeinheit können den Profildrahtabschnitten in der Längsrichtung ein- oder beidseitige Anprägungen, bombierte oder Kugelformen angeprägt werden, gemäß den Darstellungen Bild 5.19, Pos. 2 bis 6. Es können auch Riffelungen eingeprägt werden. Bei dünnen federharten Kontaktträgerwerkstoffen geht die mit Mikroprofilen erreichbare Kontakthöhengenauigkeit bis zu 0,01 mm. Runddrahtprofile weisen bereits nach dem Schweißvorgang unregelmäßige Profilhöhen auf. Um wiederum eine Kontakthöhengenauigkeit bis zu 0,01 mm zu erreichen, soll, um die Längsform des Drahtabschnittes beizubehalten, der effektive Prägehub, je nach Kontaktdrahthärte, ca. 0,02 bis 0,04 mm betragen.

5.4.2.3 Kontaktprofil-Bereich

Nach dem CH-Verfahren können Profildrahtabschnitte mit 0,3 bis 6 mm Breite und 0,15 bis 2 mm Kontakthöhe geschweißt werden. Der kleinste bisher bekannte, in der Praxis eingesetzte Profildraht weist eine Breite von 0,3 und eine Kontakthöhe von 0,15 mm auf. Diese Kontakte werden in der Elektronik und Energietechnik verwendet.

5.4.2.4 Untersuchung der Schweißzone

Aus dem Schweißvorgang ist bekannt, daß die Stromkonzentration an den Schweißwarzen stattfindet. Während des Schweißvorgangs dringt die Schweißwarze in die Oberfläche des Kontaktträgerbandes ein — Bild 5.20 — und verbindet sich gleichzeitig mit dem Kontaktträgerband. Dieses Bild zeigt einen Makroschliff eines aufgeschweißten Trimetallkontaktes auf ein 0,12 mm dickes Kontaktträgerband einer Kupfer-Zink-Legierung. Materialzusammensetzung des Kontaktes: Basismaterial Nickel, Zwischenschicht Silber, dritte Zone 2 μm Goldschicht. Kontaktprofilbreite 1,2 mm und Profilhöhe 0,58 mm.

Bild 5.20:
Makroschliff durch eine CH-Schweißung mit einem Trimetallkontakt;
V 50fach

Während des Schweißvorgangs findet eine Abflachung der Schweißwarze statt. Die Größe dieser Abflachung ist vom Härteverhältnis der zu verschweißenden Werkstoffe und der Elektrodenkraft abhängig.

Bei einwandfreier Schweißwarzenhöhe liegt am Ende des Schweißhubs die unte-

re Profilseite auf dem Kontaktträger auf. Die verschweißte Zone — Bild 5.20 —
ist bei dieser Materialpaarung breiter als die Schweißwarzenbreite. Das Ergebnis
einer Schweißverbindung eines Bimetall-Profildrahtes mit zu hoher Schweißwarze ist aus Bild 5.21 ersichtlich.

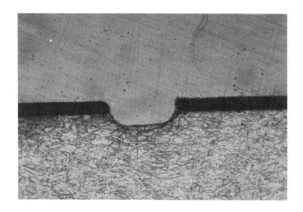

Bild 5.21:
Makroschliff durch
eine CH-Schweißung
mit zu hoher Schweißwarze eines Profildrahtes;
V 200fach

5.4.2.5 Rund-Kontaktprofildraht

Besprochen wird das Verhalten eines Rundkontaktprofildrahtes, um einen Kontakt mit Längsform, analog einem Mikroprofil, zu erreichen. Beim runden Kontaktprofildraht aus Massiv- oder Bimetall ergibt sich, entsprechend einem Manteldraht, durch die Längsanordnung des Drahtabschnitts eine natürliche Linienberührung mit dem Kontaktträger. Bei Einleitung des Schweißvorgangs erfolgt bereits beim Aufbau der Elektrodenkraft eine Abflachung der erwähnten Linienberührung, die sich durch die Erwärmung des Kontaktdrahtes vergrößert. Die Größe dieser Abflachungsfläche entspricht der verschweißten Fläche. Die beim Schweißvorgang entstehende Abflachung bewirkt eine leichte Längsausdehnung des Profilabschnitts sowie eine Verminderung des Kontaktdrahtdurchmessers, bezogen auf die Kontakthöhe, die je nach Kontaktdrahtlegierung, Härte, Durchmesser und verschweißter Fläche von 0,03 bis 0,10 mm variieren kann. Um den Durchmesser des Kontaktdrahts für eine bestimmte Kontakthöhe zu bestimmen, sind die Höhenverminderungen beim Schweißen und Prägen zu berücksichtigen.

5.4.2.6 Kreuzkontakttechnik

Werden von einem bombierten Kontaktprofildraht Abschnitte abgetrennt, ergeben sich im Grundriß betrachtet, je nach abgeschnittenen Kontaktlängen, quadratische oder längliche Kontaktformen. Werden zwei solche Kontaktprofildrahtabschnitte kreuzweise in einem Winkel von 90° zueinander angeordnet — Bild 5.22 — entsteht der Kreuzkontakt.

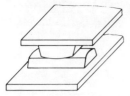

Bild 5.22:
Schematische Darstellung eines Kreuzkontaktes

Diese neue Zuordnung zu einem Kontaktpaar ergänzt oder ersetzt die bisher bekannten Kontaktpaarungen, die sich aus den runden Kontakten — Bild 5.17 — bilden ließen. Bei einem Kontaktprofildraht ist die Kontakthöhe auf der ganzen Kontaktlänge gleich. Lageabweichungen von zwei sich gegenüberliegenden Kontakten bzw. Kontaktträgern, die ein Kontaktpaar bilden, haben keinen Einfluß auf die Funktion des Schaltgerätes in dem sie eingebaut sind, da die Kontaktkraft und somit der Kontaktwiderstand konstant bleiben. Die punktuelle Kontaktberührung ist immer genau definiert.

Die Größe der zulässigen Abweichung — Bild 5.23 — ist von der Kontaktlänge abhängig. Da beide Kontaktträger bei der Montage eine asymetrische Lage einnehmen können, ergibt sich bei gleicher Kontaktlänge ein quadratisches Abweichungsfeld entsprechend schraffierter Fläche[10].

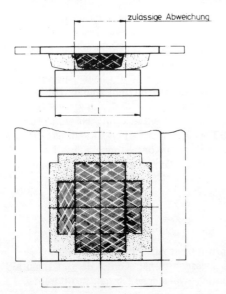

Bild 5.23:
Zulässige Lageabweichung der Kontakte bei Kreuzkontaktanordnung

Die Anwendung der Kreuzkontakt-Technik ergibt für die Montage der Schaltgeräte wesentliche Erleichterungen, da eine nachträgliche Justierung, der teuerste Arbeitsgang bei jedem Relais[11] nicht mehr erforderlich ist. Die Anwendung dieser Technik bringt somit Vorteile auf der Kostenseite durch Verminderung des gesamten Montageaufwandes. Sie erleichtert auch die automatische maschinelle Montage der Kontaktträger.

5.4.2.6.1 Kontaktanordnung

Grundsätzlich wird zwischen zwei Kontaktanordnungsarten unterschieden. Bei normaler Anwendung elektrischer Schaltgeräte wird pro Stromkreis ein Kontaktpaar — Bild 5.24.1 — eingesetzt. Hingegen werden Doppelkontakte — Bild 5.24.3 — paarweise verwendet, wenn große Kontaktzuverläßigkeit und Schaltsicherheit zu gewährleisten sind.

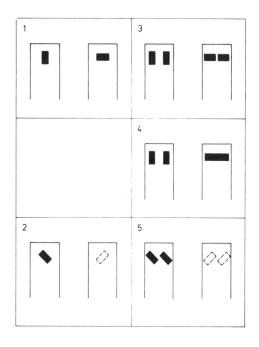

Bild 5.24:
Anordnung von
Kreuzkontakten

Die Kreuzkontakte werden, bezogen auf ihre Lage zur Mittelachse des Kontaktträgers, in zwei Gruppen eingeteilt[12], den

+.Kontakt (Pluskontakt)
x Kontakt

Bei der + Kontaktanordnung wird ein Kontakt oder ein Kontaktpaar in der Längsrichtung des Kontaktträgers aufgeschweißt, der andere Kontakt in einem Winkel von 90° dazu. Es sind zwei unterschiedliche Kontaktträger zur Bildung eines Schaltelementes notwendig.

Bei der x Kontaktanordnung wird ein Kontakt oder ein Kontaktpaar in einem Winkel von meistens 45° bezogen auf die Längsrichtung des Kontaktträgers aufgeschweißt. Zur Bildung eines Schaltelements kann zweimal der gleiche Bauteil verwendet werden, symmetrische Konstruktion vorausgesetzt. Durch Umkehren des Kontaktträgers entsteht der x-Kontakt — Bild 5.24.2 und 5.24.5.

Bei der Doppelkontaktpaarung sind drei Lösungen möglich — Bild 5.24.3 bis 5.24.5. Bei der Alternative gemäß Bild 5.24.3 sind zwei einzelne Kontakte paarweise zugeordnet und bilden zwei + Kontakte. Diese Lösung kann bei kurzen und großen Kontaktabständen angewendet werden. Bei der zweiten Alternative — Bild 5.24.4 — sind zwei einzelne Kontakte einem einzigen langen Querkontakt zugeordnet. Diese Kontaktpaarungsart wird vorzugsweise im Miniatur- und Kleinrelaisbau verwendet, da in diesen Geräten die Kontaktabstände gering sind.

5.4.2.7 Umschaltkontakte

Die Herstellung geschweißter Umschaltkontakte, auch Wechselkontakte genannt, in einem Durchlauf erfordert zwei Schweißeinheiten, die die Kontakte auf beiden Seiten des Kontaktträgerbandes aufschweißen. Wenn nur eine Schweißeinheit zur Verfügung steht, erfolgt die Herstellung der geschweißten Umschaltkontakte in zwei Durchläufen. Zuerst werden die Kontakte auf eine Bandseite aufgeschweißt. Beim zweiten Durchlauf wird auf dem gewendeten Band der zweite Kontakt dazugeschweißt.

Als eine Alternative, Umschaltkontakte mit einer Schweißeinheit in einem Durchlauf zu schweißen, bietet sich das Schulterprofil V an — Bild 5.16 —. Bei einer Bimetallkontakt-Lösung ist an beiden Profilformenden die Edelmetallschicht angebracht. Es entsteht ein Dreischichtprofil. Die Lösung mit dem Schulterprofil V erfordert im Kontaktträgerband einen Durchlaß, um den Kontaktdrahtabschnitt einlegen zu können.

5.4.2.8 Kontaktschweißmaschine mit horizontaler Kontaktdrahtzuführung

Bild 5.25 zeigt eine Kontaktschweißmaschine mit horizontaler Kontaktdrahtzuführung, um Profildrahtabschnitte aufzuschweißen. Bei Durchlaufrichtung des Kontaktträgerbandes von links nach rechts ist zuerst die Kontaktschweiß- und nachfolgend die Kontaktkalibriereinheit angeordnet. Das Kontaktträgerband wird durch einen mechanisch angetriebenen Mehrfachprogrammvorschub, mit dem bis zu zwölf unterschiedliche Vorschubschritte ausgeführt werden können, durchgezogen. Die Taktfrequenz einer solchen Anlage beträgt etwa 450 min^{-1}.

Bild 5.25: Kontaktschweißmaschine mit horizontaler Kontaktdrahtzuführung; von links nach rechts Schweiß-, Präge- und Kontaktprüfeinheit. Maschine mit Programmvorschub für unterschiedliche Kontaktpositionen

Die Kontaktschweißeinheit mit der Kontaktdrahtzuführung steht in einem Winkel von 90° zur Lage des Kontaktträgerbandes. Die Kontakte werden quer zur Durchlauf- oder Walzrichtung des Bandes aufgeschweißt. Um die verschiedenen Kontaktstellungen schweißen zu können, die für die Herstellung von Kreuzkontakten erforderlich sind, ist die Kontaktschweißeinheit bis zu einem Winkel von 90° verschiebbar. Bild 5.26 zeigt die am meisten angewendeten Stellungen.

Die vielfältigen Anwendungsmöglichkeiten des CH-Verfahrens sind im Bild 5.27 dokumentiert. An zwei der abgebildeten Kontaktträgerbänder werden die konstruktiven Vorteile des Kontaktschweißens ersichtlich, da Kontaktprofilbreite gleich Kontaktarmbreite ist; bei einem der beiden Beispiele ist diese Breite 0,4 mm. Das Schaltelement kann dank der Schweißtechnik schmal und klein gebaut werden. Im Zeitalter der Miniaturisierung und der Anwendung von Schaltelementen in der Elektronik sind solche technische Lösungen erwünscht.

5.4.2.9 Stirnkantkontakte

Nach dem CH-Verfahren können Kontakte auf flache Kontaktträgerbänder — Bild 5.27 — aufgeschweißt werden, aber auch an deren Stirnseite, wenn diese genügend dick ist. Bild 5.28 zeigt die schematische Anordnung stirnseitig aufgeschweißter Kontakte. Die Kontaktbreite kann kleiner, gleich groß oder breiter als die Kontaktträgerbanddicke sein. Die Stirnkantkontakte werden auf der

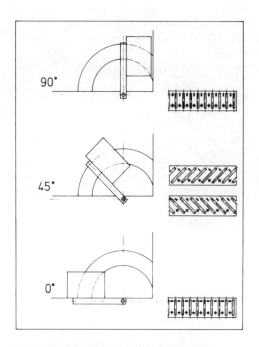

Bild 5.26:
Verstellmöglichkeiten der Schweißeinheit, um Kreuzkontakte zu schweißen

Bild 5.27:
Nach dem CH-Verfahren geschweißte Kontaktträgerbänder

gleichen Anlage – Bild 5.25 – mit entsprechenden Anpassungen für Stromzuführung, Bandvorschub usw. geschweißt.

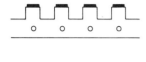

Bild 5.28:
Auf der Stirnseite des Kontaktträgers
aufgeschweißte Kontakte

5.4.3 Kontakt-Buckelschweißverfahren für Aufschweißkontakte CA-Verfahren

Im Gegensatz zu den anderen drei Kontaktschweißverfahren, mit welchen die Kontakte auf den entsprechenden Kontaktschweißmaschinen von Profildrähten hergestellt werden, wird der Aufschweißkontakt beim CA-Verfahren – Bild 5.29 – als loses vorfabriziertes Einzelteil aufgeschweißt.

Aufschweißkontakte, meistens in runder Form, werden aus Kontaktbändern ausgestanzt. Gleichzeitig werden eine oder mehrere Warzen angeprägt, um ein optimales Verschweißen mit dem Kontaktträgerband zu erreichen. Die Aufschweißkontakte sind in den meisten Fällen aus Bimetall; die obere Schicht ist ein Edelmetall oder eine entsprechende Edelmetall-Legierung, der untere Teil, die dem Kontaktträger zugewandte Seite, ist aus einem gut schweißbaren Werkstoff. Die Werkstoffpaarungen sind gleich wie beim CH-Verfahren. Eine gewisse Parallelität ist vorhanden.

Bimetall-Aufschweißkontakte sind relativ teuer, da ihre Herstellung des Abfalls wegen aufwendig ist. Kann aus schalttechnischen Gründen auf einen runden Kontakt verzichtet werden, so ist das im Abschnitt 5.4.2 beschriebene CH-Verfahren aus Kostengründen vorzuziehen.

Nebst dem klassischen Aufschweißkontakt, der aus einem Metallband hergestellt wird, gibt es noch weitere Arten, die aus metallurgischen Gründen aus gesinterten und gepreßten Metallstäben hergestellt werden, z.B. Wolfram- und Silber-Graphit-Kontakte. Auch diese Kontakte werden nach dem CA-Verfahren aufgeschweißt, jedoch ohne Schweißwarzen.

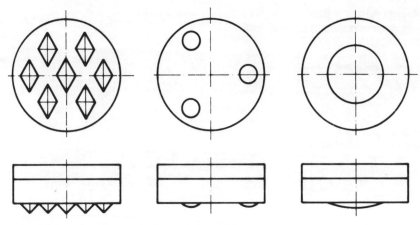

Bild 5.29: Beispiele von Aufschweißkontakten

5.4.3.1 Aufschweißen der Aufschweißkontakte

Damit das Aufschweißen der Aufschweißkontakte rationell durchgeführt werden kann, werden sie, wie in Bild 5.30 zu erkennen, über ein Sortier- und Zuführgerät automatisch sortiert und lagerichtig mit der dem Kontaktträgerband zugewandten Schweißwarze der Schweißstelle zugeführt. Der Kontakt wird von der Zentriervorrichtung im Zuführsystem zentriert und so lange gehalten, bis die bewegliche Elektrode diese Aufgabe übernimmt. Der Schweißvorgang ist gleich wie im Abschnitt 4.2.1 beschrieben.

Nach diesem Verfahren werden üblicherweise Kontakte mit 3 bis 8 mm Durchmesser aufgeschweißt, nur in wenigen Ausnahmen werden diese Größen über- bzw. unterschritten. Mögliche Taktfrequenzen entsprechender Anlagen sind stark abhängig von der Fördermenge der Sortier- und Zuführgeräte, diese wiederum von der Profilform und der Gleichmäßigkeit der Aufschweißkontakte. Mit einem einzelnen Zuführgerät können zwischen 30 und 130 Kontakte je Minute angenommen werden; bei Anlagen mit zwei Zuführgeräten verdoppelt sich etwa die Förderleistung und somit die Taktfrequenz der Anlage.

5.4.3.2 Kontaktschweißmaschine mit automatischer Zuführung der Aufschweißkontakte

Eine Kontaktschweißanlage mit automatischer Zuführung der Kontakte ist in Bild 5.30 ersichtlich. Das vorgeschnittene Kontaktträgerband läuft von vorn nach hinten durch und wird während des Schweißvorgangs genau zentriert. Auf

Bild 5.30: Kontaktschweißmaschine mit automatischer Zuführung der Aufschweißkontakte, ausgerüstet zum Schweißen von Umschaltkontakten

dieser Anlage werden Umschaltkontakte aufgeschweißt. Dabei muß je ein Kontakt auf der oberen und unteren Bandseite, auf einer Mittelachse, aufgebracht werden. Beide Kontakte werden gleichzeitig zugeführt und koaxial geschweißt. Vom links angebrachten Sortier- und Fördergerät werden die Aufschweißkontakte mit den Schweißwarzen nach unten gerichtet über eine schwingende Führungsschiene auf die obere Bandseite der Zentrierstelle zugeführt; vom rechts montierten Fördergerät werden die Aufschweißkontakte mit den Schweißwarzen nach oben gerichtet unter dem Band der Zentrierstelle zugeführt. Beide Kontakte werden dann zentriert und geschweißt.

5.4.4 Kontakt-Rollnahtschweißverfahren CN-Verfahren

Bei den bisher beschriebenen drei Kontaktschweißverfahren wurden immer einzelne Kontakte an einer zum voraus bestimmten Stelle aufgeschweißt. Bei CN-Kontakt-Rollnahtschweißverfahren wird, Bild 5.32, eine kontinuierliche Kontaktbahn aufgeschweißt. Das CN-Verfahren dient der Herstellung von Halbzeugen.

Analog den Walzplattierverfahren werden beim Rollnahtschweißverfahren Kontaktwerkstoffe als Rund- oder Profildraht in Walzrichtung endlos auf Kontaktträgerbänder beliebiger Härte aufgeschweißt. Diese Verbindungstechnik erschließt außerordentlich vielseitige Möglichkeiten in Werkstoffauswahl, Abmessung und Form der Profile bei gleichzeitig preisgünstiger Herstellung und sparsa-

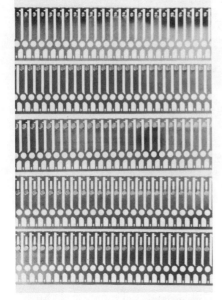

Bild 5.31:
Nach dem CA-Verfahren geschweißte Kontaktträgerbänder

mem Einsatz von Edelmetall für die Herstellung von Auflage- und Einlageplattierungen — Bild 5.33 — auch Bimetallbänder genannt[13].

5.4.4.1 Aufschweißen des Kontaktprofilbandes

Das Aufschweißen des Kontaktwerkstoffs auf das Kontaktträgerband erfolgt mittels Stromimpulsen, die über die Elektrodenrollen fließen. Jeder Stromimpuls ergibt einen Schweißpunkt. Um ein ganzflächiges Verschweißen der Kontaktflächen zu erreichen, müssen sich die linsenförmigen Schweißpunkte überlappen. Die Arbeits- bzw. Durchlaufgeschwindigkeit der Kontakt-Rollnahtschweißmaschine ist von der zeitlichen Aufeinanderfolge der Schweißimpulse abhängig und liegt bei einer normalen Netzfrequenz von 50 Hz zwischen 0,5 und 4,5 m/min, je nach Schweißaufgabe.

Die Kontaktprofile und Kontaktträgerbänder werden in den Endabmessungen miteinander verschweißt. Nur bei einigen Beispielen sind zusätzliche Walzvor-

Bild 5.32:
Schematische Darstellung des Kontakt-Rollnahtschweißverfahrens
CN-Verfahren
Auf- und Einlageplattierung

Bild 5.33: Schematische Darstellung von Bimetall-Profilbändern
  A) Auflageplattierung (Toplay-Band)
  B) Einlageplattierung (Inlaid-Band)
  C) Profilband für einbahnige Umschaltkontakte
  D) Profilband für zweibahnige Umschaltkontakte

gänge erforderlich. Nach dem Kontakt-Rollnahtschweißen können Kontaktprofile mit 0,6 bis 8 mm Breite und 0,06 bis 3 mm Dicke geschweißt werden.

Da die Erwärmung des Trägerwerkstoffes beim Schweißvorgang nur im Bereich der Schweißzone erfolgt, behält er seine mechanischen Kennwerte. Die Materialstruktur bleibt nahezu erhalten. Das CN-Kontaktschweißverfahren ist daher auch für das Aufschweißen von Kontaktbahnen auf federharte Werkstoffe besonders geeignet.

5.4.4.2 Untersuchung der Schweißzone

Bild 5.34 zeigt einen Makroschliff eines aufgeschweißten Flachkontaktbandes aus einer Silber-Nickel-Legierung 90/10, 1,2 x 3 mm, auf ein Kontaktträgerband einer Kupfer-Zinn-Legierung, 0,8 x 25 mm. Das Kontaktprofil ist auf seiner ganzen Breite mit der Oberfläche des Bandes verbunden.

Bild 5.34:
Makroschliff durch
eine CN-Schweißung
V 20fach

5.4.4.3 Kontakt-Rollnahtschweißmaschine

Bild 5.35 zeigt eine Kontakt-Rollnahtschweißmaschine mit Banddurchlaufrichtung von rechts nach links. Der Kontaktträgerwerkstoff wird von der auf der Einlaufseite der Maschine stehenden Bandhaspel abgezogen, der Kontaktwerkstoff von einer auf der Maschine montierten Drahthaspel. Eine genaue Drahtprofilführung vor den Nahtschweißrollen positioniert in einem relativ engen Toleranzbereich den Kontaktdraht in einem einstellbaren Abstand zur Kontaktträgerbandkante.

Bild 5.35: Kontakt-Rollnahtschweißanlage mit Ab- und Aufrollhaspeln. Schweißeinheit in der Mitte der Maschine mit Fräs- (rechts) und Profiliereinheit (links).

Die Vorschubeinheit zieht beide Bänder durch die Elektrodenrollen. Die auf die Elektrodenrollen wirkende Elektrodenkraft verschweißt während des Stromflusses die Bänder. Die Vorschubeinheit übernimmt als Walzwerk auch die Profilierung des aufgeschweißten Kontaktprofils. Das nun hergestellte Kontakt-Bimetallband wird auf die ausgangs der Anlage stehende, motorisch angetriebene Aufwickelhaspel aufgewickelt. Der geschilderte Funktionsablauf entspricht der Herstellung einer Auflageplattierung.

Ähnlich ist der Ablauf für eine Einlageplattierung. Vor dem Einschweißen des Kontaktprofilbandes muß in das Kontaktträgerband zuerst eine der Kontaktbreite entsprechende Nut eingefräst werden. Um einen getrennten Arbeitsgang zu vermeiden, erfolgt dies mit der in Bild 5.35 rechts sichtbaren Fräseinheit, die in den Arbeitsablauf einbezogen wird. Die Frässpäne werden über eine Absaugvorrichtung entfernt. Rationell können auch die einbahnigen Umschaltkontakte — Bild 5.33 C — auf der Kontakt-Rollnahtschweißmaschine hergestellt werden, indem gleichzeitig auf beiden Seiten des Kontaktträgerbandes je ein Kontaktprofilband aufgeschweißt wird. Genaue Drahtzuführungen unmittelbar vor den Schweißrollen gewähren die Einhaltung der Mittigkeit der übereinanderliegenden Kontaktbahnen.

Für Kontaktträger mit zweibahnigen Einfach- oder Umschaltkontakten — Bild 5.33 D — wird für jede Kontaktbahn eine Schweißeinheit notwendig. Für zweibahnige Kontaktträgerbänder ist eine Zwillingsanlage — Bild 5.36 — mit verstellbarer Einstellung des Abstandes der sich gegenüber angeordneten Schweißeinheiten erforderlich.

5.4.4.4 Anwendung rollnahtgeschweißter Bänder

Rollnahtgeschweißte Kontaktbänder haben längsseitig eine oder zwei, in speziellen Fällen auch mehrere Kontaktbahnen. Sie sind Halbfabrikate. In einem weiteren getrennten Arbeitsgang werden Kontaktträger gestanzt. Um diese Kontaktbänder wirtschaftlich anwenden zu können, muß die Konstruktion des Kontaktträgers so ausgelegt sein, daß möglichst wenig Band mit Kontaktwerkstoff ungenützt bleibt (Bild 5.37).

Bild 5.36:
Kontakt-Rollnahtschweißanlage
in Zwillingsformation

5.5 Widerstandslöten

Als weitere Information über das Herstellen von Kontakten sei kurz das Widerstandslöten erläutert. Im Gegensatz zur Widerstandsschweißtechnik wird für das Widerstandslöten ein Zusatzwerkstoff verwendet, um die Verbindung zwischen

Kontakt und Kontaktträger herzustellen. In den meisten Fällen werden niederschmelzende Hartlote auf Silberbasis verwendet, um eine gefügeschonende Lötung zu erzielen, die ausreichende mechanische Festigkeit und elektrische Leitfähigkeit aufweist[14]. Durch die Möglichkeit, die Wärmeentwicklung auf die Lötstelle kurzzeitig zu begrenzen, wird eine vollständige Erweichung des Kontaktträgers vermieden.

Bild 5.37:
Anwendungsbeispiele für Bimetallbänder

Das für die Lötverbindung notwendige Lot kann als Lotpaste zugeführt oder direkt auf dem Kontakt aufplattiert werden. Für die rationelle Fertigung wird lotplattierter Kontaktwerkstoff verwendet, entweder als endloser Profildraht, um nach dem CH- oder CN-Verfahren oder als Lötkontaktscheibe, um nach dem CA-Verfahren aufgelötet zu werden.

5.6 Gütesicherung beim Kontaktschweißen

Das Widerstandsschweißen von Kontakten nimmt an Bedeutung ständig zu, weil eine gute Qualität der Fügestelle bei hoher Ausbringung auf entsprechenden Kontaktschweißmaschinen erreicht wird. Da die Kontakte und somit auch die Schweißverbindungen hohen mechanischen und thermischen Ansprüchen unterworfen sind, werden gute und gleichmäßige Schweißverbindungen gefordert. Für die Fertigungs- und Zuverlässigkeitsanforderungen ist eine Gütebestimmung der Schweißverbindung erforderlich. Bei der Festlegung der Gütebestimmung ist zu berücksichtigen, daß etwa 50 Parameter die Güte einer Schweißverbindung beeinflußen[15]. Mit Güteschwankungen muß gerechnet werden; dementsprechend soll die Toleranzbreite festgelegt werden.

Die Definition einer Schweißverbindung ist im allgemeinen durch die Gesamtheit der Merkmalswerte gekennzeichnet. Ein Merkmal ist eine meß- oder zählbare, physikalische Größe der Schweißverbindung[2], die sich zudem statistisch erfassen läßt.

5.6.1 Einflußgrößen

Die Güte der Kontaktschweißverbindung wird von zwei Haupteinflußgrößen bestimmt.

5.6.1.1 Maschinenabhängig

Maschinenseitig lassen sich die Einflußgrößen wiederum in zwei Klassen einteilen:

— Elektrisch: Schweißstrom, Schweißzeit, Stromform
— mechanisch: Elektrodenkraft, Nachsetzverhalten, Elektroden

Von der Elektrode geht die größte Beeeinflussung des Wärmehaushaltes der Schweißverbindung aus. Mit zunehmender Anzahl Schweißungen verändert sich der Oberflächenzustand der Elektroden und nimmt Einfluß auf die Güte der Schweißverbindung. Je reiner die zu schweißenden Werkstücke sind, desto weniger Fremdteile können auf den Elektroden ablagern, umsomehr Kontakte können damit geschweißt werden. Die Elektrodenkühlung muß der thermischen Belastung der Elektroden angepaßt sein. Je nach Werkstoffpaarung und Größenverhältnissen variieren die Standzeiten der Elektroden. Moderne Kontakschweißmaschinen sind mit Impuls-Vorwahlzähler versehen, an denen die ermittelte zulässige Anzahl Kontaktschweißungen eingestellt werden.

5.6.1.2 Werkstückabhängig

Die werkstoffabhängige Beeinflussung der Schweißverbindung hat einen höheren Stellenwert als allgemein angenommen wird. Gleichmäßige Werkstoffzusammensetzungen, Korngröße und Verteilung sind einzuhalten. Die größte Beeinflussung geht von der Kontaktträgerband-Oberflächenseite aus. Um regelmäßige

Schweißungen zu erreichen, soll das Band staub-, fett- und oxidfrei sein. Die zu schweißenden Werkstücke müssen immer plan auf den Elektroden aufliegen.

5.6.2 Prüfen von Kontaktschweißungen

Es wird zwischen zerstörender und zerstörungsfreier Prüfung unterschieden.

5.6.2.1 Zerstörungsfreie Prüfung

Mit der zerstörungsfreien Kontaktprüfung wird die laufende Fertigung überwacht. Beim Kontaktschweißen sind folgende Prüfungen üblich.

5.6.2.1.1 Visuelle Kontrolle

Stichproben werden über Kontakthöhe, Position, Oberflächengüte evtl. Ausperlungen oder Spritzer gemacht.

5.6.2.1.2 Prozeßkontrolle beim Schweißvorgang

Eine Prozesskontrolleinrichtung, die die angestrebte Güte der Schweißverbindung garantiert, gibt es noch nicht[2]. Es werden noch keine Korrelationswerte zwischen Information des Prozeßkontrollgerätes und der Scherfestigkeit eines geschweißten Kontaktes erreicht. Dennoch werden in der Fertigung teilweise Kontrollgeräte für Schweißstrom, Schweißspannung oder Schweißleistung verwendet. Diese Geräte überwachen die eingegebenen Werte innerhalb eines Toleranzbereichs.

In der Literatur und an Fachvorträgen wird empfohlen, für Schweißverbindungen mit engen Toleranzbreiten, wie dies beim Kontaktschweißen gefordert wird, zwei oder mehr Kontrollgeräte einzusetzen, um eine nahezu 100%ige Sicherheit zu erreichen. Da noch keine eindeutig zerstörungsfreien Messungen bekannt sind, werden in der laufenden Fertigung vor allem zwei Methoden angewandt. Einerseits mißt man den Schweißstrom und vergleicht ihn mit einem vorgegebenen Sollwert und andererseits wird der aufgeschweißte Kontakt seitlich mit einer Grundlast beaufschlagt[16].

5.6.2.1.3 Mechanische Prüfung

Die mechanische, zerstörungsfreie Prüfung erfolgt auf der Kontaktschweißmaschine selbst. Die Prüfeinheit arbeitet im Gleichtakt mit der Schweiß- und Prägeeinheit — Bild 5.25—. Jeder Kontakt wird einer mechanischen Prüfung unterworfen; die Prüflast darf keine, oder wenn zulässig, nur eine geringe Deformation an der Prüfstelle des Kontaktes bewirken. Die Prüflast wird deshalb an der Kontaktbasis aufgesetzt. Die Größe der Prüflast ist von der Kontaktwerkstoffhärte abhängig. Diese mechanische Prüfung wurde bereits im Abschnitt 6.2.1.2 erwähnt.

5.6.2.1.4 Schweißstrom- und Elektrodenkraftmessung

Die maschinenabhängigen mechanischen und elektrischen Einflußgrößen, die im Abschnitt 6.1.1 erwähnt sind, lassen sich mittels einer Schweißstrom- und Elektrodenkraftmeßeinrichtung registrieren. Der zeitliche Verlauf der Momentanwerte des Schweißstromes und der Elektrodenkraft werden als analoge Signale registriert. Die Einstellung und Überwachung des Programmablaufs ist bei den sehr kurzen Taktzeiten wichtig.

5.6.2.2 Zerstörende Prüfung

5.6.2.2.1 Scherzugprüfung

Mit der Scherzugprüfung wird die Scherzugkraft der Kontaktschweißverbindung ermittelt. Der Kontaktträger wird in eine Scherzugprüfeinrichtung eingespannt, die Scherlast wird auf den Kontakt angesetzt bis der Kontakt abschert oder der Kontaktträger reißt. Diese Scherzugswerte werden statistisch erfaßt. Bei abgescherten Kontakten kann auf dem Kontaktträger die Schweißflächengröße durch Ausmessen ermittelt werden.

Welche Scherzugkraft kann als ausreichend gelten? Eine Vereinheitlichung ist nicht möglich, da je nach Kontaktschweißverfahren die Größen der verschweißten Flächen und die Werkstoffpaarungen unterschiedlich sind. Nur bei CV-Verfahren kann eine Richtlinie bestimmt werden. Die Scherzugkraft des geschweißten und geprägten Kontakts soll der Scherkraft des Kontaktdrahtes, mit dem der Kontakt geschweißt worden ist, entsprechen (bei Silber ca. 150 N/mm^2).

Bild 5.38: Kontaktträger-Fertigungsanlage.
Von links nach rechts: Vorschneidpresse, Kontaktschweißmaschine und Fertigungsschneidpresse

5.6.2.2.2 Metallographische Untersuchung

Die metallographische Untersuchung erfolgt in der Regel bei der Einführung eines neuen Produkts. Sie gibt Informationen über die Schweißzone z.B. bei Übererwärmung evtl. Rißbildung, ungenügende Verschweißung — Bild 5.21 —, die Kontaktprofilform und bei Mehrschichtprofilen über die Schichtdicken.

5.6.2.2.3 Elektrische Prüfung

Elektrische Schaltgeräte werden für Stichproben elektrisch und mechanisch in Dauerschaltversuchen getestet. Bei diesen Versuchen werden die Kontakte und somit auch die Schweißverbindung einer thermischen und mechanischen Prüfung unterworfen.

5.7 Kontaktschweißanlagen

Kontaktträger werden mehrheitlich aus Band- und aus Stangenmaterial als Automatenteil hergestellt. Zwei Fertigungsarten werden eingesetzt.

— *Bandfertigung*
Bei der Bandfertigung erfolgt das Aufschweißen des Kontaktes vor dem Freischneiden des Kontaktträgers aus dem Band.

— *Einzelteilfertigung*
Bei der Einzelteilfertigung erfolgt das Aufschweißen der Kontakte nach dem Freischneiden des Kontaktträgers aus dem Band oder nach der Bearbeitung auf dem Automaten.

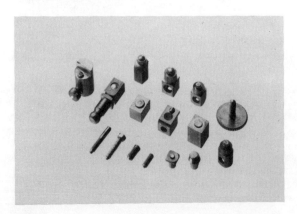

Bild 5.39:
Kontaktklemmen und -schrauben

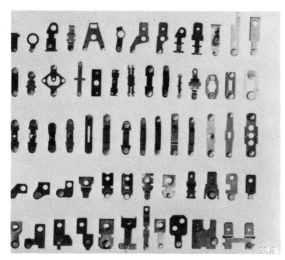

Bild 5.40:
Kontaktträger für
Energietechnikbereich

5.7.1 Anlagen für Bandfertigung

Anlagen für die vollautomatische Fertigung von Kontaktträgern werden mit selbsttätigen, handelsüblichen Maschinen zu Fertigungsstraßen zusammengestellt. Dieses Baukastensystem ermöglicht einen flexiblen Aufbau solcher Anlagen, um Änderungen in der Fertigungstechnologie, z.b. Kunststoff-Spritztechnik im Durchlaufverfahren oder automatische Montage der Kontaktträger ab Bandrolle, vornehmen zu können.

Ein weiterer Vorteil dieser Anlagenkonzeption ist die gute Zugänglichkeit zu den einzelnen Arbeitsstellen, die für die Produktion und Wartungsarbeiten notwendig ist.

Die verkettete Anlage — Bild 5.38 — ermöglicht die automatische Herstellung der Kontaktträger. Von der Abwickelhaspel wird das Kontaktträgerband durch die Vorschneidpresse zum Schneiden der für die weiteren Bearbeitungsvorgänge erforderlichen Zentrierungen und Aussparungen geführt. Auf der Kontaktschweißmaschine wird der Kontakt an der erforderlichen Lage aufgeschweißt. Anschließend werden die mit aufgeschweißten Kontakten versehenen Kontaktträger aus dem Band ausgeschnitten bzw. gestanzt. Die unterschiedlichen Taktfrequenzen von Kontaktschweißmaschinen und Pressen werden durch die Schleifen des Kontaktträgerbandes zwischen den einzelnen Maschinen ausgeglichen. Der flexible Aufbau der Anlagen ermöglicht den Einsatz von Pressen unterschiedlicher Nennkraft und Herkunft, auf welchen auch Kontaktträgerbänder bis 150 mm Breite bearbeitet werden können. Für kleine Losgrößen von 50 000 bis

100000 Kontaktträger pro Woche besteht die Möglichkeit, die Pressen getrennt aufzustellen[17].

Bild 5.41:
Kontaktschweißanlage mit Rundschaltteller mit automatischer Zuführung der Kontaktträger von einem Fördergerät

5.7.2 Anlagen für Einzelteilfertigung

Die Einzelteilfertigung ist eine Alternative zur Bandfertigung. Die Anwendung erfolgt aus technischen und wirtschaftlichen Gründen. Kontaktträger aus Stangenmaterial — Bild 5.39 — oder Kontaktträger aus Band mit metallischen Überzügen — Bild 5.40 — werden auf Kontaktschweißmaschinen mit Rundschalttisch kontaktiert — Bild 5.41 —. Die Kontaktträger können automatisch oder durch eine Bedienungsperson zugeführt werden. Der weitere Ablauf ist automatisch.

Prof. Dr. rer. nat. Dieter Stöckel

6 Eignung unterschiedlicher Verfahren zum Aufschweißen von Kontakten

6.1 Einleitung

Elektrische Kontakte haben die Aufgabe, Stromkreise zu schließen, vorübergehend oder für längere Zeit die Stromleitung zu übernehmen, geschlossene Stromkreise wieder zu öffnen und damit den Strom zu unterbrechen. Nach einer größeren Zahl von Schaltzyklen, nach längerer Schaltpause oder noch längerer Stromführung darf dabei der Kontaktwerkstoff seine Wirkungsweise nicht verändern. Die Kontakte sollen außerdem eine möglichst große Lebensdauer haben, d.h. der Materialverlust soll möglichst klein sein.

Nach der konstruktiven Ausführung der in elektrischen Geräten und Anlagen verwendeten Kontaktstellen unterscheidet man

○ ruhende Kontakte
○ Gleit- oder Schleifkontakte
○ Steckverbinder
○ Unterbrecherkontakte

Bei den ruhenden Kontakten erfolgt im Betrieb keine Trennung der sich berührenden Kontaktflächen. Sie werden als unlösbare Verbindungen wie Löt- und Schweißverbindungen oder als lösbare mechanische Verbindungen wie Schraub- und Klemmverbindungen ausgeführt. Bei Gleit- oder Schleifkontakten wandert die Berührungsfläche während des Stromflusses auf mindestens einer der beiden Kontaktflächen. Steckverbinder sollen zwar Ströme übertragen, sind aber im Augenblick der Betätigung meistens stromlos. Dagegen werden von Unterbrecherkontakten Stromkreise geschlossen und wieder geöffnet[1].

Während sich bei den ruhenden Kontakten und den Steckverbindern die Problematik der elektrischen Kontakte auf den Übergangswiderstand und die Erwärmung der Kontaktstelle bei Stromfluß konzentriert, ergeben sich bei den schaltenden Kontakten mit dem Schließen und dem Öffnen von Stromkreisen zwei weitere komplexe Problemgruppen[2]. Damit kann der gesamte Schaltvorgang in drei Teilbereiche mit jeweils charakteristischen Kontaktphänomenen unterteilt werden, die in Tabelle 6.1 für Kontakte der Nachrichten- und der Energietechnik zusammengefaßt sind.

	Einschalten	Stromführung	Ausschalten
Nachrichtentechnik	Informationsfehler durch Prellimpulse, mechanischer Abrieb, Einschaltabbrand	Kontaktwiderstand, Kleben, Verschweißen	Feinwanderung, Grobwanderung, Abbrand
Energietechnik	Verschweißen, Einschaltabbrand, mechanischer Abrieb	Kontaktwiderstand, Erwärmung, Verschweißen	Abbrand

Tabelle 6.1: Problemkreise beim Schalten elektrischer Kontakte

Alle Anforderungen an Werkstoffe für elektrische Kontakte lassen sich nicht gleichzeitig erfüllen, da sie sich oft logisch ausschließen und aus physikalischen Gründen nicht gleichzeitig erfüllbar sind. Je nach Anwendung, d.h. je nach Aufgabe des Schaltgerätes, stehen jedoch immer bestimmte Eigenschaften im Vordergrund, nach denen die Auswahl des Kontaktwerkstoffes primär erfolgen muß. So wird z.B. von Schaltern der Nachrichtentechnik in erster Linie niedriger und über längere Zeit konstanter Kontaktwiderstand verlangt, von Schützen eine möglichst hohe Lebensdauer und von Schutzschaltern hohe Sicherheit gegen Verschweißen.

trocken schaltend $U < 80$ mV $I < 10$ mA	geringe Belastung < 400 mV < 10 mA	mittlere Belastung < 12 V < 400 mA	hohe Belastung > 12 V > 400 mA	höchste Belastung kV kA
Au AuPt 10 AuAg 25 Pt 6 AuAg 10	AuAg 20-30 AuAg 25 Pt 6 AuNi 5 Pd	AuNi 5 AuCo 5 AuAg 26 Ni 3 AuAg 25 Cu 5 AgPd 30-50 Ag	Pd PdCu 15 PdCu 40 PtIr 10-20 PtW 5, PtNi 8 W Ag AgNi 0,15 AgCu 3-28 Ag/Ni 10-40 Ag/CdO 10-15 Ag/SnO$_2$ 8-15	Ag/CdO AgSnO$_2$ Ag/ZnO W/Ag WC/Ag W/Cu Cu

Tabelle 6.2: Kontaktwerkstoffe für verschiedene Belastungsbereiche

Werkstoff	Dichte g/cm³	Schmelz- temperatur °C	elektrische Leitfähig- keit m/Ω mm²	elektrischer Widerstand μm Ωm	Temp.koeff. des elektr. Widerstandes $K^{-1} \times 10^{-4}$	Wärme- leitfähig- keit W/mK	Elastizitäts- modul- kN/mm²	Härte HV weich	Härte HV 30"- kaltverf.
Au	19,3	1063	43	0,023	40	312	78	20	60
AuAg10	18,1	1058	15,9	0,063	12,5	147	80	40	85
AuNi5	18,2	995–1018	7,4	0,136	0,71	52	82	115	160
AuCo 5	18,2	1010–1015	1,8–16¹	0,062¹ 0,555	6,8		88	95	120
AuAg 26 Ni 3	15,4	990–1020	9,1	0,11	8,8	59	114	90	140
AuAg 20 Cu 10	15,1	865–895	7,5	0,137	5,2	66	87	120	200
AuAg 25 Pt 6	16,0	1050–1100	6,2	0,163	5,4	46	93	60	110
Pt	21,5	1773	9,4	0,116	39	74	170	40	85
Ptr 10	21,6	1780–1785	4,5	0,222	13	29	220	105	170
PtW 5	21,4	1830–1850	2,3	0,434	7,0		181	170	240
PtNi 8	19,2	1670–1710	3,3	0,303	15		180	200	260
Pd	12,0	1552	9,3	0,107	38	75	121	40	90
PdCu 15	11,3	1370–1400	2,6	0,384	4,9	17	172	100	180
PdCu 40	10,5	1200–1230	3,0	0,333	2,8	38	149	120	220
Ag	10,5	961	60	0,0167	41	419	80	30	70
AgNi 0,15	10,5	960,5	56–60	0,0167–0,0179	35	414	85	45	90
AgCu 2 Ni	10,4	940	52	0,0192	35	385	85	55	100
AgCu 3	10,4	900–934	52	0,0192	32	380	85	45	95
AgCu 10	10,3	779–875	48	0,0208	28	335	85	65	120
AgPd 30	10,9	1150–1220	6,7	0,150	4,0	60	116	65	125
AgPd 50	11,2	1290–1340	3	0,333	2,3	33,5	137	70	160
AgPd 30 Cu 5	10,8	1120–1165	6,4	0,154	3,7		104	90	160
AgNi 10 S	10,2	961	54	0,0180	35	310	84	50	100
AgNi 20 S	9,9	961	47	0,0210	35	310	98	60	110
AgNi 30 S	9,7	961	42	0,0240	34	310	115	65	115
AgNi 40 FVW	9,6	961	37	0,0270	29	310	129	70	115
AgNi 60 FVW	9,3	961	27	0,0370		310	160	80	160
AgCdO 10	10,2	961	45	0,0220	36			60	100
AgCdO 15	10,1	961	40	0,0250	35			80	120
AgC 3	8,9	961	47	0,021	35			40	
AgW 30	11,9	961	43	0,023	19	326		110	
AgW 80	16,0	961	22	0,046		239		180	
AgMo 50	10,2	961	31	0,032	39	234		100	
AgWC 40	11,2	961	24–30	0,0417 0,333				130–160	
AgWC 80	13,3	961						400	
AgMgONi	10,5	961	43²	0,0230	23	293	79	50	85/120²
W	19,1	3410	18	0,056	41	167	410	250	
WCu 30	13,9–14,3³	1083	18–22	0,056–0,045				160	190
WCu 50	11,8–12,2³	1083	22–26	0,045 0,039				120	140
Mo	10,2	2610	19	0,053	47	142	347	150	260

1 ausgehärtet
2 dispersionsgehärtet
3 Dichte abhängig vom Herstellverfahren

Tabelle 6.3: Eigenschaften gebräuchlicher Werkstoffe für elektrische Kontakte

Für alle elektrischen Belastungsbereiche stehen heute Kontaktwerkstoffe mit optimierten Eigenschaften zur Verfügung (Tabelle 6.2 und 6.3) Es handelt sich im wesentlichen um Werkstoffe auf Edelmetallbasis. Dabei ist zu bemerken, daß die hohe Sicherheit verschiedener Kontaktwerkstoffe (z.B. AgCdO, AgSnO$_2$, AgC) gegenüber Verschweißungen beim Einschalten und im geschlossenen Zustand der Kontaktstücke sich beim Verbinden des Kontaktwerkstoffes mit dem Trägerwerkstoff nachteilig auswirkt. Nach den herkömmlichen Schweiß- oder Lötverfahren läßt sich z.B. AgCdO nicht mit Kontaktträgern verbinden. Im allgemeinen müssen die Kontaktstücke daher aus zwei Schichten aufgebaut sein, der eigentlichen Kontaktschicht — AgCdO — und einer löt- bzw. schweißbaren Unterschicht, die je nach Herstellungsverfahren aus Feinsilber oder der Legierung AgCd bestehen kann.

Werkstoff	Dichte g/cm³	Schmelztemperatur °C	elektrische Leitfähigkeit m/Ω mm²	elektrischer Widerstand μm Ω m	Temp.koeff. des elektr. Widerstandes $K^{-1} \times 10^{-4}$	Wärmeleitfähigkeit W/mK	Elastizitätsmodul kN/mm²	Härte HV weich	Härte HV 30% kaltverf.
Cu	8,9	1083	57	0,0175	37	385	130	60	110
CuCd	8,94	1040–1080	45	0,022	37	320	124	80	110
CuAg	8,89	1075–1082	56	0,018	39	385	124	55	108
CuCrZr	8,9	1073–1080	26	0,0385	14	109	140	60	110
			48*	0,0208	31	330		100	150
CuFe 2	8,8	1084–1089	23	0,0435		150	125	80	135
			35*	0,0286		260			
CuBe 2	8,3	870–980	5	0,20	10	84	130	100	220
			10*	0,10		105		350	400
CuCoBe	8,8	1030–1070	12	0,083			132	70	160
			28*	0,036				200	240
CuAg 2	9,0	1050–1075	49	0,02	30	330	123	60	130
CuAg 2 Cd	9,0	970–1055	43	0,0233	24	260	121	70	140
CuAg 5	9,2	995–1060	41	0,0244	27	284	120	80	160
CuZn 15	8,73	1005–10025	21,1	0,047	16	159	122	60	145
CuZn 37	8,44	900–920	15,5	0,065	14	121	110	70	155
CuZn 23 Al3,5 Co	8,23	950–980	10	0,10	12	78	116	150	210
CuSn 6	8,93	910–1040	9,5	0,1053	7	75	118	100	190
CuSn 8	8,93	8,75–1025	7,5	0,133	7	67	115	105	210
CuNi 18 Zn 20	8,7	1025–1100	3,3	0,303	3	33,5	127	90	170
CuNi 12 Zn 24	8,67	990–1020	4,4	0,23	3	34	128	80	165
CuNi 44	8,9	1250–1300	2,0	0,49	0,4	23	165	105	195
CuNi 9 Sn 2	8,93	1060–1120	6,5	0,1538	5	48	132	80	150
CuSn 4 Zn 4	8,88	950–1040	11,2	0,089	9	88	122	75	165
Ni	8,9	1453	14,6	0,0685	68	92	216	90	180
NiCu 30 Fe	8,87	1300–1350	2,3	0,4348	11	25,9	180	110	230
NiBe	8,4	1160–1300	4	0,25	43	32	203	120	390
			5*	0,20		51		480	540
Fe	7,86	1536	10	0,10	65,7	75	215	100	190
FeNi 36	8,2	1425	1,32	0,76	12	12,6	140	135	200
FeNi 42	8,2	1430	1,51	0,66		15	145	130	205
X5 CrNi 1810	7,9	1410	1,37	0,7299	4,6	14,7	203	200	350
X8 Cr 17	7,7	1480	1,66	0,60		25	220	200	260

* ausgehärtet

Tabelle 6.4: Eigenschaften gebräuchlicher Kontaktträgerwerkstoffe

Die Leistungsfähigkeit und Lebensdauer einer Kontaktanordnung hängt jedoch häufig nicht allein von der Wahl des richtigen Kontaktwerkstoffes ab, sondern auch von der Wahl des geeigneten Kontaktträgerwerkstoffes (Tabelle 6.4). Die Forderungen, die ein Kontaktträgerwerkstoff erfüllen soll, sind gute elektrische und thermische Leitfähigkeit, gute Festigkeitseigenschaften, hohe Erweichungs- und Dauerverwendungstemperatur sowie eine ausreichend gute Korrosionsbeständigkeit. Bei Funktion des Kontaktträgers als Kontaktfeder soll der Werkstoff zusätzlich gute Federeigenschaften aufweisen. Weiterhin sind eine Reihe technologischer Eigenschaften wie gute Warm- und Kaltbildsamkeit, spanabhebende Verarbeitbarkeit, Galvanisierbarkeit sowie vor allem die Löt- bzw. Schweißbarkeit zu nennen[3,4].

Der starke Preisanstieg der Edelmetalle in den letzten Jahren bzw. der unsichere Preis und die knappen Rohstoffreserven zwingen dazu, neben den technischen in verstärktem Maße auch wirtschaftliche Gesichtspunkte bei der Gestaltung von Kontaktstellen zu berücksichtigen. Dabei kommt der Verbindungstechnik und speziell der Schweißtechnik erhebliche Bedeutung zu. Im folgenden werden die heute zur Verfügung stehenden Schweißverfahren im Hinblick auf ihre Eignung für die Herstellung von Kontaktteilen untersucht. Dabei wird zwischen dem Schweißen von Halbzeugen und dem Schweißen von Fertigteilen unterschieden.

6.2 Schweißen von Halbzeugen für elektrische Kontakte

Kontaktbimetalle sind schweißplattierte Halbzeuge, bei denen der Kontaktwerkstoff ganzflächig oder selektiv auf geeignete Trägerwerkstoffe aufgeschweißt ist. Gegebenenfalls werden Zwischenlagen verwendet, die zur Verbesserung der metallischen Verbindung beitragen oder unzulässige Diffusion (z.B. Kupfer in Gold) verhindern. Im Hinblick auf die Anordnung des Kontaktwerkstoffes unterscheidet man die in Bild 6.1 dargestellten Ausführungsformen, deren mögliche Abmessungen und Toleranzen den Tabellen 6.5 bis 6.7 zu entnehmen sind. Die Verarbeitung von Kontaktbimetallen zu Kontaktteilen erfolgt nach konventionellen Verfahren der Stanz- und Biegetechnik, wobei werkstoffspezifische Besonderheiten zu beachten sind (Bilder 6.2 und 6.3).

Die Herstellung geschweißter Kontaktbimetalle kann nach verschiedenen Verfahren erfolgen, die nachstehend kurz erläutert werden[5].

6.2.1 Warmpreßschweißen

Beim Warmpreßschweißen werden die zu verbindenden Komponenten erwärmt und anschließend durch kurzzeitiges Zusammenpressen unter hohem Druck verschweißt (Bild 6.4). Die Temperatur liegt unter dem Schmelzpunkt der zu verbindenden Metalle, d.h. die Verbindung erfolgt im allgemeinen in fester Phase. In

Ausführungsformen	Abmessungen		Toleranzen	
Breite B		max. 130 mm	DIN 1777, 1791	
Dicke D		0,06 ... 4 mm	DIN 1777, 1791	
Auflagedicke s bei Werkstoffen auf Silberbasis		3 ... 60 % von D	s (mm)	Toleranz (mm)
			≧ 0,002	+ 0,002
			≧ 0,005	+ 0,003
Auflagedicke s bei Gold und Goldlegierungen		1 ... 50 % von D	≧ 0,01	+ 0,004
			≧ 0,015	+ 0,005
			≧ 0,02	+ 20 % von s

Tabelle 6.5: Abmessungen und Toleranzen ganzseitig plattierter Kontaktbimetalle

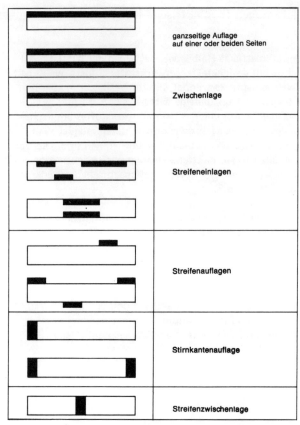

Bild 6.1: Ausführungsformen von Kontaktbimetallen

Ausführungsformen	Abmessungen		Toleranzen	
	Breite B	2 ... 130 mm	DIN 1777, 1791 *	
	Dicke D	0,06 ... 4 mm	DIN 1777, 1791 *	
	Einlagedicke s bei Werkstoffen auf Silberbasis	2,5 ... 50 % von D	s (mm)	Toleranz (mm)
			≥ 0,002	+ 0,002
			≥ 0,005	+ 0,003
	Einlagedicke s bei Gold und Goldlegierungen	0,5 ... 50 % von D jed. min 0,002 mm	≥ 0,01	+ 0,004
			≥ 0,015	+ 0,005
			> 0,02	+ 20 % von s
	Einlagebreite b	1 ... 25 mm	Randplattierung: + 0,5 innenliegende Plattierung**: + 1,0	

* In Sonderfällen kann die halbe DIN-Toleranz eingehalten werden.
** Bei innenliegender Plattierung beträgt der Mindestabstand zur Bandkante 1,0 mm.

Tabelle 6.6: Abmessungen und Toleranzen streifenplattierter Kontakbimetalle

Ausführungsformen	Abmessungen			Toleranzen
	Breite	B	max. 80 mm	DIN 1777, 1791
	Dicke	D	0,1 ... 3 mm	DIN 1777, 1791
	Plattierungsbreite	s	1,0 ... 15 mm	+ 1,0 mm
	Ausführung		Kontaktwerkstoff	Trägerwerkstoff
	geschweißt		Feinsilber Feinkornsilber Hartsilber	Kupfer
	gelötet		lötbare, duktile Kontaktwerkstoffe	lötbare, duktile NE-Metalle

Tabelle 6.7: Abmessungen und Toleranzen stirnkanten- und durchgehend plattierter Kontaktbimetalle

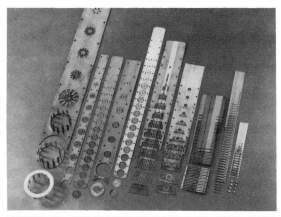

Bild 6.2:
Herstellung von Stanz-Biegeteilen aus plattierten Kontakthalbzeugen

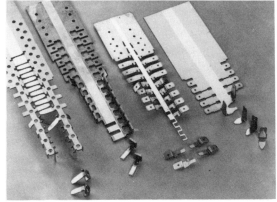

Bild 6.3:
Stanzgittereinteilung mit möglichst geringem edelmetallhaltigem Abfall

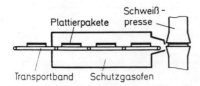

Bild 6.4:
Warmpreßschweißen

einigen Fällen wird auch eine Folie aus einer niedriger schmelzenden Legierung, zum Beispiel ein Hartlot, zwischen die beiden Komponenten als Schweißhilfe eingelegt, so daß sich beim Schweißen eine flüssige Phase bildet. Nach dem Schweißen werden die Blöcke durch Warm- und/oder Kaltwalzen weiterverarbeitet. Nach diesem Verfahren werden Bänder, Streifen und Profile sowohl mit ganzseitiger Edelmetallauflage als auch mit Streifenplattierung oder Stirnkantenplattierung hergestellt.

6.2.2 Diffusionsschweißen

Bei diesem Verfahren wirkt der Schweißdruck auf die zu verbindenden Komponenten im kalten Zustand. Erst dann erfolgt die gemeinsame Erwärmung unter Beibehaltung des Druckes. Dieser Vorgang läuft in der Regel unter Luftabschluß in einer Vakuum- oder Schutzgaskammer ab. Das Diffusionsschweißen erfordert einen höheren apparativen Aufwand und einen höheren Zeitbedarf als das Warmpreßschweißen. Deshalb wird es hauptsächlich dort eingesetzt, wo Werkstoffe sehr unterschiedlicher Schmelztemperaturen miteinander zu verbinden sind.

6.2.3 Warmwalzschweißen

Beim Warmwalzschweißen werden die vorgewärmten Komponenten in einem Walzwerk einer hohen Querschnittsabnahme unterworfen. Die damit verbundene Oberflächenvergrößerung bewirkt ein Aufreißen der Fremdschichten, so daß der Schweißvorgang zwischen metallisch reinen Oberflächen erfolgt. Da die meisten metallischen Werkstoffe bei hoher Temperatur eine gute Duktilität aufweisen, sind hohe Umformgrade möglich. Der eigentliche Schweißvorgang erfolgt bereits beim ersten Walzstich. Im allgemeinen wird jedoch das Material unter Ausnützung der Wärme in mehreren Stichen weiterverformt. Der verhältnismäßig hohe apparative Aufwand und die teilweise umfangreichen Vorarbeiten schränken die Anwendung dieses Verfahrens zur Herstellung von Kontaktbimetallen ein.

6.2.4 Kaltwalzschweißen

Die Verschweißung erfolgt durch hohe Kaltumformung (in der Regel über 50%) der zu verbindenden Metalle in einem Walzwerk. Die hierbei auftretende Oberflächenvergrößerung begünstigt die mechanische und metallische Verbindung der Grenzflächen, die durch anschließende Diffusionsglühung noch verstärkt werden kann. Bei diesem Verfahren kommt der Vorbehandlung der in Bandform zugeführten Plattierungskomponenten große Bedeutung zu. Mechanische und chemische Oberflächenbehandlungen wie z.b. Schleifen, Bürsten, Beizen gelangen zum Einsatz (Bild 6.5). In der Kontakttechnik wird dieses Verfahren vor allem zur

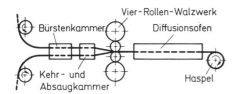

Bild 6.5:
Kaltwalzschweißen

Herstellung dünner Kontaktbimetalle als sogenannte Endlosbänder in ganzseitig- oder streifenplattierter Ausführung eingesetzt. Die häufig verwendeten Auflagewerkstoffe sind Silber-, Gold- und Palladiumlegierungen. Als Unterlagswerkstoffe werden vorzugsweise Kupferlegierungen mit guten Federeigenschaften wie Zinnbronze und Neusilber eingesetzt.

6.2.5 Rollennahtschweißen

Beim Rollennahtschweißen handelt es sich um ein Widerstandsschweißverfahren, bei dem Strom und Kraft von beiden Werkstückseiten durch ein Rollenelektrodenpaar übertragen werden. Der Trägerwerkstoff wie auch die aufzuschweißenden Kontaktwerkstoffe in Form von Drähten, Bändern oder Profilen werden von Haspeln abgewickelt und der Schweißeinrichtung zugeführt. Eine Positioniereinrichtung richtet die Kontaktauflagen so aus, daß der geforderte Abstand von der Bandkante des Trägerwerkstoffes in einem engen Toleranzbereich gehalten werden kann. Je nach maschineller Ausstattung ist es möglich, mehrere Kontaktbahnen gleichzeitig aufzubringen. Eine nachgeschaltete Profiliereinrichtung ermöglicht spezielle Formgebung der aufgeschweißten Kontaktbahnen (Bild 6.6).

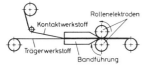

Bild 6.6:
Rollennahtschweißen

Die aufgeschweißten Kontaktbahnen können aus massivem oder edelmetallplattiertem Streifenmaterial bzw. Mikroprofilen oder auch aus massiven oder plattierten Drähten bestehen. Bei entsprechender Anlage des Stanzwerkzeuges (z.B. unter 45° zur Bandrichtung) können auf einfachem Wege Kontaktteile hergestellt werden, die eine gekreuzte Kontaktanordnung ermöglichen und weitgehend unabhängig von der Justierung im Schaltgerät eine hohe Kontaktsicherheit bieten. Kontaktteile aus rollennahtgeschweißten Profilen finden hauptsächlich im Bereich der Schwachstromtechnik sowie im unteren Bereich der Energietechnik Verwendung.

Die wesentlichen Vorteile rollennahtgeschweißter Profile gegenüber herkömmlichen Kontaktbimetallen sind folgende:

+ sparsame Verwendung von Edelmetall durch dünne und genau positionierte Auflagen
+ keine Erweichung des Trägerwerkstoffes, da beim Schweißvorgang nur örtlich eine thermische Belastung auftritt
+ die Verwendung federharter Endlos-Bänder ermöglicht eine rationelle Weiterverarbeitung auf Stanzautomaten
+ vielseitige Gestaltungsmöglichkeiten durch den Einsatz vorgefertigter Halbzeuge (z.B. Mikroprofile, stufengefräste Bänder).

Dagegen müssen folgende Einschränkungen berücksichtigt werden:

— Abmessungen durch Leistungsfähigkeit der Maschinen beschränkt (z.B. max. Breite 8 mm) ·
— für unterschiedliche Streifenquerschnitte sind entsprechende Maschinentypen erforderlich
— keine vollflächige Verschweißung (Schweißpunktüberlappung)
— bei sehr dünnen Auflagen und speziellen Kontaktwerkstoffen Gefahr nachteiliger Gefügebeeinflussung
— Bindefehler schwer nachweisbar
— teilweise ungenügende Randverschweißung bei Einlageplattierungen
— Gefahr der Oberflächenverunreinigung

6.2.6 Sonderverfahren

Außer den beschriebenen Schweißverfahren können zur Halbzeugherstellung noch eine Reihe anderer Technologien wie z.B. Verbundstrangpressen und Explosionsschweißen angewandt werden. Im Bereich der Kontakttechnik haben diese jedoch nur geringe Bedeutung.

6.3 Schweißen von Kontaktteilen

In vielen Fällen hat es sich als vorteilhaft erwiesen, nicht vom edelmetallplattierten Halbzeug auszugehen, sondern die Bestückung mit dem Kontaktwerkstoff erst bei der Herstellung der Teile vorzunehmen. Auf diese Weise kann häufig ein noch sparsamerer Einsatz von Edelmetall erreicht werden. Dies wurde vor allem durch die Weiterentwicklung spezieller Schweißverfahren ermöglicht. Im folgenden werden die heute in der Kontakttechnik üblichen Verfahren behandelt.

6.3.1 Widerstandsschweißen

In der praktischen Anwendung hat das Widerstandsschweißen — eine Variante des Preßschweißens — die größte Bedeutung erlangt. Bei allen Widerstandsschweißverfahren (Punkt-, Buckel-, Rollennaht-, Preßstumpfschweißen) wird von den Schweißelektroden Druck auf die zu verbindenden Teile ausgeübt. Beim Fließen des Schweißstromes erwärmt sich die Berührungsstelle der Teile und es kommt zum Verschweißen.

Für das Aufschweißen von Kontakten wird hauptsächlich das Buckelschweißen eingesetzt. Die Bildung eines Schweißbuckels (Schweißwarze) auf der Verbindungsfläche hat den Zweck, den Übergangswiderstand durch Verringerung der Berührungsfläche zu erhöhen, um damit günstige und reproduzierbare Schweißbedingungen zu schaffen. Anstelle eines Buckels verwendet man auch häufig ringförmige Prägungen sowie mehrere erhabene Buckel in den verschiedensten geometrischen Formen. Auf eine ausführliche Beschreibung des technischen Ablaufes und der maschinellen Erfordernisse wird hier verzichtet und auf den Beitrag von M. Burstin sowie auf die Literaturstellen[6-14] verwiesen.

6.3.1.1 Plättchenaufschweißen

Dieses Verfahren wird vorwiegend zum Aufschweißen vorgefertigter Kontaktplättchen, sogenannter Aufschweißkontakte, auf Kontaktträgerteile oder vorgestanzte Bänder angewendet. Aufschweißkontakte sind runde oder rechteckige Plättchen, die aus walzplattierten oder preßgeschweißten Zwei- bzw. Mehrschichtverbundwerkstoffen ausgestanzt und mit Schweißwarzen versehen werden. Als Kontaktwerkstoffe kommen alle plattierbaren Werkstoffe (vornehmlich Edelmetallbasis) infrage. Sie werden den Anforderungen hinsichtlich des Schaltverhaltens entsprechend ausgewählt. Die Rückseite der Kontaktplättchen besteht aus einem gut schweißbaren Werkstoff, wie z.B. Eisen, Monel, Neusilber o.ä.

Die Aufschweißkontakte werden mit geeigneten Zuführeinrichtungen lagerichtig sortiert der Schweißstation einer Punktschweißmaschine zugeführt und dort mit dem Träger verschweißt. Neben der Schweißstromsteuerung mit Wechselstrom wird auch die Gleichstromsteuerung mit Kondensatorimpuls angewendet, mit der die oft unerwünschte Erwärmung federharter Trägerwerkstoffe vermieden werden kann.

Der Anwendungsbereich des Plättchenaufschweißens umfaßt Kontaktteile der Nachrichten- und Energietechnik mit Durchmessern zwischen 2 mm und 8 mm. Die Vorteile des Verfahrens sind:

+ geringer Edelmetalleinsatz (die Schichtdicke des Kontaktwerkstoffes wird nur dem Belastungsfall entsprechend gewählt)
+ der Kontaktwerkstoff kann dem Belastungsfall entsprechend und weitgehend unabhängig von seiner Schweißbarkeit ausgewählt werden (Plattierbarkeit vorausgesetzt)
+ die Unterseite des Aufschweißkontaktes besteht aus einem gut schweißbaren Material

Dagegen müssen folgende Nachteile beachtet werden:

− hohe Herstellkosten der Aufschweißkontakte (edelmetallhaltiges Stanzgitter)
− relativ hohe Taktzeit
− direkte Berührung der Kontaktoberfläche durch die Elektrode, daher Gefahr der Kontaminierung (zu beachten bei Kontakten der Nachrichtentechnik)
− durch schlecht leitende Unterseite des Aufschweißkontaktes Gefahr der Überhitzung durch Wärmestau (zu beachten bei Kontakten der Energietechnik)

6.3.1.2 Kugelaufschweißen

Die definierte geometrische Form der verwendeten Kontaktkugeln garantiert einen gleichbleibenden Übergangswiderstand zwischen Kugel und Kontaktträger. Aus diesem Grunde eignet sich das Verfahren besonders für automatische Herstellungsprozesse, wobei auch die leichte Zuführbarkeit der Kugeln eine entscheidende Rolle spielt. Hauptsächlich werden massive Kugeln oder Kugeln mit galvanischer Edelmetallauflage verwendet. In der Praxis findet dieses Verfahren hauptsächlich seinen Einsatz bei kleinen Kontaktanordnungen, wie sie beispielsweise in der Nachrichtentechnik vorkommen. Als Kontaktwerkstoff werden neben Silber auch häufig Gold- und Palladiumlegierungen verwendet. Wie bei der Plättchenaufschweißung kommen hier sowohl herkömmliche Widerstandsschweißmaschinen als auch Impulsschweißmaschinen zum Einsatz.

Als Vorteile des Kugelaufschweißens sind zu nennen:

+ leichte Zuführbarkeit
+ geringer Edelmetallbedarf bei Verwendung galvanisch beschichteter Kugeln
+ konstante Form des „Schweißbuckels"
+ stark ballige Kontaktauflagen herstellbar

Dagegen müssen folgende Nachteile beachtet werden:

— hohe Herstellungskosten der Kugeln
— Gefahr der Kontaminierung durch direkte Berührung der Kontaktoberfläche mit der Elektrode
— begrenzte Schweißbarkeit bestimmter Kontaktwerkstoffe

6.3.1.3 Kontaktschweißen mit horizontaler Drahtzuführung (Profilabschnittschweißen)

Dieses Verfahren zeigt Merkmale des Rollennaht- und des Plättchenaufschweißens. Wie beim Rollennahtschweißen wird die Edelmetallauflage in Form eines Profiles oder Drahtes waagerecht bzw. in leichter Schräglage zugeführt. Vor oder gleichzeitig mit dem Schweißvorgang erfolgt das Abschneiden des Profils auf die benötigte Länge und die Positionierung auf dem Kontaktträger. Abhängig von Größe, Form und Festigkeit des Kontaktmaterials kann der Abschnitt wahlweise mit der beweglichen Elektrode oder in einer separaten Schnittstation abgetrennt werden. In Bild 6.7 sind verschiedene Systeme schematisch dargestellt. In eini-

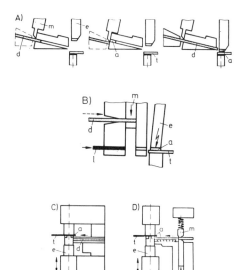

Bild 6.7:
Kontaktschweißen mit horizontaler Drahtzuführung (Profilabschnittschweißen)
a) nach Schlatter
b) nach Siemens
c) nach Bihler
d) nach Bihler

gen Fällen ist es von Vorteil, ähnlich wie beim Plättchenaufschweißen eine widerstandserhöhende Formgebung der Verbindungsseite vorzusehen. Die Gestaltungsmöglichkeiten der als Kontaktauflage dienenden Drähte und Profile sind sehr vielseitig. Manteldrähte mit Edelmetallauflagen eignen sich besonders wegen der einfachen Handhabung und des geringen Edelmetallbedarfs. Mit den sogenannten Mikroprofilen läßt sich der Edelmetallbedarf gegebenenfalls weiter reduzieren; die Herstellung und Handhabung dieser Profile ist jedoch schwierig. Bei speziellen Ausführungsformen kann durch Verwendung von Formelektroden die direkte Berührung der Kontaktfläche vermieden werden. Dies ist vor allem bei trocken schaltenden Kontakten mit erhöhten Anforderungen an die Oberflächenreinheit vorteilhaft.

Das Verfahren des Profilabschnittschweißens ist in den meisten Fällen vollautomatisiert und vorteilhaft in der Herstellung von Kontaktteilen für die Nachrichtentechnik und niedrige Belastungen in der Energietechnik verwendbar. Durch entsprechende Werkzeuggestaltung ist die kreuzförmige Anordnung der Kontaktauflagen (sogenannte cross-bar Anordnung, Bild 6.8) möglich.

Bild 6.8:
Kreuzkontaktanordnung mit Manteldrahtabschnitt in einem Tastenschalter

Das Verfahren eignet sich wegen der hohen Schweißgeschwindigkeit (bis zu 700 Schweißungen pro Minute) in erster Linie für große Stückzahlen.

Zusammenfassend können folgende Vorteile des Verfahrens genannt werden:

+ durch Verwendung plattierter Drähte bzw. Profile geringer Edelmetalleinsatz
+ einfache Zuführbarkeit des Kontakthalbzeuges
+ hohe Taktzahlen
+ direkte Berührung der Kontaktfläche kann vermieden werden
+ relativ hoher verschweißter Flächenanteil

Demgegenüber sind folgende Nachteile zu nennen:

— relativ hoher Investitionsaufwand
— teure Herstellung der Mikroprofile
— für jede Draht- bzw. Profilform separate Zuführkanäle, Messer und Elektroden
— Rüstzeiten höher als bei vertikaler Zuführung

6.3.1.4 Kontaktschweißen mit vertikaler Drahtzuführung

Der Kontaktwerkstoff wird — meist in Form eines Edelmetalldrahtes — in einer Spannzange, die gleichzeitig als Schweißelektrode dient, senkrecht auf den Kontaktträger zugeführt. Die Stirnseite dieses Drahtes berührt wegen ihrer durch das Abschneiden bedingten V-förmigen Ausbildung zunächst nur linienförmig den Trägerwerkstoff. Die bei diesem Verfahren meist verwendete Zweiimpulssteuerung des Schweißstromes bewirkt zunächst einen Impuls geringer Stromstärke, der die Drahtspitze anschmelzen läßt. Gleichzeitig wird in vertikaler Richtung ein Druck des Drahtes auf den Trägerwerkstoff eingeleitet, der zu einer Vergrößerung der Drahtauflagefläche führt. Der zweite Impuls bewirkt eine Stumpf-

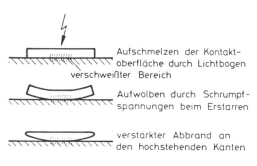

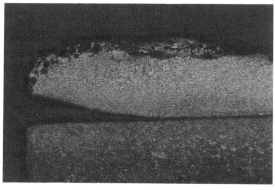

Bild 6.9:
Aufwölben eines elektrischen Kontaktes mit mangelnder Randverschweißung
a) schematisch
b) AgNi/Messing

schweißverbindung zwischen Edelmetalldraht und Trägerwerkstoff. Anschließend wird der aufgeschweißte Edelmetalldraht je nach vorgesehenem Volumen abgeschnitten und in der nächsten Station durch Prägen oder Taumeln in die gewünschte Endform gebracht.

Mit dem beschriebenen Verfahren lassen sich Drähte mit Durchmessern von ca. 0,6 bis 6 mm verarbeiten, was einem Kontaktdurchmesser von ca. 1 mm bis 8 mm entspricht. Dabei hat sich ein Verhältnis des Kontaktdurchmessers zum Drahtdurchmesser von minimal 1:0,4 und maximal 1:0,85 als zweckmäßig erwiesen. Ein zu klein gewählter Drahtdurchmesser kann zu Stauchfalten und Materialrissen während der Verformung führen. Darüber hinaus wirkt sich der große umgelegte und nicht mit dem Träger verschweißte „Kranz" nachteilig auf die elektrische Belastbarkeit des Schaltstückes im Gerät aus. Durch die thermische Belastung kann es zu einem Aufwölben des Kontaktes und damit zu erhöhtem Abbrand bzw. zur Zerstörung der Schweißbasis kommen. Bild 6.9 zeigt dieses Verhalten.

Das Verfahren des Kontaktschweißens mit vertikaler Drahtzuführung läßt sich vorteilhaft in automatische Fertigungsprozesse einbauen. Es ist jedoch nur für große Stückzahlen geeignet.

Vorteile:

+ Draht als preisgünstiges Kontakthalbzeug
+ abfallose Kontaktherstellung
+ einfache Zuführung
+ hohe Taktzahl

Nachteile:

− nur massive Drähte verwendbar, dadurch gegenüber horizontaler Zuführung erhöhter Edelmetallbedarf
− nur schweißbare Kontaktwerkstoffe verwendbar (keine oxid- oder graphithaltigen Werkstoffe)
− verschweißter Flächenanteil relativ gering
− Verhältnis von Kontakthöhe zu -durchmesser nicht frei wählbar

6.3.1.5 Sonstige Widerstandsschweißverfahren

Das Widerstandsschweißen beschränkt sich nicht auf die in den vorangehenden Kapiteln beschriebenen Verfahrensvarianten. Es wird vielmehr in einer Vielzahl von Anwendungsfällen, an spezielle geometrische Formen angepaßt, zur Verbindung von Kontakt- mit Trägerteilen angewandt. Als Beispiel sei das Aufschweißen kleinster Stanz-Biege-Teile aus Kontaktbimetall auf die Anschlußdrähte von Dioden für spezielle Tastaturen genannt. Bild 6.10 zeigt derartige Dioden mit einem durch Punktschweißen aufgebrachten Kontaktteil. Stanzen aus streifenplattiertem Kontaktbimetall, Biegen und Aufschweißen der Teile auf die Anschlußdrähte der gegurtet zugeführten Dioden erfolgt in einem automatisierten Fertigungsprozeß. Durch die spezielle Gestaltung des Kontaktteiles wird eine direkte Berührung der Kontaktfläche durch die Elektrode vermieden.

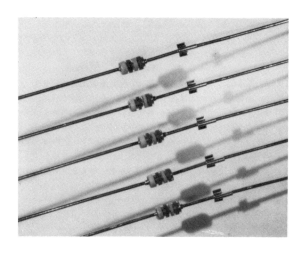

Bild 6.10:
Durch Widerstandsschweißen auf Diodenanschlußdrähte aufgebrachte Kontaktteile

Widerstandsschweißmaschinen können unter bestimmten Bedingungen auch zum Löten verwendet werden. Die Kontakte werden hierbei meist als Plättchen mit lötfähiger, bzw. lotbeschichteter Rückseite der Schweißstation zugeführt. Durch die Widerstandserwärmung schmilzt das Lot in relativ kurzer Zeit.

Eine Variante dieses „Schweißlötens" ist das sogenannte Folienschweißen, das das örtliche Aufbringen dünnster Goldschichten auf viele Trägerwerkstoffe erlaubt. Ausgangsmaterial ist ein galvanisch beschichtetes oder ganzflächig mit Edelmetall schweißplattiertes Band vorzugsweise aus Nickel, das verbindungsseitig mit Hartlot beschichtet ist. Die Gesamtdicke des Bandes liegt bei ca. 0,1 mm, bei einer Breite von 5 mm; die Dicke der Edelmetallschicht (im allgemeinen Gold) beträgt 0,5 bis 5 μm. In einem automatischen Fertigungsprozeß wird ein Abschnitt des Bandes abgetrennt und durch Widerstandsschweißen auf dem Trägerband fixiert. In einer weiteren Station wird der Abschnitt mit einer Rollenelektrode auf den Träger aufgelötet (Bild 6.11). Der Vorgang dieses diskontinuierlichen „Rollennahtlötens" ist als Alternative zur galvanischen Spotvergoldung anzusehen[15].

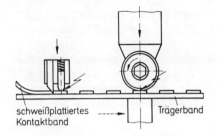

schweißplattiertes Kontaktband — Trägerband

Bild 6.11:
Folienschweißen (schematisch nach [15])

6.3.2 Kurzzeit-Abbrennstumpfschweißen (percussion welding)

Dieses Verfahren läßt sich so, wie es in der Kontakttechnik Anwendung findet, weder eindeutig dem Widerstandsschweißen noch dem Lichtbogenpreßschweißen zuordnen, da die Merkmale beider Verfahrensgruppen je nach Abmessungen und Werkstoffkombinationen mehr oder minder in Erscheinung treten.

Die zum Schweißen erforderliche Wärme wird durch einen Lichtbogen erzeugt, der kurzzeitig zwischen den Stoßflächen der Teile brennt und diese anschmilzt. Zum Zünden dieses Lichtbogens wird am Trägerteil oder am Kontaktwerkstoff eine zylindrische Zündspitze angebracht (Bild 6.12). Unmittelbar nach dem Anschmelzen der Verbindungsflächen durch den Lichtbogen werden die zu verbindenden Teile mit hoher Geschwindigkeit aufeinander zubewegt, wobei die beim Auftreffen freiwerdende kinetische Energie eine ganzflächige Verschweißung bewirkt [16]. Ein Ausspritzen des aufgeschmolzenen Metalls ist hierbei in den meisten Fällen unvermeidlich, so daß das geschweißte Kontaktteil spanend nachbearbeitet werden muß. Der ganze Vorgang spielt sich im Millisekundenbereich ab; somit tritt keine unerwünschte Erwärmung der Teile auf.

Das Verfahren wird vorwiegend für mittlere bis kleinere Serien bei schwer schweißbaren Kontaktwerkstoffen wie WCu, WAg, AgCdO und $AgSnO_2$ für großflächige Verbindungen bis ca. 400 mm^2 eingesetzt. Da die zu verschweißenden Teile fest eingespannt werden müssen, kommt das Verfahren nur für geome-

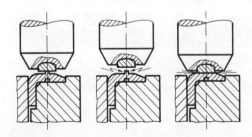

Bild 6.12:
Perkussionsschweißen (schematisch)

trisch einfache (runde oder rechteckige) Teile mit Mindestabmessungen (z.B. mind. 2,5 mm Dicke) infrage. Typische Anwendungen sind Kontaktbolzen und Schrauben mit Abbrandbelägen für Leistungsschalter. Auf eine schweißbare Unterseite des Kontaktwerkstoffes kann in den meisten Fällen verzichtet werden.

6.3.3 Schallschweißen

Wie an anderer Stelle bereits erwähnt, können die oxidhaltigen Kontaktwerkstoffe, die sich durch ihre hohe Sicherheit gegen Verschweißen auszeichnen, nicht mit den üblichen Widerstandsschweißverfahren direkt mit Trägerwerkstoffen verschweißt werden (Ausnahme: percussion-welding). Sie müssen vielmehr mit einer schweißbaren Unterseite versehen werden, die im allgemeinen aus Feinsilber besteht. Auf diese Feinsilberschicht kann verzichtet werden, wenn die Kontaktwerkstoffe durch Schallschweißen auf den Trägern befestigt werden[17-22]. Bei diesem Verfahren werden die aufeinandergepreßten Teile durch mechanische Schwingungen bei Frequenzen im Schall- bzw. Ultraschallbereich ohne Zufuhr elektrischer bzw. thermischer Energie geschweißt. Hierbei ist das aufzuschweißende Kontaktstück im allgemeinen in dem beweglichen Teil (Sonotrode) und der Trägerwerkstoff in dem feststehenden Teil (Amboß) der Schweißmaschine eingespannt. Eine ausführliche Beschreibung der unterschiedlichen Gerätetypen kann dem Beitrag von K. Lindner entnommen werden. Die Oberflächen der zu verbindenden Werkstoffe werden zusammengedrückt und in hochfrequente Relativbewegung versetzt. Hierbei erfolgt eine Zerstörung der Oxidschichten und anderer Verunreinigungen, ohne daß eine makroskopisch merkliche plastische Verformung im Schweißbereich eintritt. Dadurch verschweißen die Oberflächen schon bei relativ geringer Druckeinwirkung durch das Auftreten metallischer Bindungskräfte. Durch Einsatz von Zwischenschichten als Schweißhilfe können reproduzierbare gute Ergebnisse erzielt werden. Bei Kontaktauflagen über 5 mm Durchmesser empfiehlt sich der Einsatz von Energierichtungsgebern (Schweißwarzen) an der Unterseite der Kontaktstücke.

Das Ultraschallschweißen hat sich nach intensiver Erprobungsphase als Verfahren zur Herstellung von Kontaktteilen mit schwer schweißbaren Kontaktwerkstoffen (wie AgCdO) auch in der Fertigung bewährt. Zur Erzielung optimaler Schweißergebnisse ist eine sehr sorgfältige Abstimmung sowohl aller Maschinenparameter (Schweißzeit, Schweißdruck, Frequenz und Amplitude) als auch der Form des Kontaktrohlings (vor allem hinsichtlich eventueller Energierichtungsgeber) und der Fertigkontaktauflage unbedingt erforderlich. Bei ungünstiger Abstimmung der genannten Parameter können erhebliche innere Verformungen im schwingenden Teil auftreten, die zu extremen Materialverschiebungen führen können. Bei sehr spröden Kontaktwerkstoffen können diese inneren Verformungen zu Mikro- und Makrorißbildung sowie zu totaler Zerstörung des Kontaktes führen. In derartigen Fällen haben sich Zwischenschichten in Form duktiler Folien bewährt.

Die derzeit zur Verfügung stehenden Schweißmaschinen (mit Leistungen bis 4000 W) erlauben die Verarbeitung von Kontaktplättchen mit Querschnittsflächen bis zu 100 mm^2 (abhängig vom Kontaktwerkstoff). Wegen der hohen Lärmbelästigung, vor allem bei den mit 10 bzw. 15 kHz arbeitenden Maschinen, muß eine hermetisch abschließende Schallschutzkabine vorgesehen werden, wobei die Zuführung der zu verschweißenden Teile entweder durch Schleusen oder vollautomatisch innerhalb der Kabine erfolgen muß. Auch die Zuführung des Trägermaterials in Bandform mit nachträglichem Stanzen der geschweißten Teile ist möglich. Bisher wird das Kontaktmaterial im allgemeinen in Form von Plättchen zugeführt. Es ist jedoch auch die Verarbeitung von Draht oder Profil denkbar, wobei der Kontakt aus einem Draht- oder Profilabschnitt während des Ultraschallschweißvorganges geprägt werden kann. Bild 6.13 zeigt eine derartige Anordnung schematisch. Das Ultraschallschweißen ist hauptsächlich für solche Kontaktteile interessant, die bisher durch Löten hergestellt werden.

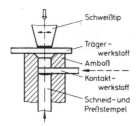

Bild 6.13:
Ultraschall-Profilabschnittschweißen
(schematisch)

Die wesentlichen Vorteile des Schallschweißens sind:

+ nicht (widerstands-)schweißbare Kontaktwerkstoffe können verschweißt werden (ohne löt- bzw. schweißbare Unterseite, dadurch Edelmetalleinsparung)
+ nahezu vollflächige Verschweißung
+ keine Erwärmung der zu verschweißenden Teile

Folgende Nachteile sind zu erwähnen:

− hoher Lärmpegel (beim Schweißen mit Frequenzen im Hörbereich)
− teilweise hoher Werkzeugverschleiß
− nur geometrisch einfache (z.B. runde) Kontaktplättchen verarbeitbar
− eingeschränkte Gestaltungsmöglichkeiten
− bei sehr spröden Kontaktwerkstoffen Gefahr der Materialzerrüttung

6.3.4 Laser-Schweißen

In jüngster Zeit gewinnt das Laserschweißen als Verfahren zur Aufbringung von Kontakten auf Träger an Bedeutung. Bei diesem Verfahren wird ein kohärenter Lichtstrahl mit einem optischen System auf der Werkstückoberfläche fokussiert und die auftreffende Lichtenergie teils reflektiert, teils absorbiert[23, 24]. Eine ausführliche Beschreibung des Maschinenaufbaus findet sich in dem Beitrag von P. Seiler.

Die in geringer Tiefe von wenigen Mikrometern absorbierte Lichtenergie wird in Wärmeenergie umgewandelt und heizt den Werkstoff örtlich bis zum Schmelzen auf. Für das Kontaktschweißen kommen in erster Linie Neodym-YAG-Laser infrage, mit denen Brennfleckdurchmesser von 0,05 bis 1 mm zu realisieren sind.

Da das Laserschweißen berührungslos erfolgt, eignet es sich besonders für das Schweißen von Kontakten der Nachrichtentechnik, bei denen eine verunreinigungsfreie Oberfläche verlangt wird. Bild 6.14 zeigt eine Kontaktanordnung, bei der ein Au/Ni-Manteldrahtabschnitt durch Laserschweißen mit einem Trägerteil verbunden ist. Die Zweipunktschweißung kann durch Strahlaufteilung erzielt werden. Wegen des hohen Reflexionsvermögens des Goldes erfolgt die Einstrahlung des Laserlichtes von unten auf den Trägerwerkstoff. Ein Querschliff durch die Schweißzone zeigt Bild 6.15.

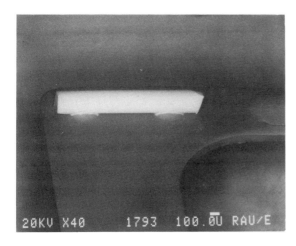

Bild 6.14:
Kontaktteil mit
Laser-geschweißtem
Manteldrahtabschnitt

Wegen der fehlenden Krafteinwirkung und der hohen Energiekonzentration ergibt sich beim Laserschweißen kein Verzug der Teile. Dies wirkt sich vor allem beim Schweißen von Kontakten auf Thermobimetallschnappscheiben günstig aus. Bei derartigen Scheiben wird das Schnappverhalten (obere und untere

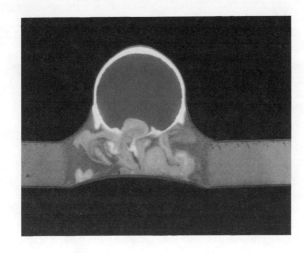

Bild 6.15:
Querschliff durch
einen Laser-
Schweißpunkt

Ansprechtemperatur) schon durch geringste Verformungen, wie sie z.B. beim Widerstandsschweißen auftreten, in starkem Maß beeinflußt[25].

Das Laserschweißen läßt sich wegen der genauen und reproduzierbaren Steuerbarkeit der Laserstrahlparameter sowie der großen Arbeitsabstände bis 200 mm gut in automatische Fertigungsabläufe integrieren. Mit einem einzigen Lasergerät lassen sich entweder durch Strahlumlenkung oder -aufteilung mehrere, örtlich verschiedene Schweißungen durchführen. Wegen der begrenzten Schweißpunktgröße ist das Laserschweißen für großflächige Kontakte (z.B. der Energietechnik) wenig geeignet.

Die Schweißbarkeit der Werkstoffe ist im wesentlichen abhängig von den Reflexions- und Absorptionseigenschaften sowie der Wärmeleitfähigkeit. Als sehr gut schweißbar gelten Nickellegierungen und rostfreie Stähle. Schwieriger schweißbar sind Kupferlegierungen und die Edelmetalle. Auch der Oberflächenzustand wirkt sich auf das Schweißergebnis aus.

Als wesentliche Vorteile des Laser-Schweißens sind zu nennen:

+ keine direkte Berührung der Kontaktoberfläche
+ großer Arbeitsabstand
+ Möglichkeit der Strahlaufteilung oder Strahlablenkung
+ kein Verzug der geschweißten Teile
+ Schweißen auch an schwer zugänglichen Stellen möglich

Folgende Nachteile sind zu beachten:

— Schmelzschweißverfahren, daher Gefahr der Bildung spröder Legierungen
— starker Einfluß der Werkstückoberfläche
— begrenzte Schweißpunktgröße

6.4 Gegenüberstellung der Verfahren

Da die meisten Schaltaufgaben den Einsatz von Kontaktwerkstoffen auf Edelmetallbasis erfordern, sind für die Kosten eines Kontaktstückes die Gesamtkosten, d.h. Formkosten und Edelmetallkosten, maßgebend. Es zeigt sich dabei immer wieder, daß aufgrund der hohen und unsicheren Edelmetallpreise heute Maßnahmen wirtschaftlich sein können, die gestern noch wegen der ungünstigen Relation Formkosten:Edelmetallwert nicht zur Durchführung gelangten. Generell kann festgestellt werden, daß ein höherer Fertigungsaufwand immer dann in Kauf genommen werden kann, wenn die hierdurch erzielte Einsparung an Edelmetall mindestens wertgleich ist.

Diese Überlegungen müssen bei der Wahl des geeigneten Aufbringverfahrens berücksichtigt werden, wenn die technischen Anforderungen (z.B. Oberflächenreinheit bei Kontakten der Nachrichtentechnik oder maximaler Bindeanteil bei Kontakten der Energietechnik) die Wahl zwischen Alternativen zulassen. Darüber hinaus beeinflussen die Schweißbarkeit von Kontakt- und Trägerwerkstoff, die Form der Kontaktteile und nicht zuletzt die Stückzahl die Entscheidung für oder gegen ein bestimmtes Schweißverfahren. Leistungsfähige Hersteller elektrischer Kontakte verfügen im allgemeinen über entsprechende Einrichtungen für nahezu alle genannten Schweißverfahren und können somit das für den Bedarfsfall günstigste Verfahren wählen.

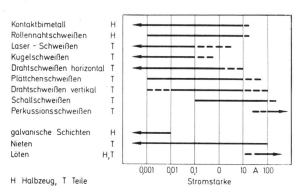

Bild 6.16: Zuordnung verschiedener Aufbringungsverfahren für Kontaktwerkstoffe zu Belastungsbereichen[26]

In Bild 6.16 werden die heute üblichen Aufbringverfahren in Anlehnung an eine von E. Vinaricky angegebene Einteilung[26] bestimmten Belastungsbereichen zugeordnet. Es ist allerdings darauf hinzuweisen, daß wegen der Vielzahl der Einflußgrößen eine direkte und zweifelsfreie Zuordnung nur in seltenen Fällen möglich ist.

Prof. Dr.-Ing. Lutz Dorn

7 Feinschweißen mit Wärmequellen hoher Energiedichte — WIG-Lichtbogen, Plasmabogen, Laserstrahl und Elektronenstrahl

7.1 Einleitung

Die technische Entwicklung ist auf vielen Gebieten durch den Begriff der Miniaturisierung, d.h. dem Streben nach immer weiterer Verkleinerung der Bauteile gekennzeichnet. Diese Entwicklung ist auf dem Gebiet der Elektronik besonders augenfällig; sie erstreckt sich jedoch auch auf viele andere Industrieprodukte wie Uhren, Kameras, Schreibmaschinen u.a.

Die Verkleinerung der Bauteile machte es erforderlich, auch Schweißverbindungen in immer kleineren Dimensionen durchzuführen. Hierfür erwiesen sich die herkömmlichen Schweißwärmequellen wie Gasflamme oder der Metallichtbogen als nur bedingt geeignet, so daß neuartige Verfahren entwickelt werden mußten. Von den Preßschweißverfahren haben das Mikrowiderstandsschweißen, Thermokompressionsschweißen und Ultraschallschweißen die größte Bedeutung erlangt[1]. Ihnen haftet als Gemeinsamkeit an, daß über ein Werkzeug Druckkräfte auf das Werkstück ausgeübt werden müssen, so daß eine örtliche Deformation mit der Gefahr möglicher Werkstücksschädigung sowie ein Werkzeugverschleiß unvermeidbar sind. Diese Nachteile vermeiden die in der Mikrotechnik eingesetzten Schmelzschweißverfahren mittels Laser- und Elektronenstrahl sowie Mikroplasma- und WIG-Lichtbogen. Diese Verfahren sollen im vorliegenden Beitrag im Hinblick auf ihre Verfahrensmerkmale miteinander verglichen werden, um hieraus die Möglichkeiten und Grenzen ihres Einsatzes abzuleiten.

7.2 Physikalisches Prinzip der Wärmequellen

Ihrer physikalischen Natur nach sind die Wärmequellen recht unterschiedlich:

7.2.1 WIG-Lichtbogen

Beim Lichtbogen handelt es sich um eine stationäre Hochstrom-Gasentladung. Gase im elektrisch leitenden Zustand werden als Plasma bezeichnet. Die Überführung in den Plasmazustand beruht auf der Abspaltung von einem oder mehreren Elektronen aus der äußersten Elektronenschale, so daß aus den neutralen Gasatomen negativ geladene Elektronen und positive Atomrümpfe, sog. Ionen, entstehen. Neben dieser Ionisation findet eine weitere Ladungsträgererzeugung durch Elektronenaustritt aus der hocherhitzten Wolfram-Kathode (thermische Elektronenemission) statt. Die Temperaturen auf der Lichtbogenachse betragen, abhängig von den vorliegenden Bedingungen 5000–20000 °C, Bild 7.1[2]. Der Energieumsatz im Lichtbogen ist durch das Produkt Bogenspannung U und Bogenstrom I

$$P = U \cdot I$$

gegeben.

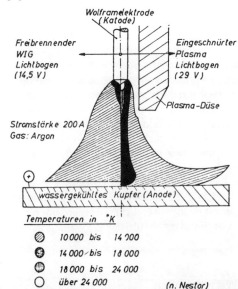

Bild 7.1:
Temperaturfeld des WIG-Lichtbogens (links) und Plasmabogens (rechts) bei 200 A und Schutzgas Argon[3]

Die Aufrechterhaltung des WIG-Lichtbogens erfordert zu kleinen Strömen hin zunehmend kleinere Elektrodenabstände, z.B. von ≤ 1 mm für wenige A Stromstärke. Wegen der starken Aufweitung des freibrennenden WIG-Lichtbogens von der Elektrode zum Werkstück hin (30–45° Divergenz) führen Änderungen der Bogenlänge zu stark unterschiedlicher Wärmewirkung. Außerdem ist mit abnehmender Stromstärke eine zunehmende Neigung des Lichtbogens zum regellosen

Auswandern des werkstückseitigen Brennfleckes festzustellen. Daher ist die Anwendung des WIG-Lichtbogens auf Stromstärken > 1 A beschränkt[4].

7.2.2 Plasmabogen

Unter einem Plasmabogen wird ein in radialer Richtung eingeschnürter Lichtbogen verstanden. Dieser erreicht höhere Temperaturen (bis ca. 25000° auf der Bogenachse) und höhere Energiedichten als der WIG-Lichtbogen, Bild 7.1.
Er brennt aufgrund seines höheren Ionisationsgrades noch bei Stromstärken bis unter 0,1 A stabil. Infolge geringerer Divergenz (rd. 5–10°) ist die anwendbare Bogenlänge bei gleicher Stromstärke ca. 5fach größer als beim WIG-Schweißen[5].
Durch die Einschnürung tritt gleichzeitig einen starke Beschleunigung des Plasmagases in Richtung zum Werkstück auf, wodurch eine Druckkraft auf das Schmelzbad ausgeübt wird.

Es muß grundsätzlich zwischen zwei Verfahrensprinzipien unterschieden werden. Beim übertragenen Lichtbogen ist das Werkstück der positive Pol (Anode) und die Elektrode des Brenners der negative Pol (Kathode). Beim nichtübertragenen Lichtbogen ist das Werkstück stromlos, und die Düse übernimmt die Funktion der Anode.

Da beim Prinzip des nichtübertragenen Lichtbogens die als Anode geschaltete Düse thermisch hoch belastet wird, wird diese Technik nur zum Zünden des übertragenen Bogens angewendet. Ein energiearmer Hilfslichtbogen, der zwischen Elektrode (Kathode) und Düse (Anode) brennt, sorgt für ein Vor-Ionisation der Hauptlichtbogenstrecke, womit 100%ige Zündsicherheit erreicht wird, Bild 7.2a.

7.2.3 Laserstrahl

Das Wort „Laser" steht für die Abkürzung von „Ligth Amplification by stimulated Emission of Radiation". Bei Laserstrahlen handelt es sich um eine elektromagnetische Wellenstrahlung einheitlicher Frequenz, Phasenlage und annähernd gleicher Ausbreitungsrichtung. Die Laserstrahlung kann im Frequenzbereich des sichtbaren Lichtes (Rubinlaser mit $\lambda = 0,69 \, \mu m$), oder außerhalb im Infrarotbereich (Neodymlaser mit $\lambda = 1,06 \, \mu m$) liegen[6]. Die Energie der sich mit Lichtgeschwindigkeit ausbreitenden Photonen hängt von der Wellenlänge λ bzw. Frequenz ν ab nach

$$E = h \cdot \nu = h \cdot \frac{c}{\lambda}$$

(h = Plancksches Wirkungsquantum, c = Lichtgeschwindigkeit). Sie ist demnach umso größer, je kürzer die Wellenlänge ist. Bei langwelliger Strahlung müssen

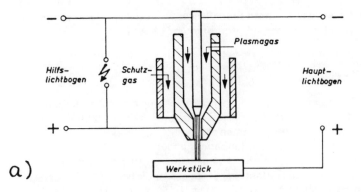

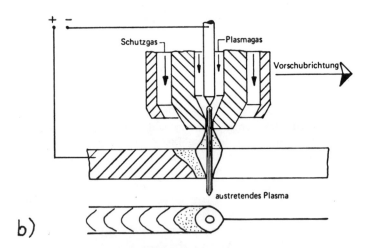

Bild 7.2: Prinzip des Plasmaschweißens
    a) Stromkreise für Haupt- und Hilfslichtbogen
    b) Stichlochtechnik

demnach mehr Photonen emittiert werden als bei kurzwelliger, um die gleiche Strahlleistung zu erreichen, Tabelle 7.1.

Laserlicht läßt sich im Vergleich zu natürlichem Licht stärker bündeln, so daß eine hohe Energie in kleine Werkstoffbereiche eingebracht werden kann. Für die Bearbeitungsoptik können Brennweiten von 30 bis 250 mm verwendet werden. Wichtig ist außerdem die Leistungsdichteverteilung des einfallenden Laserstrahls. Im Grundmodebetrieb ist die Form der Leistungsdichteverteilung durch eine Gaußsche Glockenkurve gegeben. Beim Auftreten von Moden höherer Ordnung

	Photonen (Nd - Laser)	Elektronen ($U_B = 10^5$ V)
Wellenlänge [µm]	$\lambda = 1,06$	
Frequenz [Hz]	$\nu = 2,83 \cdot 10^{14}$	
Ladung [As]		$e = 1,6 \cdot 10^{-19}$
Masse [kg]	0	$m_e = m_0 \sqrt{1 - v_e^2/c^2}$
Ruhemasse [kg]	0	$m_0 = 9,11 \cdot 10^{-31}$
Geschwindigkeit [m/s]	$c = \lambda \cdot \nu$ $= 3 \cdot 10^8$	$v_e = \sqrt{\dfrac{2 \cdot e \cdot U_B}{m_e}}$ $\approx 1,7 \cdot 10^8$
Energie [J]	$E = h \cdot \nu$ $= 6,63 \cdot 10^{-34} \cdot \nu$ $= 1,87 \cdot 10^{-19}$	$E = \tfrac{1}{2} m \cdot v_e^2$ $= e \cdot U_B$ $= 1,6 \cdot 10^{-14}$
Reflexionsvermögen (Metalle) [%]	$r = 40...95$	$r = 5...20$
Reichweite [µm]	$R = 0,01..0,03$	$R = 5...100$

Tabelle 7.1: Eigenschaftsvergleich eines Neodymlaserstrahles und eines Elektronenstrahles (100 kV Beschleunigungsspannung)

entstehen nebeneinander verschiedene Brennpunkte, die den wirksamen Strahldurchmesser vergrößern. Da für das Schweißergebnis neben der Gesamtleistung die Leistungsdichte im Brennpunkt maßgeblich ist, müssen Leistungssteigerungen, die durch Anschwingen höherer Moden entstehen, nicht zu entsprechender Erhöhung der Schweißtiefe führen[7].

7.2.4 Elektronenstrahl

Der Elektronenstrahl ist im Gegensatz zu Laserstrahlen als Korpuskularstrahl aufzufassen. Er besteht aus Elektronen, die durch Erhitzen eines Metalls freigesetzt und durch elektrische bzw. magnetische Felder beschleunigt und gebündelt werden. Die Strahlleistung P ist von der Stromstärke I und Beschleunigungsspannung U abhängig: $P = I \cdot U$[6]. Um eine möglichst gute Bündelung zu erhalten, wird mit hohen Beschleunigungsspannungen von 30–150 kV bei kleinen

Stromstärken (mA-Bereich) gearbeitet. Da der Elektronenstrahl an Luft stark gestreut wird, wird in der Regel im Teilvakuum (ca. 10^{-1} bis 10^{-3} mbar) oder im Hochvakuum ($< 10^{-3}$ mbar) gearbeitet, um eine hohe Energiedichte aufrechtzuerhalten, Tabelle 7.1[8].

7.3 Erzeugung der Schweißwärmequellen

7.3.1 WIG-Lichtbogen

Beim WIG-Schweißen brennt der Lichtbogen zwischen einer Wolfram-Elektrode und dem Werkstück. Zur Verbesserung der Elektronenemission werden bevorzugt thorierte, d.h. mit Zusatz von Thoriumoxid versehene Wolframelektroden verwendet. Die Standzeit der Wolfram-Elektrode beträgt eetwa 30—40 h. Üblicherweise wird mit Gleichstrom geschweißt und die Elektrode an den thermisch weniger hoch belasteten negativen Pol gelegt. Zum Schweißen von Aluminium wird dagegen Wechselstrom angewendet, um während der Phasen mit negativer Werkstückspolung die hochschmelzende Oxidschicht aufzureißen (sog. kathodische Reinigung). Die Elektrode wird von einer Ringdüse umgeben, durch die 4 bis 15 l/min Inertgas, meist Argon, zum Schutz der Elektrode und des Werkstücks zugegeben wird. Die Zündung des Bogens durch thermische Ladungsträgererzeugung über kurzzeitigen Kurzschluß zwischen Elektrode und Werkstück ist wegen der Gefahr der Beschädigung der Wolframelektrode nicht geeignet. Daher wird der WIG-Lichtbogen mit Ladungsträgererzeugung über Stoßionisation als Folge überlagerter kurzzeitiger Hochspannungsimpulse berührungslos gezündet.

Handelsübliche WIG-Schweißgeräte weisen einstellbare Ströme von etwa 1 A bis etwa 500 A auf. Dies entspricht beim Schutzgas Argon und Brennspannungen zwischen 10 und 20 V einem Bereich der Lichtbogenleistung von 20 W bis 10 kW. Bei Strömen < 1 A ist der WIG-Lichtbogen wegen sehr kurzer Lichtbogenlänge und zunehmender Instabilität zum Schweißen kaum mehr anwendbar. Ein Teil der im Lichtbogen umgesetzten Wärmeleistung $P = U \cdot I$ geht durch Wärmeabstrahlung und Wärmeleitung verloren. Weiterhin wird von der Elektrode Verlustwärme an das Kühlwasser abgegeben. Daher werden nur ca. 45 bis 70% der Lichtbogenenergie zur Werkstückserwärmung ausgenutzt[2]. Der Wirkungsgrad der üblicherweise als Stromquellen eingesetzten Gleichrichter liegt bei etwa 50 bis 60%, so daß insgesamt nur 25 bis 40% der aufgenommenen Versorgungsleistung zur Wärmeerzeugung an der Schweißstelle beiträgt.

7.3.2 Plasmabogen

Beim Plasmaschweißen wird der zwischen Wolframelektrode und Werkstück brennende Lichtbogen durch eine wassergekühlte Kupferdüse eingeschnürt. Verwendet wird Gleichstrom, wobei üblicherweise die Elektrode negativ gepolt wird, Bild 7.2. Es gibt für Aluminium das Schweißen mit umgekehrter Polarität (Elektrode als Anode), da aber dabei die Elektrode thermisch stark belastet wird, hat das Verfahren in der Praxis kaum Eingang gefunden. Das gleiche gilt für das Plasmaschweißen mit Wechselstrom, das sich bisher wegen der Zündschwierigkeiten beim Nulldurchgang ebenfalls nicht hat durchsetzen können. Außer dem durch die Einschnürdüse zugeführten Plasmagas wird durch einen konzentrischen äußeren Düsenring ein zusätzlicher Schutzgasstrom geleitet, um das Werkstück auch in der Umgebung des Bogenfußpunktes gegenüber der Atmosphäre abzuschirmen.

Die Zündung des Plasmabogens geschieht mittels eines zwischen Wolframelektrode und Einschnürdüse brennenden Pilotlichtbogens von 2 bis 15 A Stromstärke, der seinerseits durch Hochspannungsimpulsüberlagerung gezündet wird. Da der Pilotlichtbogen normalerweise während des Schweißvorganges aufrechterhalten bleibt, brennt der Hauptlichtbogen auch bei kleinen Strömen stabil und kann bei intermittierender Arbeitsweise, z.B. bei Punktschweißen, schnell und sicher wiedergezündet werden[8].

Im Gegensatz zum WIG-Lichtbogen brennt der durch eine Düse eingeschnürte Plasmabogen auch noch bei Strömen unter 1 A bis herab zu etwa 0,05 A stabil. Daher werden im wesentlichen 2 Arten von Plasma-Schweißgeräten angeboten:

a) Schweißanlagen mit 0,05 bis 20 bzw. 100 A Schweiß-Strom, 0,2 bis 1 l/min Plasmagas- und 6 bis 10 l/min Schutzgasdurchsatz (Mikroplasma-Schweißgeräte),
b) Schweißanlagen mit 3 bis 250 A Schweißstrom, 1,5 bis 6 l/min Plasmagas- und 15 bis 20 l/min Schutzgasdurchsatz (Plasma-Dickblechschweißen).

Für das zum Schweißen verwendete Schutzgas Argon liegen die Brennspannungen des Plasmabogens bei ca. 20 bis 40 V, so daß der Bereich der Lichtbogenleistungen zwischen etwa 1 W und 10 kW liegt. Der Wirkungsgrad des Plasmabogens liegt mit etwa 50 bis 70% wegen der hohen Wärmeverluste an der Einschnürdüse ähnlich wie der WIG-Lichtbogen. Unter Berücksichtigung des Stromquellenwirkungsgrades von 50 bis 60% ergibt sich ein Gesamtwirkungsgrad von 25 bis 50%.

Als Stromquellen werden für die Mikroplasmaschweißtechnik bevorzugt volltransistorisierte Einheiten mit zwei getrennten Stromquellen für Hilfs- und Hauptlichtbogen und eingebauten Stromprogrammen angewendet, die eine besonders feine Energiedosierung ermöglichen.

Die Stromquellen für das Plasma-Dickblechschweißen nach der Stichlochtechnik unterscheiden sich von WIG-Stromquellen nur durch den Hilfslichtbogen-Stromkreis und die Plasmagas-Versorgung und eine ggf. höhere Leerlaufspannung.

Steuergeräte zum Plasma-Schweißen können neben den standardmäßigen Programmen zum manuellen Schweißen mit speziellen Programmen ausgerüstet werden, z.B.

a) Stromprogramm mit einstellbarem Stromanstieg und -abfall zur günstigeren Ausbildung von Nahtanfang und -ende beim maschinellen Nahtschweißen.
b) Stromimpulsprogramm (1 bis 20 Hz) zur Verbesserung des Durchschweißens und Reduzierung der Wärmezufuhr. Durch Stromimpulstechnik wird auch beim Mikroplasmaschweißen mit hoher Schweißgeschwindigkeit die Neigung zu Einbrandkerben verringert und beim Plasma-Stichlochschweißen die Wurzelausbildung verbessert.
c) Einzelimpulse einstellbarer Dauer für punktförmige Verbindungen.

Weiterhin werden Einrichtungen mit Veränderungsmöglichkeit der Stromquellen-Kennlinienneigung angeboten[8].

7.3.3 Laserstrahl

Beim Laser wird einem laseraktiven Medium Energie zugeführt, die in kohärente

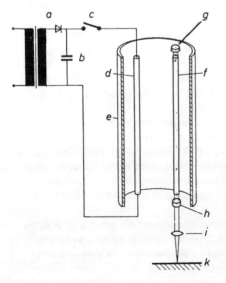

Bild 7.3:
Prinzip des Festkörperlasers
a) Hochspannungsgenerator
b) Speicherkondensator
c) Schalter
d) Gasentladungslampe
e) Elliptischer Reflektor
f) Laserstab
g) Vollreflektierende Verspiegelung
h) Teiltransparente Verspiegelung
i) Kondensorlinse
k) Werkstück

elektromagnetische Strahlung umgesetzt wird, Bild 7.3. Für das Schweißen werden zwei Lasersysteme eingesetzt:

a) *Festkörperlaser*
Die Energiezufuhr erfolgt hierbei in Form elektromagnetischer Strahlung, z.B. als Licht von Xenon-Lampen. Da der Laser nur einen engen Spektralbereich des Lichts aufzunehmen vermag, liegt der Wirkungsgrad der Festkörperlaser mit 0,5 bis 2% sehr niedrig. Wegen der hohen Dichte von Festkörpern können aus kleinen Laserköpfen kurzzeitig große Laserleistungen von mehreren kW entnommen werden. Die Notwendigkeit, die entstehende Verlustwärme abzuführen, begrenzt jedoch die mittlere Dauerleistung auf einige 100 W, Tabelle 7.2. Laserstäbe aus Rubin mit Chromionendotierung geben ein Rotlicht mit

	Festkörper-Laser			Gas-Laser	Elektronenstrahl
	Rubin	Nd-YAG	Nd-Glas	CO_2	
Wellenlänge µm	0,69	1,06	1,06	10,6	–
Wirkungsgrad %	<1	1...2	~1	~15	20...60
Brennfleck mm	0,3 ... 1,5			0,3 ..1,5	0,1...1,0
Kontin. Betrieb					
Max. Leistung kW	–	<1	–	<5	<100
Quasikont. Betrieb					
Impulsfrequenz Hz	<20	<100	<4	100...2000	
Mittl. Leistung kW	<0,1	<1	<0,05	<5	<100
Ungest. Impulsbetr.					
Impulsdauer ms	0,5...20			>0,1	10...1000
Impulsleistg kW	1....10			<5	>1
Impulsenergie J	<50	<100	>100		>1000
Riesenimpuls					
Impulsdauer ms	<0,05				
Impulsleistg kW	>1000				
Leistungsdichte W/cm²					
Kont. Betrieb	–	<10^7	–	<10^7	<10^8
Ungest. Impuls	<10^8				<10^8
Riesenimpuls	<10^{10}				

Tabelle 7.2:
Kenngrößen von handelsüblichen Laser- und Elektronenstrahl-Schweißgeräten

0,69 µm Wellenlänge ab. Mit Neodym dotierte Laser emittieren demgegenüber bereits im Infrarotbereich mit 1,06 µm Wellenlänge. Als Stabmaterial wird entweder Glas verwendet, um preisgünstige Laser großer Abmessungen und Impulsenergien zu erzielen, oder YAG-Kristalle (Yttrium-Aluminium-Granat), deren höhere Wärmeleitfähigkeit eine größere mittlere Dauerleistung bzw. höhere Impulsfolgefrequenz ermöglichen. Einziges Verschleißteil sind die Xenon-Blitzlampen, deren Lebensdauer mit 1 bis 10 Millionen Lichtblitzen angesetzt werden kann. Durch nachgeschaltete Glaslinsen kann das aus dem Laserstab austretende Licht gebündelt werden. Da das Abbildungsverhältnis mit zunehmendem Werkstücksabstand ungünstiger wird, sind zur Erzielung kleiner Brennfleckdurchmesser Arbeitsabstände von < 250 mm anzuwenden[8].

b) *Gaslaser*
Die zum Schweißen benötigten hohen Leistungen werden am günstigsten mittels CO_2-Lasern erreicht. Die Energiezufuhr erfolgt elektrisch, d.h. in Form einer Gasentladung, Bild 7.4. Dadurch wird eine günstigere Energieumsetzung

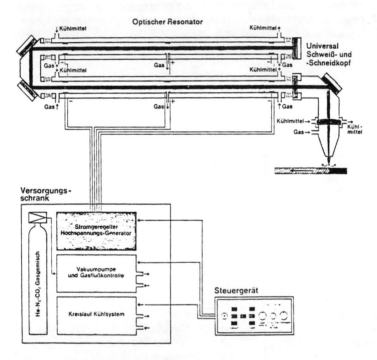

Bild 7.4: Prinzip des CO_2-Lasers

mit 15 bis 20% Wirkungsgrad erreicht. Da die Verlustwärme durch Gasrückkühlung schnell abgeführt werden kann, eignet sich der CO_2-Laser zur Erzielung hoher Dauerleistungen bis zu mehreren kW, jedoch ist auch ein Impulsbetrieb möglich, Tabelle 7.2. Die geringe Dichte des gasförmigen Lasermediums erfordert große Baulängen des Resonators, der zur Erzielung kompakterer Bauweise meist über Umlenkspiegel mehrfach gefaltet wird. Die emittierte Strahlung ist mit 10,6 μm relativ langwellig. Daher können die Linsen zur Strahlbündelung nicht aus Glas gefertigt werden, das für diese Wellenlänge nicht mehr ausreichend transparent wäre, sondern aus Halbleiterwerkstoffen, z.B. Galliumarsenid. Trotz der höheren Wellenlängen läßt sich der Strahl infolge seiner kleineren Divergenz (geringere Modenzahl) ebenso gut bündeln wie derjenige von Festkörperlasern[8].

7.3.4 Elektronenstrahl

Die Erzeugung von Elektronenstrahlen ist an Hochvakuum gebunden. Die Elektronen werden durch eine Glühkathode freigesetzt und durch ein Hochspannungsfeld (30 bis 150 kV) beschleunigt, Bild 7.5. Eine gegenüber der Kathode auf veränderlichem negativem Potential liegende trichterförmige Wehnelektrode dient gleichzeitig der Vorbündelung und Intensitätssteuerung des Strahles. Durch eine Elektromagnetlinse wird der Strahl auf Höhe des Werkstückes fokussiert. Der Strahl hat eine lange, schlanke Gestalt und verjüngt sich nach Austritt aus der Elektronenkanone. Die hohe Leistungsdichte im Strahlfokus bleibt auch bei großem Arbeitsabstand von der Kanone weitgehend erhalten. Zusätzliche Ablenkspulen gestatten bei geeigneter Stromdurchflutung eine vielfältige Auslenkung des Strahles. Die statische Strahlknickung wird ergänzend zur mechanischen Bewegungseinrichtung zur Positionierung angewandt, während Pendelbewegungen des Strahles längs oder quer zur Naht sowie in Kreisform eine vielfältige Beeinflussung der Nahtausbildung erlauben.

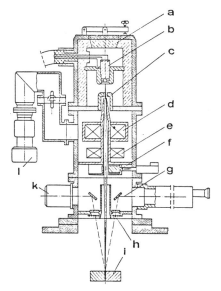

Bild 7.5:
Schematische Darstellung des Elektronenstrahlschweißens
a) Verschluß
b) Kathodenhalter
c) Anodenblende
e) Ablenksystem
f) Ventil
g) vergrößernder Einblick
h) Bedampfungsschutz
i) Werkstück
k) Beleuchtung
l) Diffusionspumpe

Daneben sind ein Reihe besonderer Strahlsteuerungen entwickelt worden, z.B. für das Schweißen von Rohrumfangsnähten: durch vorwählbare Zeiten für den Stromanstieg auf den Sollwert, für die Überlappung nach einer Umdrehung und für den Stromabfall am Schweißende wird eine allseitige Durchschweißung sowie eine kerbfreie Nahtoberfläche sichergestellt.

Werden Kanone und Werkstückskammer nur über eine feine Durchlaßöffnung für den Elektronenstrahl verbunden und beide Räume durch separate Pumpen evakuiert, so kann der im Hochvakuum erzeugte Elektronenstrahl im Feinvakuumbereich bei 10^{-2} bis 10^{-1} mbar an das Werkstück herangeführt werden. Diese Kammerdrücke werden in kürzeren Pumpzeiten erreicht als Hochvakuum. Die Wechselwirkung des Elektronenstrahls mit den Restgasmolekülen führt zu merklicher Streuung der Elektronen, wodurch sich die Leistungsdichte und damit der Einbrand etwas verringern. Über mehrere solcher Druckstufen kann der Elektronenstrahl sogar bis an freie Atmosphäre geführt werden. Durch starke Elektronenstreuung verringert sich trotz geringer Arbeitsabstände von 5 bis 15 mm die Leistungsdichte so erheblich, daß das Elektronenstrahlschweißen bei Normaldruck in Konkurrenz zum Plasmaschweißen gerät[4].

Die Größe der Arbeitskammern richtet sich nach den Werkstücksabmessungen und reicht von einigen Litern, z.B. für Zahnradschweißmaschinen, bis zu 50 m³ für Spezialanlagen des Flugzeug- und Raketenbaues. Die Pumpzeiten liegen für Hochvakuumanlagen bei 5 bis 30 min, während Halbvakuummaschinen mit kleinen Werkstückskammern für die Serienfertigung innerhalb einer Minute oder weniger abgepumpt werden können.

Die Strahlleistung handelsüblicher Elektronenstrahlschweißgeräte liegt zwischen 3 und 30 kW, jedoch sind wesentlich höhere Strahlleistungen (bis 300 kW) bereits realisiert worden. Die Erzeugung von Elektronenstrahlen mittels Hochspannungstransformator und Gleichrichtung ist mit geringen Energieverlusten möglich, jedoch werden für die Evakuierung von Kanone und Werkstückskammer hohe Pumpleistungen benötigt, die den Wirkungsgrad der Gesamtanlage auf etwa < 50% herabsetzen. Verschleißteil der Anlage ist die Glühkathode, deren Lebensdauer je nach Ausführung und Betriebsbedingungen zwischen einer Schicht (8h) und einer Arbeitswoche (40h) liegen kann.

7.4 Energiekonzentration der Schweißwärmequellen

7.4.1 WIG-Schweißen

Der Durchmesser des Lichtbogenfußpunktes beim WIG-Schweißen vergrößert sich von einem Minimalwert von ca. 1 mm bei kleinen Strömen auf mehrere mm bei hohem Strom[2]. Die maximal erreichbaren Leistungsdichten bei mittleren Leistungen um 2 kW und Fußpunktdurchmesser um 2 mm ergeben sich damit zu rd. $5 \cdot 10^4$ W/cm^2, Bild 7.7.

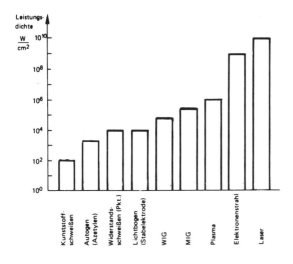

Bild 7.6: Leistungsdichte verschiedener Schweißwärmequellen

7.4.2 Plasma-Schweißen

Beim Plasmabogen ergeben sich bei gleichen Stromstärken nur etwa halb so große Fußpunktdurchmesser wie beim WIG-Schweißen. Da wegen der höheren Brennspannungen die Lichtbogenleistungen annähernd verdoppelt sind, können die maximalen Leistungsdichten mit etwa $5 \cdot 10^5$ W/cm^2 angesetzt werden, Bild 7.6.

7.4.3 Laserstrahl

Mit Laserstrahlen lassen sich theoretisch sehr kleine Strahldurchmesser im Bereich der jeweiligen Wellenlänge erreichen. In der Praxis sind die Brennfleckdurchmesser wesentlich größer und hängen u.a. von der Justierung der Spiegel, der Gleichmäßigkeit der Ausleuchtung, der Homogenität des Laserstabes und dem erforderlichen Arbeitsabstand ab. Sie liegen bei Laser-Schweißgeräten abhängig von der Strahlleistung etwa im Bereich 0,3 bis 1,5 mm. Damit ergeben sich Leistungsdichten von bis 10^8 W/cm^2 im Impuls- und bis 10^7 W/cm^2 im kontinuierlichen Betrieb, Bild 7.6. Beim gesteuerten „Riesen"-Impuls werden kurzzeitig noch höhere Energiedichten erreicht.

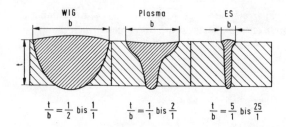

Bild 7.7: Vergleich der Schmelzzonenform beim WIG-, Plasma- und Elektronenstrahlschweißen

7.4.4 Elektronenstrahl

Beim Elektronenstrahl ist der Brennfleckdurchmesser theoretisch nur durch die Anfangsgeschwindigkeit der emittierten Elektronen und den Öffnungsfehler der Elektromagnetlinse begrenzt. Die tatsächlichen Brennfleckdurchmesser sind jedoch wesentlich größer und werden von der Maschinenausführung (Schwankung der Beschleunigungsspannung und des Linsenstromes, Höhe der Beschleunigungsspannung, Justierung usw.) bestimmt. Sie liegen bei Strahlleistungen im Bereich einiger kW zwischen etwa 0,1 und 1 mm. Die Leistungsdichten können daher maximale Werte von etwa 10^9 W/cm^2 erreichen, Bild 7.6.

7.5 Aufschmelzverhalten der Schweißwärmequellen

7.5.1 WIG-Lichtbogen

Beim WIG-Schweißen wird das Schmelzbad im Zentrum um mehrere 100 °C stärker erhitzt als am Schmelzzonenrand, wo gerade die Schmelztemperatur (bei Stahl ca. 1500 °C) erreicht wird. Die Metallverdampfung ist jedoch zu gering, als daß der Metalldampfdruck die Form des Schmelzbades wesentlich beeinflussen könnte. Demgegenüber bewirkt die eigenmagnetische Kompression der Ladungsträger in der Plasmasäule einen merklichen Druckanstieg im Bereich weniger mbar. Infolge Divergenz der Bogensäule ist der Druck am elektrodenseitigen Ende höher als auf der Werkstückseite, wodurch eine Plasmaströmung in Richtung Werkstück hervorgerufen wird. Unter dem Druck der Plasmaströmung bildet sich jedoch nur eine flache Mulde im Schmelzbad aus. Daher wird die Energie des Lichtbogens im wesentlichen in Höhe der Werkstücksoberfläche abgegeben. Der weitere Wärmetransport ins Werkstücksinnere vollzieht sich nach allen Seiten gleichmäßig durch Wärmeleitung. Daher hat die Schmelzzone eine annähernde Halbkugelform, d.h. das Tiefen- zu Breitenverhältnis liegt bei 1:2. Die hohe Wärmezufuhr beim WIG-Schweißen führt zu einer ausgedehnten wärmebeeinflußten Zone und erhöhten Formabweichungen infolge Nahtschrumpfung[9].

7.5.2 Plasmaschweißen

Durch die Einschnürung des Lichtbogens beim Plasmaschweißen erhöht sich die Temperatur und Energiedichte im Vergleich zum freibrennenden Lichtbogen und die Strahldivergenz verringert sich. Die Maximaltemperaturen des Schmelzbades können daher bei der Stahlschweißung bis über 2800 °C ansteigen, wobei Dampfdrücke von mehreren mbar wirken. Durch die Beschleunigung des hocherhitzten Plasmagases beim Durchtritt durch die enge Düsenöffnung wirkt ein erhöhter Staudruck auf den werkstückseitigen Bogenfußpunkt.

Bei ausreichend hohen Strömen und Plasmagasdurchsätzen ($>$ 150 A, $>$ 1,5 l/min) wird der Druck des Plasmastrahles so groß (rd. 10 bis 100 mbar), daß die entstandene Schmelze an der Strahlauftreffstelle zur Seite gedrängt wird und ein durchgehendes Stichloch von 1 bis 3 mm Durchmesser entsteht, Bild 7.2. Das Schmelzbad wird in Schweißrichtung unmittelbar vor dem Plasmabogen durch den Gasdruck zur Seite gedrängt und fließt hinter dem Plasmabogen unter der Wirkung der Oberflächenspannung wieder zusammen. Durch die Wärmezufuhr entlang des Stichloches entsteht eine schmale und tiefe Aufschmelzzone mit einem Tiefen- zu Breitenverhältnis von 1:1 bis 3:1, Bild 7.7. Unter dem Einfluß des hohen Plasmagasdruckes neigt das Schmelzbad zum Durchsacken, was jedoch bei genauer Einhaltung geeigneter Schweißdaten verhindert wird. Der Bildung von Einbrandkerben kann durch geeignete Mehrlochdüsen entgegengewirkt werden.

Bei geringen Strömen und Plasmagasdurchsätzen ($<$ 180 A, $<$ 1 l/min) ist der Druck des Plasmabogens so gering, daß er nur zur Bildung einer flachen Mulde im Schmelzbad führt. Die Energie des Plasmabogens wird daher im wesentlichen — wie beim WIG-Schweißen — an der Werkstücksoberfläche zugeführt — so daß die im Werkstücksinneren liegenden Werkstoffbereiche nur über Wärmeableitung erwärmt werden. Die hierbei entstehenden Nähte haben daher ebenfalls eine annährend halbkreisförmige Gestalt.

7.5.3 Laserschweißen

Beim Auftreffen von Laserstrahlung der Intensität I_o auf nicht transparente Werkstoffe wird ein Teil der Strahlung I_R reflektiert, der Rest absorbiert.

Der Reflexionskoeffizient $R = \dfrac{I_R}{I_o}$

hängt vom Werkstoff, der Werkstofftemperatur, dem Oberflächenzustand und der Wellenlänge der einfallenden Strahlung ab. Besonders hohes Reflexionsvermögen besitzen die Metalle Ag, Au, Al und Cu. Der Einfluß der Wellenlänge wird aus Bild 7.8 deutlich: während an blanken Metalloberflächen die langwellige Strahlung des CO_2-Lasers wesentlich stärker reflektiert wird als die kurzwelligere des Rubin- und Nd-Lasers, verhält es sich an organischen Stoffen bzw. nichtmetallischen anorganischen Stoffen gerade umgekehrt. Durch Aufrauhen oder geeignete Beschichtungen, z.B. Oxidieren, Phosphatieren, Anodisieren, läßt sich die Reflexion gegenüber dem polierten Zustand vermindern; in geschmolzenem Zustand tritt jedoch wiederum eine verstärkte Reflexion auf. Ein starker Abfall des reflektierten Anteils tritt dagegen auf, wenn der Strahl (z.B. bei einem Stumpfstoß oder Bördelnaht) in einen schmalen Schlitz eintritt oder wenn sich an der Auftreffstelle von Laserstrahlen hoher Leistungsdichte eine Kaverne auszubilden beginnt[10].

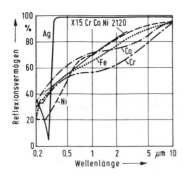

Bild 7.8:
Reflexionsvermögen in Abhängigkeit von der Wellenlänge

Wesentliche Strahlparameter zum Aufschmelzverhalten sind beim Laser-Punktschweißen die Leistungsdichte (abhängig von Pulsenergie und Strahldurchmesser), die Höhe der Leistung sowie die Pulsdauer und die Pulsform. Beim Nahtschweißen mit gepulsten Lasern ist weiterhin die mittlere Ausgangsleistung und die Schweißgeschwindigkeit von Einfluß. Von der Werkstoffseite her beeinflussen die thermophysikalischen Größen, wie Schmelztemperatur, Wärmeleitfähigkeit, Reflexion, wesentlich das Aufschmelzverhalten. Daneben sind im Hinblick auf das Tiefschweißen und die Neigung zur Spritzerbildung, der Gasgehalt und der Dampfdruck von Bedeutung[11]. Ferner sind die Art der Fügestelle und die Werktücksabmessungen für die Schmelzform ausschlaggebend, Bild 7.9.

Bei niedrigen Leistungsdichten wird das Aufschmelzverhalten überwiegend durch Wärmeleitung bestimmt (flächenhafte Wärmequelle). Höhere Leistungsdichten lassen einen Metalldampfkanal entstehen, der durch eine Richtwirkung der Wärmeausbreitung zum Tiefschweißen führt. Dabei vergrößert sich der absorbierte und zum Aufschmelzen genutzte Anteil der Strahlenenergie. Bei weiterer Stei-

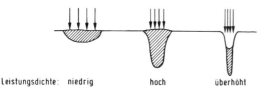

Leistungsdichte: niedrig   hoch   überhöht

Bild 7.9: Einfluß der Leistungsdichte auf das Aufschmelzverhalten beim Laserschweißen

gerung der Leistungsdichte entsteht oberhalb eines werkstoffabhängigen Grenzwertes infolge überhöhten Metalldampfdruckes ein Metallauswurf.

Beim Tiefschweißen wird der Laserstrahl durch Streuung an der entstehenden Metalldampfwolke aufgeweitet; durch Fortblasen des Dampfes mittels Argon sowie ausreichend hoher Bearbeitungsgeschwindigkeit beim Schweißen wird die Rückwirkung auf den Laserstrahl reduziert und das Tiefschweißen begünstigt.

7.5.4 Elektronenstrahlschweißen

Beim Auftreffen von Elektronenstrahlen auf das Werkstück werden die Elektronen abgebremst[6]. Ihre Energie wird im wesentlichen in Form von Wärme umgesetzt; ein Anteil von 10—30% geht durch Elektronenrückstreuung und Sekundärelektronenaustritt verloren[13]. Weiterhin wird ein von Beschleunigungsspannung und Werkstoff abhängiger Energieanteil von < 1% in Röntgenstrahlung umgewandelt, weshalb geeignete Abschirmungen zum Schutz des Bedienungspersonals vorzusehen sind.

Der mit hoher Leistungsdichte auf das Werkstück treffende Elektronenstrahl bewirkt eine intensive Materialverdampfung. Bei Stahl wurden an der Auftreffstelle Temperaturen um 3000 °C ermittelt, so daß die Dampfdrücke bis in den Bereich des Atmosphärendruckes ansteigen können. Im Bereich des Strahlkernes bildet sich eine tief in den Werkstoff reichende Metalldampfkapillare, die von einem Mantel geschmolzenen Materials umgeben ist. Durch diesen sog. Tiefschweißeffekt vollzieht sich die Energieumsetzung annähernd gleichmäßig über die Blechdicke, und es entsteht eine extrem schmale, nagelförmige Schmelzzone, Bild 7.7. Dadurch ist es z.B. möglich, mehrere hintereinander angeordnete Schweißstöße in einem Arbeitsgang zu verschweißen oder an der Rückseite eines nur einseitig zugänglichen Werkstückes Verbindungen zu innen anliegenden Werkstückteilen herzustellen, z.B. für Leichtbauelemente (sandwich).

7.6 Schutz des Schmelzbades

7.6.1 WIG-Schweißen

Beim Schweißen läßt sich infolge des ruhig brennenden Lichtbogens ein ruhiger Schutzgasstrom erreichen, so daß beim Vermeiden von Seitenwind nur wenig atmosphärische Gase in den Schutzgasschleier gelangen können. Als Schutzgas wird Schweiß-Argon von mindestens 99,99% Reinheit bevorzugt, das im Vergleich zu Helium preisgünstiger ist, infolge größerer Dichte einen wirksameren Schmelzbadschutz ergibt, die Zündung des Bogens erleichtert und die kathodische Reinigungswirkung begünstigt. Zumischungen von bis zu 35% He können infolge höherer Lichtbogenleistung mit Vorteil zum Schweißen von Aluminium- und Kupferwerkstoffen eingesetzt werden. Für das Schweißen hochchromhaltiger Stähle und Nickellegierungen sind Argon-Wasserstoff-Gemische 5 bis 10% H_2 vorteilhaft, da durch die erhöhte Lichtbogenleistung und die reduzierende Wirkung des Wasserstoffs der Schmelzfluß verbessert wird. Zum Schweißen reaktiver Metalle wie Titan, Zirkon, Molybdän und Tantal wird Reinstargon (> 99,996%) verwendet. Dabei ist ein zusätzlicher Schutz der hocherhitzten Nahtumgebung, insbesondere der erkaltenden Naht (Schleppdüse) sowie der Nahtunterseite (Wurzelschutz) erforderlich. In besonderen Fällen wird zur Vermeidung einer Gasaufnahme in geschlossenen Kammern geschweißt, die zunächst evakuiert und anschließend mit Argon gefüllt werden[4].

7.6.2 Plasma-Schweißen

Um die Wolframelektrode zu schützen und die Zündung zu erleichtern, wird als Plasmagas das vergleichsweise gut ionisierbare Inertgas Argon bevorzugt. Als Schutzgase sind Gase höherer Ionisierungsenergie bzw. besserer Wärmeleitfähigkeit vorteilhaft, um eine zusätzliche Einschnürung des Plasmabogens zu erzielen. Für austenitische CiNi-Stähle und Nickellegierungen kommen bevorzugt Argon-Wasserstoff-Gemische mit 5—10% H_2 zum Einsatz. Demgegenüber sind für wasserstoffempfindliche Werkstoffe, z.B. hochfeste niedriglegierte Stähle, Aluminium, Titan, Molybdän, Tantal, Argon-Helium-Gemische mit etwa 35% He vorteilhaft[8].

7.6.3 Laserschweißen

Beim Punktschweißen mit gepulsten Festkörperlasern sind die Schweißzeiten so kurz, daß auf die Verwendung von Schutzgas bei Stählen, Nickel- und Kupferwerkstoffen häufig verzichtet werden kann. Wegen des geringen Umfanges der eintretenden Oxidation ist ein Einfluß auf die Gefügeeigenschaften kaum vorhanden. Allerdings kann die Verwendung eines Schutzgases zur Vermeidung von Anlauffarben sowie zur Verbesserung des Schmelzflusses vorteilhaft sein. Dabei kommt als Schutzgas vor allem Argon, für Kupfer- und Nickelstoffe auch Stickstoff in Betracht. Bei reaktiven Werkstoffen wie Titan, Zirkon, Molybdän und Tantal ist die Verwendung von Argon als Schutzgas erforderlich, um eine Werkstoffversprödung durch Gasaufnahme auszuschließen.

Beim kontinuierlichen und quasikontinuierlichen Nahtschweißen sind die Erwärmungszeiten so groß, daß die Verwendung von Schutzgasen im Hinblick auf das Nahtaussehen und die Gefügeeigenschaften in den meisten Fällen, vor allem bei gasempfindlichen Werkstoffen, vorteilhaft ist.

7.6.4 Elektronenstrahl-Schweißen

Durch Evakuieren nimmt die Dichte der als Verunreinigungen wirkenden Gasatome ab. Die nachstehende Tabelle zeigt in einer Gegenüberstellung, welchem Reinheitsgrad von Schutzgasen ein Vakuum bei unterschiedlichem Gasdruck entspricht:

Vakuum (mbar)	Reinheitsgrad (%)
1	99,9
$1 \cdot 10^{-1}$	99,99
$1 \cdot 10^{-2}$	99,999
$1 \cdot 10^{-3}$	99,9999
$1 \cdot 10^{-4}$	99,99999

Man erkennt, daß ein Hochvakuum von $< 1 \cdot 10^{-3}$ mbar weniger Verunreinigungen aufweist als die reinsten erhältlichen Schutzgase. Daher läßt sich beim Elektronenstrahlschweißen im Hochvakuum eine Verschlechterung der Gefügeeigenschaften durch Gasaufnahme auch bei reaktiven Metallen wie Titan, Zirkon, Molybdän oder Tantal ausschließen. Werkstoffe, die keinen so wirksamen Gasschutz benötigen, wie z.B. Stähle, Nickel-, Kupfer- und Aluminiumwerkstoffe, können ohne Nachteile im Feinvakuumbereich ($1-10^{-3}$ mbar) geschweißt werden, wodurch die Pumpzeiten wesentlich verkürzt werden. Beim Schweißen an Atmosphäre muß demgegenüber mit Schutzgaszufuhr gearbeitet werden, um eine unerwünschte Gasaufnahme aus der Atmosphäre zu vermeiden.

7.7 Schweißgeeignete Werkstoffe und Werkstücksdicken

7.7.1 WIG-Schweißen

Mit dem WIG-Schweißen lassen sich Blechdicken von ca. 0,25–3 mm im I-Stoß ohne Werkstoffzusatz verschweißen[14]. Bei größeren Blechdicken ist mit einer Fugenöffnung (Öffnungswinkel ca. 60°), Zugabe von Zusatzdraht und Mehrlagentechnik zu arbeiten. Häufig sind in der Feinwerktechnik Bördelnähte, z.B. zum Verbinden von Hülsen mit eingepreßten Deckeln, zu schweißen. Dabei sind möglichst gleichmäßige Querschnittsdicken am Schweißstoß anzustreben, um ein gleichzeitiges Aufschmelzen der Werkstücksteile sicherzustellen.

Durch WIG-Schweißen können niedrig- und hochlegierte Stähle, Kupfer-, Nickel- und Aluminiumwerkstoffe sowie zahlreiche Sondermetalle wie Titan, Zirkon, Molybdän und Tantal geschweißt werden. Bei niedriglegierten Stählen besteht allerdings eine Neigung zur Porenbildung. Abschreckhärtende Stähle neigen wegen der vergleichsweise langsamen Abkühlung nur bei höheren Kohlenstoff- bzw. Legierungselementgehalten zur Aufhärtung. Bei Aluminium ist anstelle von Gleichstrom mit minusgepolter Elektrode Wechselstrom anzuwenden. Die relativ langzeitige Werkstückserwärmung wirkt sich bei Werkstoffen mit Neigung zur Grobkornbildung, z.B. Kupfer, Molybdän, nachteilig auf die Verformungsfähigkeit der Verbindungen aus. Auch zahlreiche Werkstoffkombinationen, z.B. niedriglegierter mit hochlegiertem Stahl, Stahl mit Kupfer, Kupfer mit Nickel, lassen sich mit WIG-Schweißen erzielen.

7.7.2 Plasmaschweißen

Mit dem Mikroplasma-Schweißen mit Stromstärken von 0,05–100 A können bei CrNi-Stahl Blechdicken zwischen 0,05 bis 2 mm im I-Stoß verschweißt werden[15].

Beim Plasma-Dickblechschweißen mit Stromstärken zwischen 100 und 250 A können Blechdicken von 2,5–8 mm in Stichloch-Technik geschweißt werden. Mit Mehrlagentechnik an V-oder Y-Nähten und unter Zugabe von Zusatzwerkstoff lassen sich auch wesentlich größere Blechdicken schweißen, jedoch erweisen sich für die Dickblechschweißung konventionelle Verfahren (Metall-Schutzgas-Schweißen, Unterpulver-Schweißen) häufig als günstiger[8].

Gut schweißgeeignet sind Chrom-Nickel-Stähle, sauerstoffreies Kupfer, Kupferlegierungen ohne bzw. mit wenig Zink, Nickelwerkstoffe. Bei niedriglegierten Stählen, insbesondere unberuhigten Massenbaustählen, besteht eine Neigung zur Porenbildung, der u.a. durch Zugabe gaseabbindender (z.B. Al-beruhigter) Zusatzwerkstoffe beggnet werden kann. Werkstoffe, die eine hochschmelzende

Oxidschicht an der Oberfläche bilden, erfordern eine Umpolung, da bei negativem Werkstück die Oxidschicht zerstört wird (sog. kathodische Reinigung). Wegen der erhöhten Wärmebelastung der anodischen Elektrode muß diese intensiv gekühlt werden. Reaktive Werkstoffe wie Titan, Zirkon, Molybdän und Tantal erfordern einen allseitigen Inertgasschutz, um eine Versprödung durch Zutritt atmosphärischer Gase zu vermeiden.

7.7.3 Laserschweißen

Un- und niedriglegierte Stähle sind in der Regel gut zum Laserschweißen geeignet, sofern sie beruhigt sind (Poren und Spritzer) und ihr Kohlenstoffgehalt unter 0,2% liegt (Aufhärtung). Die austenitischen CrNi-Stähle und Nickel sind für das Laserschweißen besonders geeignet; bei den Nickellegierungen besteht dagegen teilweise eine Neigung zu Korngrenzenrissen. Kupfer sollte für das Laserschweißen möglichst sauerstofffrei sein (Versprödung). Im Gegensatz zu vielen Bronzen neigt Messing und Tombak beim Laserschweißen zum Verspritzen infolge von Zinkausdampfung. Für die Sondermetalle wie Titan, Zirkon, Niob, Vanadium, Tantal, Molybdän und Wolfram ist wegen ihrer chemischen Reaktivität eine Abschirmung der Schweißstelle durch Edelgas, z.B. Argon, vorteilhaft.

Mit Neodymlasern (λ = 1,06 μm) von etwa 100 Joule Ausgangsenergie und 10 ms Pulsdauer lassen sich für Nickellegierungen und Stähle aufgrund der relativ geringen Reflexion und Wärmeleitfähigkeit, Schweißtiefen bzw. Punktdurchmesser bis zu etwa 1 bzw. 2 mm erzielen. Für Werkstoffe mit hoher Reflexion sowie hoher Wärmeleitfähigkeit wie Cu, CuZn, Al, kann als Grenze eine Werkstückdicke von 0,5 mm angesehen werden[16]. Hoch reflektierende Oberflächenüberzüge erschweren das Laserschweißen, Tabelle 7.3. Mit leistungsfähigen CO_2-Lasern werden für Stahl Schweiß- und Schneidtiefen bei 5 kW Leistung von etwa 10 mm mit einer Geschwindigkeit von 350 mm/min. und bei 15 kW Leistung um 18 mm mit einer Geschwindigkeit von 250 mm/min. erreicht. In Bezug auf die Leistung läßt sich eine degressive Tiefenzunahme feststellen. Bei dreifacher Leistung ergibt sich nur ungefähr die doppelte Tiefe. Weiterhin hat auch die Bearbeitungsgeschwindigkeit einen wesentlichen Einfluß auf die Nahtgeometrie und die Schmelztiefe, Bild 7.10[17]. Mit zunehmender Leistung nimmt die Schmelztiefe zu und nähert sich asymptotisch einem Grenzwert. Dieser Verlauf ist auf den Einfluß der Plasma-Gaswolke zurückzuführen. Beim Bearbeiten von Werkstoffen mit hoher Reflexion und Wärmeleitfähigkeit, wie z.B. Kupfer und Aluminium ist bei 5 kW CO_2-Lasern die Grenze bei 1 mm Blechdicke anzusehen[18].

Oberflächenzustand		Schweißeignung		Bemerkung
		Laser	EB	
blank	poliert	+	++	hohe Reflexion
	aufgerauht	++	++	
Metallüberzüge	vernickelt	++	++	
	verchromt	+	++	hohe Reflexion
	vergoldet	(+)	++	"
	versilbert	(+)	++	"
	verkupfert	(+)	++	"
	verzinnt	++	++	
	verzinkt	–	(+)	Tropfenbildg. spritzen, Poren
	verkadmet	–	(+)	"
Nichtmet. Schichten	Oxidschicht	(+)	(+)	Spritzer, Poren
	Lackschicht	(+)	–	"
	Einsatzschicht	–	–	"
	Eloxalschicht	–	–	"

++ sehr günstig
+ günstig
(+) teilweise günstig
– ungünstig

Tabelle 7.3:
Einfluß des Oberflächenzustands auf die Eignung zum Laser- und Elektronenstrahlschweißen

7.7.4 Elektronenstrahl

Die Abkühlung der Schweißstelle ist schroff und führt zu feinkörnigem Gefüge hoher Duktilität. Eine Ausnahme bilden niedrig- und hochlegierte umwandlungshärtende Stähle mit $> 0{,}2\%$ C, wo sich sprödes Härtungsgefüge (Martensit) bildet. Bei un- und niedriglegierten Stählen führt die rasche Schmelzbaderstarrung

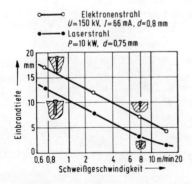

Bild 7.10:
Einbrandtiefe in Abhängigkeit von der Schweißgeschwindigkeit beim Schweißen mit Laser- und Elektronenstrahlen.
Werkstoff: 18/8 CrNi-Stahl.

u.U. zur Porenbildung, der jedoch durch geeignete Strahlfokussierung und -wedelung begegnet werden kann. Ferritische Cr-Stähle und austenitische CrNi-Stähle sind einwandfrei schweißbar. Auch Aluminium und dessen Legierungen sind im allgemeinen schweißbar, einige Legierungen neigen jedoch zur Poren- und Rißbildung. Besonders vorteilhaft ist das Elektronenstrahlschweißen für reaktive Metalle, wie Titan, da die Reinheit des Hochvakuums die besten erhältlichen Schutzgase übertrifft. Auch für das Verbinden unterschiedlicher Metalle miteinander erweist sich das Verfahren als besonders geeignet, gegebenenfalls unter Verwendung eines dritten Werkstoffs (zum Beispiel Folie oder aufplattierte Schicht). Beispiele einiger Metallkombinationen sind:

warmfester Stahl — hochfester Stahl
Cu — Stahl
Inconel — Stahl
Ni — Stahl
Cu — Stahl
Tantal — Stahl
Cu — Ni
Cu — CrNi
Ni — NiCr
Ti — CrNi
Ti — Al
Pt — Ni
PtRh 6 — PtRh30
Weicheisen — AlNiCo-Magnetlegierung
GG — GG (mit Ni)
Cu — Al (mit Sn oder Zn)
Ni — Ta (mit Pt)
Ti — CrNi (mit V)
Mo — Stahl (mit Ni)
Hartmetall — Stahl (mit Ni oder Co)

Die Spanne der schweißbaren Blechdicken von Folien im μm-Bereich bis zu Platten über 100 mm Dicke wird von kaum einem anderen Verfahren erreicht. Im Vergleich zu einem Laserstrahl gleicher Leistung und gleichen Brennfleckdurchmessers zeichnet sich der Elektronenstrahl durch höhere Einbrandtiefe und ein größeres Tiefen/Breitenverhältnis der Schweißnaht aus, Bild 7.10[17]. Dies wird durch die unterschiedliche Eindringfähigkeit von Elektronen und Photonen in einen kristallinen Festkörper und die verschieden starke Streuung der beiden Energieträger in Metalldampf verursacht.

7.8 Vor- und Nachteile der Schweißverfahren

Eine Gegenüberstellung der Vor- und Nachteile der Verfahren zeigt Tabelle 7.4.

	WIG	Plasma	Laser	Elektronenstrahl
Wirkungsgrad	0	0	−	+
Max. Leistung	0	0	−	+
Min. Leistung	−	0	+	+
Leistungsdichte	−	0	+	+
Wärmeeinfluß	−	0	+	+
Schrumpfung, Verzug	−	0	+	+
Große Blechdicken	0	0	−	+
Geringe Querschnitte	−	0	+	+
Gasaufnahme	0	0	0	+
Grobkornbildung	−	0	+	+
Abschreckhärtung	+	0	−	−
Stoßvorbereitung	+	0	−	−
Schweißgeschwindigkeit	−	0	+	+
Fertigungskosten/Std	+	0	−	−

Tabelle 7.4: Verfahrensvergleich (+ am günstigsten, 0 mittel − am ungünstigsten)

7.8.1 WIG-Schweißen

Vorteile des WIG-Schweißens im Vergleich zum Gas- und Metallichtbogenschweißen sind[23]:

a) gute Abschirmung des Schmelzbades gegenüber der Atmosphäre
b) gute Kontrolle des Schmelzbades infolge ruhigen Lichtbogens
c) Schweißmöglichkeit dünner Bleche bis $\geq 0{,}5$ mm von Hand und bis $\geq 0{,}2$ mm mechanisiert
d) Schweißen in allen Positionen möglich
e) gute Zugänglichkeit infolge kleiner Brennerabmessungen
f) Unempfindlichkeit gegenüber geringen Schweißstoßabweichungen beim Schweißen mit Zugabe von Zusatzwerkstoff, insbesondere bei manueller Ausführung

7.8.2 Plasmaschweißen

Gegenüber dem WIG-Schweißen bietet das Plasmaschweißen die folgenden Vorteile[8]:

1. Größerer Brennerabstand und geringerer Einfluß von Abstandsänderungen wegen der geringeren Divergenz des Plasmabogens
2. Höhere Lichtbogenstabilität und größere Zündsicherheit durch den ständig mitbrennenden Pilotlichtbogen
3. Geringere Wärmeeinbringung mit kleinerer Wärmeeinflußzone und geringerem Verzug, Bild 7.11
4. Höhere Schweißgeschwindigkeit, insbesondere im Blechdickenbereich > 3 mm (Stichlocheffekt), Bild 7.12

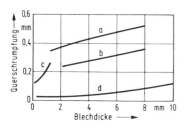

Bild 7.11:
Querschrumpfung bei der Stahlschweißung, abhängig von der Blechdicke für verscheidene Schweißverfahren
a) WIG
b) Plasma
c) Mikroplasma
d) Elektronenstrahl

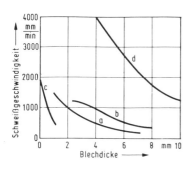

Bild 7.12:
Maximale Schweißgeschwindigkeit verschiedener Schweißverfahren beim Stahlschweißen, abhängig von der Blechdicke
a) WIG
b) Plasma
c) Mikroplasma
d) Elektronenstrahl

Nachteile gegenüber dem WIG-Schweißen sind:

1. Größere Brennerausführung, was zu erschwerter Zugänglichkeit zur Schweißstelle führen kann
2. Höhere Anforderungen an die Stoßgenauigkeit

Zum Plasmaschweißen ohne Zusatzdraht darf der Spalt 5% der Blechdicke nicht übersteigen, um ein Einfallen der Nahtoberseite zu vermeiden. Beim

Schweißen von V- oder Y-Nähten mit Zugabe von Zusatzwerkstoffen ist ein Öffnungswinkel von 60° vorzusehen.

3. Höherer Anlagenpreis im Vergleich zum WIG-Schweißen.

7.8.3 Laserschweißen

Vorteile des Laserschweißens im Vergleich zu den Lichtbogenschweißverfahren sind[24]:

1. Aufgrund der guten Fokussierbarkeit kann der Wärmeeinfluß auf kleine Werkstoffbereiche begrenzt werden (wärmeempfindliche Teile).
2. Infolge der hohen Energiedichte können auch hochschmelzende Metalle, z.B. Wolfram, geschweißt werden.
3. Durch die kurzzeitige Erwärmung wird unerwünschte Grobkornbildung unterdrückt. Bei abschreckhärtenden Stählen entsteht jedoch eine starke Aufhärtung.
4. Eine Abschirmung der Schweißstelle mit Schutzgas ist wegen kurzer Zeiten beim Punktschweißen häufig nicht notwendig.
5. Möglichkeit des Fügens fertigbearbeiteter Präzisionsteile wegen geringer Schrumpfung, Bild 7.11.
6. Hohe Reproduzierbarkeit und vielfältige Beeinflußbarkeit (räumliche und zeitliche Energieverteilung, Strahlaufteilung usw.) des Laserstrahles.

Die Nachteile des Lasers liegen vor allem in der Begrenzung der Schweißwärmezufuhr infolge begrenzter Laserleistung und der auftretenden Strahlreflexion. Das bedingt geringere schweißbare Querschnittsdicken im Vergleich zum WIG-, Plasma- und Elektronenstrahlschweißverfahren, insbesondere bei Werkstoffen mit hohem Reflexionsvermögen. Darüberhinaus sind die Kosten für Laserschweißanlagen mehrfach höher als für Lichtbogenschweißeinrichtungen[25].

7.8.4 Elektronenstrahlschweißen

Die Vorteile des Elektronenstrahles als Schweißwärmequelle sind:

a) örtlich eng begrenzte Wärmeeinwirkung auf das Werkstück
b) geringe Schrumpfung, Bild 7.11
c) großer Bereich der schweißbaren Blechdicken von dünnsten Folien bis über 100 mm dicke Querschnitte (abhängig von der Strahlleistung)
d) hohe Schweißgeschwindigkeiten bis ca. 15 m/min, Bild 7.12
e) gute Schutzwirkung des Vakuums

f) exakte und schnelle Steuerbarkeit der Form, Intensität und Position des Elektronenstrahles[26].
g) die Form des Strahles ermöglicht Schweißungen an Stellen, die für konventionelle Verfahren kaum zugänglich sind, z.B. am Grund von Vertiefungen

Als Nachteile des Elektronenstrahlschweißens sind zu nennen:

a) Die Notwendigkeit der Vakuumerzeugung, wodurch die Produktivität herabgesetzt und die Bauteilabmessungen anlagenabhängig begrenzt werden
b) An die Bearbeitung und das Spannen der Schweißkanten müssen hohe Genauigkeitsanforderungen gestellt werden, deren Einhaltung bei großen Bauteilen auf Schwierigkeiten stoßen kann. Infolge des tiefen Einbrandes sind Schmelzbadsicherungen nicht anwendbar. Daher müssen sämtliche Schweißwerte gut reproduzierbar sein, damit eingefallene oder ungenügend durchgeschweißte Schweißnähte vermieden werden
c) *Hohe Investitionskosten*. Der Anschaffungspreis von Elektronenstrahlschweißanlagen liegt für standardmäßige Anlagen bei mehreren 100 TDM; Spezial- und Großkammermaschinen oft erheblich mehr. Die Maschinenstundensätze liegen bei einschichtigem Betrieb $\geq$ DM 100,—, verringern sich dagegen bei Zweischichtbetrieb fast bis auf die Hälfte[27].

7.9 Anwendung der Schweißverfahren

7.9.1 WIG-Schweißen

Das WIG-Schweißen ist für eine manuelle Arbeitsdurchführung gut geeignet. Daher ergeben sich beim Einsatz ausgebildeter Schweißer auch unter Toleranzabweichungen am Schweißstoß zuverlässige und hochbelastbare Verbindungen. So wird z.B. das WIG-Schweißen zum Verschließen von Brennelementschutzhüllen in der Kerntechnik sowie in der Neufertigung und Reparatur von Strahltriebwerken eingesetzt. Für Aufgaben der Feinschweißtechnik wird WIG-Schweißen dem Mikroplasma-Schweißen auch teilweise wegen der besseren Zugänglichkeit infolge kleinerer Brennerabmessungen vorgezogen. Typische Anwendungsmöglichkeit aus der Feinwerktechnik ist das Verschließen von Kapseln (Ø 5 mm) für Standardstrahler; hierbei werden die Hülse und der eingepreßte Deckel von je 0,5 mm Wanddicke aus 1.4571 durch eine Bördelnaht ohne Zusatzwerkstoff verschweißt[14]. Eine Anwendung aus der Elektronik zeigt Bild 7.13.

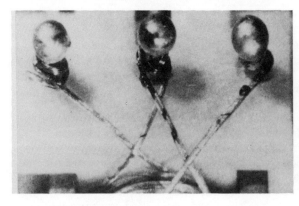

Bild 7.13:
Mit pulsierendem WIG-Lichtbogen um 0,6 mm-Anschlußstifte einer kleinen Fernsehspule geschweißte dünne isolierte Kupferdrähte

7.9.2 Plasma-Schweißen

Das Plasmaschweißen bietet gegenüber dem WIG-Schweißen einige wesentliche Vorteile, jedoch haben die höheren Anlagenkosten, die kompliziertere Technik und die höhere Genauigkeit der Kantenvorbereitung eine weite Verbreitung dieses Verfahrens bisher verhindert.

Die Mikroplasma-Schweißtechnik hat sich in kritischen Anwendungsfällen in der Luft- und Raumfahrt und Reaktortechnik sowie in der Filter- und Druckmembran-Herstellung im Blechdickenbereich unter 1 mm durchsetzen können, Bilder 7.14

Verbindungsaufgabe	Werkstoff und Dicke	Verbindungsart
Membranen für Faltenbälge	austen. CrNi-Stahl 0,1 ... 0,2 mm dick	Bördelnaht
Membranen an Flansche	austen. CrNi-Stahl ca. 0,1 mm und ⌀15 mm	Bördelnaht
Thermoelementmantel	⌀ 0,25 mm	Stumpfnaht (0,35 A)
Deckel in Mikrolaisgehäuse	CuNi 75 25	Bördelnaht (3 A)
Metallsieb für Armband	Neusilber, nichtrostender Stahl oder Gold ca. ⌀ 0,5 mm	Drahtstumpfschweißung (8 A)
Metallgewebe für Papierindustrie	CrNi-Stahl, Phosphorbronze, 0,1 ... 0,22 mm	Drahtstumpfschweißung (0,3 ... 1 A)
Isolierte Kupferdrähte an Anschlußstifte einer Fernsehspule	Kupferdraht ⌀ 0,1 mm Anschlußstift ⌀ 0,6 mm	Verschmelzung von Stift mit Drahtumwicklung

Tabelle 7.5: Beispiele für die Anwendung des Mikroplasma-Schweißens[1, 15)]

Bild 7.14:
Mikroplasma-Schweißen von Faltenbälgen (0,3–0,4 mm dick) und längsgeschweißtes Wellrohr mit Flansch. Werkstoff: CrNi18/8-Stahl
(Werkfoto: Messer Griesheim)

Bild 7.15:
Mikroplasmaschweißen von Metallbalg mit Anschlußstück
(Werkfoto: Messer Griesheim)

Bild 7.16:
Mikroplasmageschweißte Druckdose aus CuBe
(Werkfoto: Messer Griesheim)

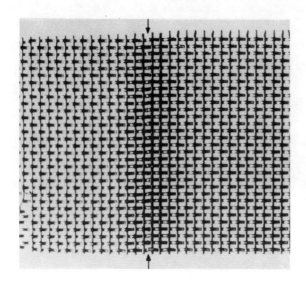

Bild 7.17:
Mikroplasma-Schweißnaht an Drahtgewebe, CrNi-Stahl Ø 0,3 mm.
(Werkfoto: Messer Griesheim)

bis 7.18. Beispiele für die Anwendung des Mikroplasma-Schweißens sind in Tabelle 7.5 aufgeführt.

7.9.3 Laserschweißen

Wegen der genauen und reproduzierbaren Steuerbarkeit der Laserstrahlparameter sowie der Verwendung großer Arbeitsabstände bis 200 mm läßt sich das Verfahren gut in automatische Fertigungsabläufe integrieren. Mit einem einzigen Lasergerät lassen sich mehrere örtlich verschiedene Schweißungen durchführen;

Bild 7.18:
Verbinden von Leichtbauelementen mit verklebter Wabenstruktur durch Mikroplasmaschweißen der ca. 0,6 mm dicken Deckbleche aus TiAl6 V4.
(Werkfoto: MBB-Bremen)

der Laserstrahl wird dabei mit Spiegeln umgelenkt. Ebenso lassen sich mehrere Schweißungen durch Strahlaufteilung zur gleichen Zeit durchführen. Die berührungslose und kräftefreie Energiezufuhr bringt weitere Vorteile für den Fertigungsprozeß durch Vermeiden von Werkzeugverschleiß und Verunreinigung des Werkstücks, wie z.B. beim Widerstandsschweißen. Laserschweißgeräte werden bisher vor allem in der elektrotechnischen Industrie eingesetzt.

Festkörperlaser sind besonders geeignet, während kurzzeitiger Impulse im Bereich weniger Millisekunden hohe Pulsenergien bis > 100 Ws zu erzeugen[28]. Sie werden mit Erfolg zum punktförmigen Verschweißen von metallischen Kleinteilen eingesetzt. Allerdings ist die Anwendung des Laserschweißens aus Kostengründen auf solche Spezialaufgaben beschränkt, die sich auf Grund der Werkstoffe oder der Geometrie des Werkstücks mit dem Widerstands-Punktschweißen nicht lösen lassen. Die geringe thermische Beeinflussung umgebender Werkstoffbereiche und der geringe Verzug gestatten das Schweißen als letzten Arbeitsgang bei schon montierten Baugruppen mit hoher Präzision, ohne Änderung elektrischer, magnetischer oder mechanischer Eigenschaften durchzuführen. Beim Herstellen von Spiralfederbauteilen konnte die Maßgenauigkeit gegenüber anderen Fertigungsverfahren (Widerstands-Schweißen, Klemmen oder Einbetten mit Kunststoff) erhöht werden. Das Schweißen von Spiralfedern wird in Teilautoma-

Fertigungsprodukt	Bauteil	Verbindungszweck	Werkstoff bzw. Werkstoffkomb.	Verbindungsart	Laserdaten
elektrische Verbindungen					
Schalter	Übertemperaturauslöser	elektr. leitend	Bimetall/Federbronze	Überlappverb./Punkt	Nd-Glas Laser
Heizung	Heizwendel/Anschlußdraht	elektr. leitend, mech. fest	Stahl/Cr Ni-Stahl	2 Punkte	Nd-Glas Laser
Steckverbinder	Kontaktfeder/Anschlußdraht	elektr. leitend, mech. fest	Federbronze/Messing	Punkt	Nd-Glas Laser
Temperaturfühler	Thermoelement	Meßdrähte elektr. leitend	Nickel/Konstantan	Punkt/Schmelzkugel	Nd-Glas Laser
Relais	Kontaktfeder	Kontakt mit Feder elektr. leitend, mech. fest	Duratherm/Stahl	Punkt	Nö-YAG Laser
Solarzelle	Anschluß	elektr. leitend, mech. fest	Silberbesch. Si 5µ/Silberbesch. Mo 10µ	Punkt	Nd-Glas Laser 14 J, 0,6 mm
Kathode	Deckel	mech. fest, lagegenau	Ni 0,12 mm Ni Cr 8020 0,07 mm	Überlappverb./2 Punkte	Nd-Glas Laser 10 J,2ms,2 Hz
Röhre	Gitter	mech. fest, lagegenau	Cr Ni-Stahl	4 Punkte	Nd-Glas Laser
Elektrodensystem	Anschlußbändchen	mech. fest, lagegenau	Cr Ni-Stahl	Punkt	Nd-YAG Laser
Glühlampe	Lampendrähte	elektr. leitend, mech. fest	Wolfram, Molybdän	Punkt	Nd-YAG Laser
Kamera	Motorbürstenhalterung	elektr. leitend, mech. fest	Beryllium Kupfer	Punkt	Nd-Glas Laser < 50 J, 3 Hz
mechanische Verbindungen					
Tauchthermometer	Wendel/Achse	mech. fest, lagegenau	Bimetall/Stahl oder Neusilber	Punkt	Nd-Glas Laser
Uhren, Meßgeräte	Spiralfeder	Feder in Schlitz oder auf Achse mech. fest, lagegenau	Bronze/Messing, X 12 CrNi 188/NiFe Leg.	Überlappverb./2 Punkte	Nd-Glas Laser
Telephonverstärker	Spulenträger	mech. fest ohne magn. Beeinflussung und Verzug		Stirnflachverb.	Nd-Glas Laser
Kondensator	Gehäuse	verschließen	Tantal	Überlappverb.	Nd-Glas Laser < 60 J, < 1 Hz

Tabelle 7.6: Anwendungsbeispiele für das Laser-Punktschweißen.

Bild 7.19:
Vollautomatisches Laserpunktschweißen von 3 Bändchen und 1 Hütchen an TV-Elektrode, Stückzahl 3100 pro Stunde.
(Werkfoto: LASAG)

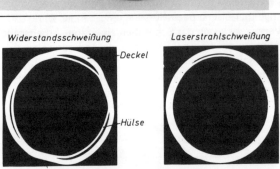

Bild 7.20:
Verringerung des Schweißverzuges von TV-Kathoden durch Übergang vom Widerstandspunkt- auf das Laserpunkt-Schweißen
(Werkfoto: AEG-Telefunken)

Bild 7.21:
Laserpunktschweißen von CuBe-Kontaktfedern, 0,25 mm, auf CuZn-Steckverbinder-Anschlußstifte, 0,6 x 0,6 mm
(Werkfoto: Haas Strahltechnik)

ten je nach Art und Größe mit einem Durchsatz von 600—1000 Stück/h durchgeführt[29]. Anwendungsbeispiele für Laser-Punktschweißverbindungen sind in den Bildern 7.19 bis 7.23 und Tabelle 7.6 aufgeführt.

Das Nahtschweißen ermöglicht ein flüssigkeits- oder gasdichtes Verschließen von Bauteilen, wie z.B. Schutzgehäusen elektronischer Bauteile. Für das Nahtschweißen kürzerer Nähte wird häufig mit überlappenden Einzelpunkten von Nd-YAG-Impulslasern gearbeitet, die bei mittleren Ausgangsleistungen von 200 bis 500 W Pulsfolgen von 10 bis 100 Hz ermöglichen, Bilder 7.24 bis 7.28. Daneben gewinnt der CO_2-Gaslaser für das Nahtschweißen zunehmend an Interesse, der sich infolge höherer Schweißgeschwindigkeiten auch für größere Schweißnahtlängen anbietet. Während im Blechdickenbereich < 1 mm, wie sie im Haushaltsgerätebau oder in der Karosseriefertigung vorherrschen, Laser im 1 bis 2 kW-Bereich ausrei-

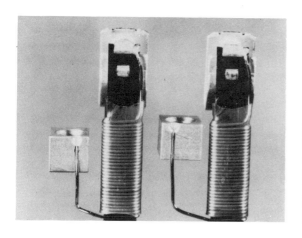

Bild 7.22:
Laserpunkt-Schweißen
von Kupferlackdraht
mit Messing und
Thermobimetall
(Werkfoto:
Haas Strahltechnik)

Bild 7.23:
Laserpunktgeschweißtes
Relais, 6 mm lang.
11 Schweißpunkte,
automatisch geschweißt,
Taktzeit 1,5 Sek.
(Werkfoto: LASAG)

Fertigungsprodukt	Bauteil	Verbindungszweck	Werkstoff bzw. Werkstoffkomb.	Verbindungsart	Laserdaten
Lithiumbatterie	Gehäuse	Endkappen auf Mantel vakuumdicht	X 12 CrNi 18 8	Stirnflachnaht	CO_2-Laser, 275 W 100 cm/min
Lithiumbatterie	Gehäuse	Endkappen auf Mantel vakuumdicht	X 12 CrNi 18 8	Stirnflachnaht	Nd-YAG Laser 150 W, 150 cm/min 200 Hz
Herzschrittmacher	Gehäuse	vakuumdicht	Titan 0,5 mm	I-Naht gepulst	Nd-YAG Laser 200 W, 150 cm/min 200 Hz
Thermometer in der Reaktortechnik	Durchführung	Rohrenden vakuumdicht	CrNi-Stahl	Kehlnaht gepulst.	Nd-Glas Laser
Relais	Gehäuse	Deckel mit Boden vakuumdicht	CrNi-Stahl	I-Naht gepulst	Nd-YAG Laser 100 W, 30 J/Puls < 70 Hz
Relais	Gehäuse	Deckel mit Boden vakuumdicht	goldplatiertes Kovar CuNi	Stirnflachnaht	Nd-YAG Laser 200 W, 150 cm/min 200 Hz
	Metallbalgen	dichtschweißen	NiCr 19 Mo 0,15 mm	Stirnflachnaht	Nd-YAG Laser 120 W, 150 cm/min 300 Hz
Tonkopf	Gehäuse	mech. fest, maßgenau	Konstantan	I-Naht	
Kerntechnik	Brennstab	vakuumdicht	Zirkonium	Überlappnaht gepulst	Nd-YAG Laser 400 W, 70 J/Puls < 125 Hz
Waage	Wägezellen	mechanisch	Beryllium Kupfer	Kehlnaht	Nd-Glas Laser
Kühlsystem	Turbinenschaufel	Flügelende dichtschw.		Stirnflachnaht	Nd-YAG Laser 600 W, cw
Kraftfahrzeug	Kappe	mech. fest	Stahl 0,5 mm	Überlappnaht gepulst	CO_2-Laser, 500 W, cw
Regulierfühler	Gehäusedeckel	dichtschweißen	Kovar	Stirnflachnaht gepulst	Nd-Glas Laser
Mikroschaltkreis	Gehäuse	vakuumdicht	Aluminium	Stirnflachnaht	Nd-YAG Laser 400 W, 50 cm/min 20 Hz
Kühleinrichtung	Wärmetauscher	mech. fest, flüssigkeitsdicht	X 5 CrNi 18 9 0,6 mm / 2 mm	Überlappnaht	CO_2-Laser 5 kW, cw, 300 cm/min
Druckkessel	Gehäuse	mech. fest	kohlenstoffarmer Stahl, 1,2 mm	Kehlnaht	CO_2-Laser 1,8 kW, cw 127 cm/min
Steuergetriebe	Deckel	mech. fest	niedrig leg. C-Stahl 1 mm	Überlappnaht	CO_2-Laser 1,2 kW, cw 150 cm/min
Planetengetriebe	Stifte	mech. fest, maßgenau		Kehlnaht	CO_2-Laser 1 kW, cw 200 cm/min
Abzweigdose	Gehäuse	mech. fest	Aluminium 1,5 mm	Ecknaht	CO_2-Laser 1,8 kW, cw 140 cm/min
E-Motor	Spulenbleche	Blechstapel fixieren	Si-Eisen 0,3 mm	Stirnflachnaht	CO_2-Laser 1 kW, cw 500 cm/min
Verbundstreifen-Sägeband	Metallbänder	mech. fest	Werkzeugstahl/ Kohlenstoffstahl	I-Naht	CO_2-Laser 1 kW, cw 210 cm/min

Tabelle 7.7: Anwendungsbeispiele für das Laser-Nahtschweißen

Bild 7.24:
Lasernahtschweißen von Lamellenpaketen, Pulsfrequenz ca. 20 Hz
(Werkfoto: LASAG)

chen, sind für das Laserschweißen bei größeren Blechdicken infolge des hohen Preises der erforderlichen Hochleistungslaser bisher enge Einsatzgrenzen gezogen. Anwendungsbeispiele für das Nahtschweißen sind in Tabelle 7.7 zusammengestellt[27, 30, 31].

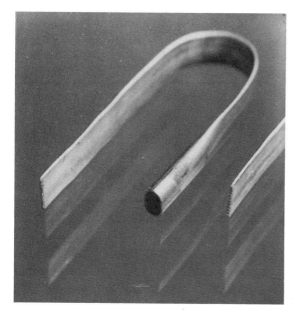

Bild 7.25:
Laser-Dichtnahtschweißen von CuBe-legierung, 0,3 mm
(Werkfoto: Haas Strahltechnik)

Bild 7.26:
Lasernahtschweißen von Druckmembranen für Meßwertaufnehmer
(Werkfoto: LASAG)

7.9.4 Elektronenstrahlschweißen

Ein wesentlicher Vorteil des Verfahrens liegt in der schmalen Nahtform bei sehr geringem Verzug. Das Verfahren ist besonders vorteilhaft, wenn fertig bearbeitete Präzisionsteile verschweißt werden sollen.

Die Schweißgeschwindigkeit des Verfahrens ist außerordentlich hoch. Daher hat sich das Verfahren trotz der hohen Investitionskosten für Aufgaben der Massen-

Bild 7.27:
Gasdichtes Lasernahtschweißen durch repetitives Pulsen von Röhrchen in Membran aus CrNi-Stahl, 0,3 mm.
(Werkfoto: Haas Strahltechnik)

Bild 7.28:
Gasdichtes Lasernahtschweißen durch repetitives Pulsen an Relais oder Batteriegehäusen.
(Werkfoto: LASAG)

fertigung als wirtschaftlich erwiesen, so z.B. für das Schweißen von Sägebändern oder Getriebeteilen.

Das Elektronenstrahlschweißen hat sich weiterhin in der Luft- und Raumfahrt und im Reaktorbau durchsetzen können. In diesen Branchen werden vorzugsweise hochfeste Stähle, Leichtmetalle und Sonderwerkstoffe verarbeitet.

Die Einsatzmöglichkeiten des Elektronenstrahlschweißens in der Feinwerktechnik sind in Tabelle 7.8 zusammengestellt[40]. Für die Zukunft ist auf diesem Ge-

Fertigungsprodukt	Bauteil, Baugruppe	Verbindungszweck	Werkstoffe	Verbindungsart
Schnelldrucker	Druckerhammer komplett	Feder in Schlitz, mechanisch fest und dauerhaft, maßgenau	Stahl Ck 15, Siliziumeisen, CrNi-Federstahl	Punkt m.* wedeindem Strahl
Stanzwerkzeug	Stanznadel, Stanzhülse	Nadel, Hülse in Buchse, mechanisch fest	Werkzeugstahl, Stahl	Punkt- oder Rundnaht mit bewegtem Strahl
Spezialtastatur	Tastenschaft	Schaftteile, maßgenau	Stahl	Stumpfnaht
Ultraschall-Bearbeitungsvorrichtung	Bohrrüssel	Werkzeug an Schaft, mechanisch fest	Werkzeugstahl	Rohrstoßnaht
Fräswerkzeug	Fingerfraser	Schneidplättchen in Fräskopf, maßgenau	Hartmetall, Werkzeugstahl mit Ni-Folie	Stumpfnaht
Haltevorrichtung	Abstandhalter	Abstandsbleche, überkreuzt, mechanisch fest	Zircaloy-2	Ecknaht mit quer wedeindem Strahl
Stromverbrauchszähler	Bremsmagnet	Halterung und Plättchen an Magnetklotze, mechanisch fest	Weicheisen, AlNiCo-Magnetlegierung	Stumpfnaht
Steuerrakete	Einspritzkopf	Spritzdüsen an Gehäuse, maßgenau	X 12 CrNi 18 8	Rundnaht
Meßmikroskop	Taststift	Kugellagerkugel an Schaft	Ck 35 und Werkzeugstahl	Punktschweißung
Transportsieb	Siebband	Enden des Siebbandes verbinden	Ni	Stumpfnaht
Abdeckblende	Kugel	Kugel anschmelzen	Federstahl	Anschmelzen
Lötvorrichtung	Vielfachelektrode	Anschlußblech, elektronisch leitend, mechanisch fest	Cu, CrNi-Legierung	Stumpfnaht mit quer wedeindem Strahl
Magnetkernspeicher	Außenverbindung	Flachdrähte, elektrisch leitend	CuAg-Legierung aus Duroplast ragend	Schmelzkugel
Temperaturfühler	Thermoelement	Meßdrähte, elektrisch leitend	PtRh 30, PtRh 6	Schmelzkugel
Elektronisches Mikromodul	Anschlußverbindung	Flachdrähte an Kontaktflächen, elektrisch leitend	Cu, Ni auf MoMn-Metallisierung auf Keramik	Punkt
Dünnfilmelement	Anschlußverbindung	Runddrähte an Leiterzüge, elektrisch leitend	Cu, Au-Film auf Keramik	Punkt
Relais	Kontaktfeder	Kontakt mit Feder, elektrisch leitend, mechanisch fest	Au, CuBe-Legierung	Punkt mit kreisförmig bewegtem Strahl
Mikroschalter	Relaisgehäuse	Deckel mit Boden, vakuumdicht	CuNi-Legierung, Stahl	Bördelnaht
Halbleiterelement	Transistorkapsel	Deckel mit Sockel, vakuumdicht	Stahl, Kovar	Bördelrundnaht
Fotozelle	Elementkapsel	Fensterrahmen mit Boden, vakuumdicht	NiCo-Stahl, Ni-Stahl	Rohrstoßnaht
Druckmeßgerät	Meßdose	2 Membranen am Umfang, vakuumdicht	CrNi-Stahl, aushärtbar	Bördelrundnaht
Rohrleitung	Röhrchen, korrosionsfest	Rohrwand, flüssigkeitsdicht	CrNi-Stahl	Rohrstumpfnaht
Thermofühler	Mantelthermoelement	Drahtenden und Gehäuse, vakuumdicht	CrNi-Ni und AlMg	Punktschweißung und Rundnaht
Manometer	Gehäuse	Vakuumdicht	Beryllium-Bronze	Rundnaht

Tabelle 7.8: Anwendungsbeispiele für das Elektronenstrahlschweißen

biet ein Vordringen des Lasers gegenüber dem Elektronenstrahl zu erwarten.

Beispiele für die Anwendung des Elektronenstrahlschweißens in der Elektro- und Feinwerktechnik ergeben sich u.a. bei Mikromodul-Baugruppen, Wolfram- und Graphitkathoden, Nickelfedern, Elektronik-Gehäusen, Raumfahrt-Steuertriebwerken[32-39], Bilder 7.29 bis 7.33.

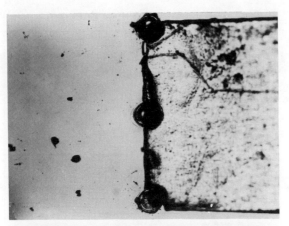

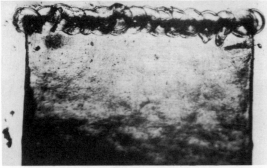

Bild 7.29:
Elektronenstrahlpunkt- und -nahtschweißen eines 10 μm Tantalbändchens aus Silizium-Einkristall
(Werkfoto: Messer Griesheim)

Bild 7.30: Elektronenstrahlgeschweißte Vorratskathode für elektrische Entladungsgefäße. Werkstoff: oben Graphit, unten Molybdän (Ø 7,5 mm)
(Werkfoto: Messer Griesheim)

Bild 7.31:
Elektronenstrahlschweißen einer Sinterwolfram-Kathode in Molybdän-Zylinder
links oben: Ansicht
rechts: Schliffbild der Naht
(Werkfoto: Messer Griesheim)

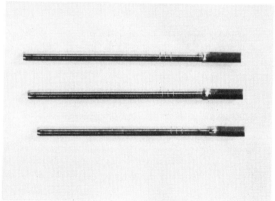

Bild 7.32:
Elektronenstrahl- e geschweißte Zahnbohrer vor der Bearbeitung.
Werkstoffe:
Schaft C 90 W 3 (Ø 2,5 mm)
Spitze Hartmetall
(Werkfoto:
Messer Griesheim)

7.10 Schlußbemerkung

Zum Schmelzschweißen von Folien und Drähten lassen sich sowohl das WIG-, Plasma-, Laser- und Elektronenstrahlschweißen einsetzen. Die Verfahren unterscheiden sich im Hinblick auf Wärmekonzentration, Schweißformänderung, schweißgeeignete Werkstoffe und Gefügeeigenschaften, schweißbare Querschnittsdicken, Schweißgeschwindigkeit, Betriebs- und Investitionskosten usw., Tabel-

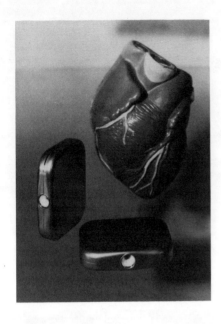

Bild 7.33:
Elektronenstrahlgeschweißtes
Herzschrittmachergehäuse.
(Werkfoto: Leybold-Heraeus)

le 7.4. Die Wahl des jeweils günstigsten Verfahrens richtet sich u.a. nach Werkstoff und Form des Werkstückes, Anforderungen an die Schweißverbindungen und Stückzahl. Hinweise zur Auswahl von Sonderschweißverfahren mit Hilfe elektronischer Rechner werden in [41] gegeben.

Ing. (grad.) P. Seiler

8 Schweißen mit Laser in Feinwerk- und Elektrotechnik

8.1 Einführung

Laser zum Schweißen von kleinen Teilen, d.h. zum Schweißen überwiegend in der Elektro- und Feinwerktechnik, sind heute fast ausschließlich gepulste Festkörperlaser, und zwar ND-Glas- und ND-YAG-Laser. Diese Laser haben im Pulsbetrieb hohe Leistungsdichten bei ausreichender Pulsenergie und mittlerer Leistung. Sie strahlen mit einer Wellenlänge, bei der optisches Glas noch voll transparent ist und Metalle ausreichend absorbieren. Die Strahlquelle selbst ist sehr kompakt und damit gut in einen automatisierten Fertigungsablauf integrierbar.

Schweißen mit Laser ist ein reines Schmelzschweißverfahren, in der beschriebenen Art besonders geeignet zum Punktschweißen, aber auch zum Schweißen kleiner Dichtnähte, und zwar von verschiedenen Metallen und Metallegierungen, soweit diese schweißbar sind. Der Schweißpunkt hat einen Durchmesser von $\leq 1,5$ mm, bzw. die Nahtbreite ist $\leq 1,5$ mm bei etwa derselben Eindringtiefe. Bei diesen feinen Schweißungen ist die Geometrie der Fügestelle abhängig von den zu verschweißenden Werkstoffen von besonderer Bedeutung.

8.2 Laser-Prinzip

Ein Laser besteht im wesentlichen aus zwei Teilen, dem Aktiven Medium und dem Optischen Resonator. Sein Prinzip beruht auf Lichtverstärkung durch stimulierte Emission, daher auch der Name *Laser,* ein Akronym aus „Light amplification by stimulated emission of radiation".

Das Aktive Medium kann fest, gasförmig oder auch flüssig sein. Die Atome bzw. Moleküle des Aktiven Mediums können Energie in bestimmter Form aufnehmen, die anschließend als Lichtstrahlung wieder abgegeben wird.

Für die Materialbearbeitung — Schweißen, Schneiden, Abtragen — werden sowohl Laser mit festem Aktiven Medium, Neodym-YAG- und Neodym-Glas-Laser, als auch Laser mit Gas als Aktivem Medium, CO_2-Laser, verwendet.

Der Optische Resonator wird durch zwei Spiegel gebildet, zwischen denen sich eine *stehende Lichtwelle* ausbilden kann. Einer der beiden Resonatorspiegel ist teildurchlässig, dadurch kann ein Teil des Laser-Lichtes im Resonator ausgekoppelt werden.

Die Anregung des Aktiven Mediums, d.h. die Energiezufuhr, die auch *pumpen* genannt wird, erfolgt beim *Festkörper-Laser* ebenfalls durch Lichtstrahlung. Als *Pumplichtquellen* dienen Gasentladungsröhren wie Xenonblitzröhren. Damit möglichst viel Pumplicht zum Aktiven Medium gelangt, verwendet man Reflektoren mit einfach- oder mehrfach-elliptischem Querschnitt, in deren Brennlinien der Laser-Stab (= Aktives Medium) und eine oder mehrere Gasentladungsröhren angeordnet sind. Beim *Gas-Laser* erfolgt die Anregung direkt durch Gasentladung im Aktiven Medium selbst.

Da das Verhältnis von zum Pumpen aufgewandter elektrischer Energie zu in Form von Laser-Strahlung gewonnener Lichtenergie relativ klein ist, wird das System, in der Regel mit Wasser, gekühlt.

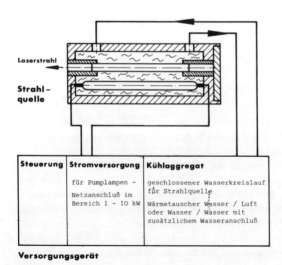

Bild 8.1:
Festkörperlaser —
technisches Prinzip

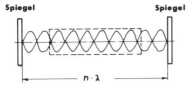

Optischer Resonator

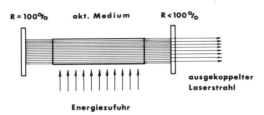

Laser Oszillator

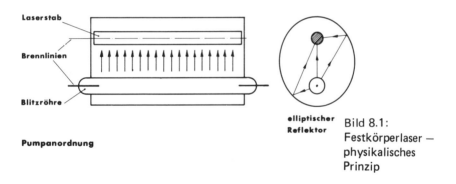

Bild 8.1: Festkörperlaser – physikalisches Prinzip

8.3 Strahlparameter

Wellenlänge — charakteristisch für den einzelnen Laser-Typ; zum Schweißen werden Laser mit einer Wellenlänge von ca. 1 μm (Nd-Glas, ND-YAG) und ca. 10 μm (CO_2) verwendet.

Leistung — gemessen in Watt, wird für kontinuierlich strahlende Laser direkt angegeben. Für gepulst betriebene Laser wird in der Regel die Pulsenergie, die Pulsdauer und die mögliche Anzahl der Pulse pro Zeiteinheit angegeben. Die *mittlere*

Leistung ergibt dann das Produkt aus Pulsenergie [Ws] und Pulsen pro Zeiteinheit [1/s].

Leistungsdichte — ist die auf den Strahlquerschnitt bezogene Leistung in [W/cm^2]. Durch Fokussieren mit Hilfe einer Optik kann die Leistungsdichte um den Faktor 10^2-10^3 gesteigert werden. Die Fokussierbarkeit und damit die erzielbare Leistungsdichte hängt vom Öffnungswinkel α des Strahles ab, der in mrad angegeben wird. Der Brennfleckdurchmesser d ist in etwa proportional zum Öffnungswinkel, $d \approx f \cdot \alpha$, f ist die Brennweite der zur Fokussierung benützten Optik. Der Öffnungswinkel hängt u.a. von der Leistung ab, bei der ein System betrieben wird und ist bei der höchsten Leistung am größten. Praktische Werte für den Öffnungswinkel sind 2 bis 20 mrad.

8.4 Gerätedaten

Von der Anwendung her ist die Pulsenergie zur Erzielung einer bestimmten Schweißung und der Schweißtakt vorgegeben. Aus der Pulsenergie und dem Schweißtakt ergibt sich die notwendige mittlere Leistung. Der Grenzwert ist für die mittlere Leistung ca. 400 W, bei einer maximalen Pulsenergie von 100 Ws andererseits. Diese Grenzwerte sind nicht nur physikalisch bedingt, sondern auch durch ein wirtschaftlich sinnvolles Preis-Leistungs-Verhältnis. Die meisten der bis heute eingesetzten Laser-Schweißgeräte arbeiten mit einer Pulsenergie von $\leq$ 10 Ws bei einer mittleren Leistung bis 100 W. Dies ist für Schweißpunktdurchmesser von einigen 10^{-1} mm und Pulsfolgen von einigen Hz ausreichend.

Mit der Ausdehnung des Verfahrens auf *größere* verschweißte Querschnitte bzw. Schweißpunktdurchmesser von 1—2 mm werden insbesondere bei Buntmetallen bis 100 Ws Pulsenergie und mehr benötigt, sowie beim ebenfalls zunehmenden Naht-Schweißen hohe Pulsfolgen bis 100 Hz und mehr. Beim Vergleich bzw. bei der Auswahl von Geräten muß neben der mittleren Leistung die Pulsenergie berücksichtigt werden, da die Geräte entweder für eine hohe Pulsfolge oder für eine hohe Pulsenergie optimiert sind. Dabei ist der YAG-Laser mehr für hohe Pulsfolgen und der Glas-Laser mehr für hohe Pulsenergien geeignet.

Grenzdaten für gepulste Festkörperlaser zum Schweißen:

Laser	Pulsenergie	Pulsdauer	Pulsfolge	mittlere Leistung
Nd-YAG	50 J	15 ms	100 Hz	400 W
Nd-Glas	100 J	15 ms	3 Hz	25 W

Die Leistungsaufnahme liegt im Bereich von 1 bis 10 kW. Bei Geräten mit mehr als 2 kW Verlustleistung wird für den Wärmetauscher des Kühlaggregates zusätzlich Kühlwasser benötigt. Während die Versorgungsgeräte bis zu einigen 100 kg wiegen und einen Platzbedarf von 0,25 bis 1 m² haben, sind die Strahlquellen einschließlich Optik relativ klein, d.h. 40 bis 80 cm lang und ca. 20 kg schwer.

Die Strahlquelle kann weitgehend lageunabhängig montiert werden und die Optik aufgrund des Parallelstrahles von der Strahlquelle getrennt angeordnet sein.

Ein Verschleißteil sind die Blitzröhren. Abhängig von der Belastung (Pulsenergie und mittlere Leistung), müssen die Blitzröhren nach einigen 10^6 bis 10^7 Pulsen ersetzt werden. Dies ist fast der einzige Wartungsaufwand, außerdem sind noch etwa einmal im Jahr das Kühlwasser und ein Ionenfilter zu tauschen.

8.5 Optik

Die Leistungsdichte der unfokussierten Laser-Strahlung von ca. 10^4 W/cm² reicht nicht aus, um damit z.B. Metalle zu schmelzen oder zu verdampfen. Erst wenn man den Strahl mit Hilfe einer Optik fokussiert, wird die dazu notwendige Leistungsdichte erreicht. Die Fleckgröße d im Brennpunkt ist proportional dem Öffnungswinkel des Strahles α und der Brennweite der fokussierenden Optik f. Bei einem Öffnungswinkel (Strahldivergenz) von 10 mrad ist der Brennfleckdurchmesser bei einer Fokussierungsoptik mit 30 mm Brennweite ca. 0,3 mm. Um einen großen Abstand zwischen Objektiv und Werkstück zu haben, verwendet man eine zusammengesetzte Optik, deren Schnittweite s (s entspricht Abstand Objektiv—Werkstück) größer als die Brennweite ist.

Diese Optik besteht aus einem Objektiv und einer Strahlaufweitung. Das Objektiv mit einer Brennweite von 100 bis 200 mm bestimmmt den Arbeitsabstand. Um trotz der großen Brennweite des Objektives einen kleinen Brennpunkt zu erzielen, wird die Strahldivergenz durch die Aufweitungsoptik verringert. Die wirksame Brennweite der gesamten Fokussierungsoptik entspricht dann der Objektivbrennweite dividiert durch den Aufweitungsfaktor.

Die wirksame oder gesamte Brennweite bestimmt auch die Schärfentiefe bzw. die mögliche Änderung des Arbeitsabstandes ohne merkliche Änderung der Leistungsdichte.

Bei der Wellenlänge der Festkörper-Laser, 1060 nm, zeigen die meisten optischen Gläser noch keine Verringerung der Transmission. Damit kann die Fokussierungsoptik besonders günstig mit einer Beobachtungsoptik, z.B. einem Stereomikroskop, einer Einstelloptik oder auch TV-Kamera verbunden werden. Die optische Kontrolle ermöglicht ein schnelles und präziees Positionieren, z.b. beim Ein- oder Umstellen eines Automaten. Für letzteres ist eine Justier- oder Einstelloptik ausreichend. Soll jedoch für das Schweißen noch manipuliert werden, ist ein Stereomikroskop zur Beobachtung vorteilhaft.

Lediglich zum visuellen Überwachen eignet sich auch eine TV-Kamera mit Monitor. Über den Bildschirm kann ohne Übung oder individuelle Einstellung betrachtet werden, auch von mehreren Personen gleichzeitig. Das Stereomikroskop bietet räumliches Sehen in ergonomisch richtiger Haltung und bei etwas Übung auch ein völlig entspanntes Sehen. In der Zwischenbildebene können Positioniermarken oder ein Objektmikrometer angebracht werden. Letzteres gilt auch für die Justieroptik.

8.6 Strahlführungen

An einer Baugruppe sind häufig mehrere Schweißungen durchzuführen. Dazu kann entweder die Werkstückaufnahme oder die Strahlquelle bewegt werden. Aufgrund des parallelen Strahles genügt es auch, nur das Objektiv zu bewegen, um an verschiedenen Stellen zu schweißen. Für Distanzen über ca. 40 mm muß zusammen mit dem Objektiv noch ein Umlenkspiegel bewegt werden. Über zwei drehbare Umlenkspiegel kann der Strahl bei feststehendem Objektiv sehr schnell in zwei Koordinaten bewegt werden. Mit einer entsprechenden Steuerung kann damit in einem Feld von ca. 40 x 40 mm jeder beliebige Punkt in weniger als 0,1 sec angefahren werden. Wenn die Punkte nicht in einer Ebene liegen und aus verschiedenen Richtungen zugänglich sein müssen, ist es sinnvoll, mehrere Strahlquellen zu verwenden. Auch eine optische Aufteilung des Strahles ist möglich, wenn die Strahlleistung und Pulsenergie für die Summe aus den einzelnen Schweißungen ausreicht.

8.7 Sicherheitsanforderungen

Laser-Geräte sind bei der Berufsgenossenschaft und der Gewerbeaufsicht meldepflichtig. Die von der Werkstückoberfläche reflektierte Strahlung (Streulicht) darf einen bestimmten Wert nicht überschreiten. Es gilt die Unfallverhütungsvorschrift der Berufsgenossenschaft Laserstrahlen (VBG 93). Die Bearbeitungsstelle

α Strahldivergenz
f Brennweite
d min. Strahl ø

$d \approx f \cdot \alpha$

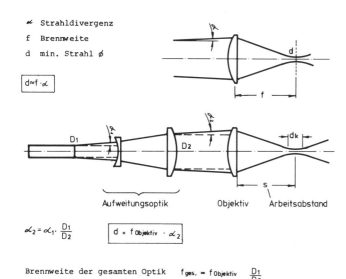

$\alpha_2 = \alpha_1 \cdot \dfrac{D_1}{D_2}$ $d = f_{Objektiv} \cdot \alpha_2$

Brennweite der gesamten Optik $f_{ges.} = f_{Objektiv} \cdot \dfrac{D_1}{D_2}$
Schärfentiefe $d_k \sim f_{ges.}^2$

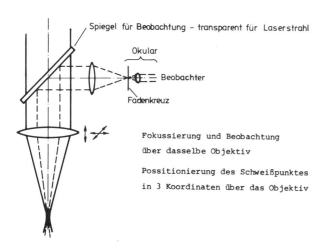

Fokussierung und Beobachtung über dasselbe Objektiv

Positionierung des Schweißpunktes in 3 Koordinaten über das Objektiv

Bild 8.2: Fokussierungs- und Beobachtungsoptik

muß daher in der Regel abgeschirmt sein. Der Schweißvorgang kann mit Hilfe entsprechender Schutzgläser beobachtet werden.

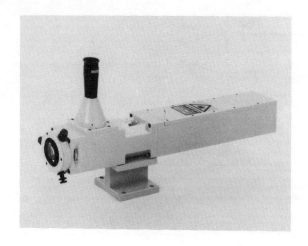

Bild 8.3

8.8 Schweißbare Werkstoffe — Schweißgerechte Gestaltung

Laserschweißen ist ein Schmelz-Schweißverfahren, wobei das Aufschmelzen des Werkstoffes von der Oberfläche ausgeht. Schweißen bedeutet immer, an der Verbindungsstelle mehr Energie zuführen, als sich gleichzeitig von dort über das Werkstück verteilen kann. Dadurch entsteht ein Energiestau, der zum örtlich begrenzten Schmelzen führt. Die Staubildung ist abhängig von der Leistungsdichte, mit der die Energie zugeführt wird, und vom Energietransport im Werkstück,

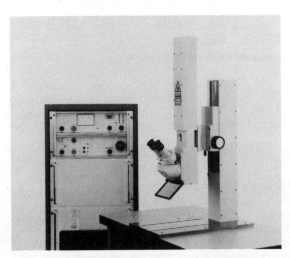

Bild 8.4

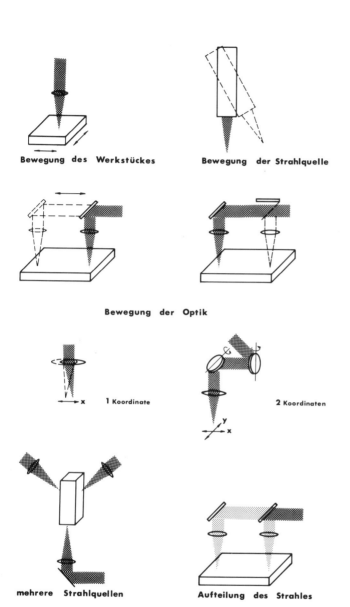

Bild 8.5

der wiederum abhängt von den speziellen Werkstoffeigenschaften und der Geometrie der Fügestelle. Das Schmelzvolumen ist dann, unter Berücksichtigung der Staubildung, abhängig von der insgesamt zugeführten Energie. Da die Leistungsdichte beim fokussierten Laserstrahl sehr hoch ist, wird bei jedem metallischen Werkstoff eine ausreichende Staubildung erreicht. Aufgrund der relativ geringen mittleren Leistung und Pulsenergie (bei gepulsten Systemen) können nur kleine Volumen aufgeschmolzen werden.

8.8.1 Schweißbare Werkstoffe

An der Schweißbarkeit von Werkstoffen oder Werkstoffpaarungen ändert *Laser* im Vergleich zu anderen Schmelz-Schweißverfahren zunächst nichts. Lediglich aufgrund des schnellen zeitlichen Ablaufes des Schmelzvorganges und aufgrund des kleinen Schmelzvolumens können in manchen Fällen bestimmte Effekte, wie z.B. Entmischungen, unterdrückt werden.

Dennoch führt eine Optimierung der Schweißparameter für den jeweiligen Fall erst zu einer guten bzw. überhaupt zu einer Verschweißung. Wegen der vielen Einflußgrößen wird man dabei immer auf Versuche angewiesen sein, wobei jedoch durchaus Regeln gelten. Vom Strahl her sind wählbar die zeitliche und räumliche Energieverteilung und vom Werkstück her die Geometrie der Fügestelle. Je schwieriger bei einem Werkstoff die Staubildung ist, um so wichtiger ist die Optimierung der Schweißparameter.

Werkstoffe, bei denen eine ausreichende Staubildung nur über eine hohe Energiedichte zu erzielen ist, sind Kupfer und Kupfer-Legierungen, Aluminium und vor allem Silber. Sie haben neben einer hohen Wärmeleitfähigkeit ein hohes Reflexionsvermögen. Von der Metallurgie her sind diese Werkstoffe, abgesehen von verschiedenen Aluminium-Legierungen, gut schweißbar.

Allgemein schweißbare Stähle sind auch mit Laser gut schweißbar, aufgrund der relativ geringen Reflexion und Wärmeleitfähigkeit, dies gilt insbesondere für CrNi-Stähle. Kritisch sind härtbare Stähle, und zwar mit zunehmendem C-Gehalt, die wegen der hohen Abkühlgeschwindigkeit stark aufhärten. Stähle mit hohem C-Gehalt, $> 1\%$, verspröden auch beim Laserschweißen. Einsatzgehärtete Oberflächen sind deshalb ebenfalls nur mit Einschränkungen schweißbar.

Sowohl für Stähle als auch für Buntmetalle gilt, Drehqualitäten mit Schwefel- oder Blei-Zusatz sind nur mit Einschränkungen, dagegen Kaltformqualitäten in der Regel gut, schweißbar. Noch relativ gut schweißbar sind Verbindungen von Dreh- mit Kaltformqualitäten, wenn letzteres abgeschmolzen werden kann.

Gut schweißbar sind Nickel und Nickel-Basislegierungen. Auch Titan unter Ver-

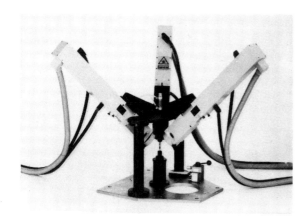

Bild 8.6

wendung von Schutzgas (Ar oder He). Während Nickel und Nickel-Legierungen mit vielen anderen Metallen verschweißt werden können, kann Titan im wesentlichen nur mit Titan verschweißt werden.

Geschweißt werden können auch Werkstoffe mit hohem Schmelzpunkt, wie Tantal, Molybdän und Wolfram, wobei Molybdän und insbeondere Wolfram verspröden.

Kritisch sind Sinterwerkstoffe, die nicht schmelzen, zumindest nicht mit einer zusammenhängenden Schmelze. Teilweise können sie aber recht gut mit Eisen- oder Nickel-Legierungen verschweißt werden. Hartmetall kann scheinbar z.B. mit Baustahl verschweißt werden; bei Belastung tritt der Bruch neben der Schweißstelle im Hartmetall auf.

8.8.2 Schweißgerechte Gestaltung

Großen Einfluß hat die konstruktive Gestaltung der Fügestelle bzw. die Art des Fügens, und zwar um so mehr, je höher die Wärmeleitfähigkeit des Werkstoffes ist. Grundsätzlich zu berücksichtigen sind die beim Erstarren der Schmelze entstehenden Schrumpfspannungen, die zur Rißbildung führen können. Günstig ist dabei immer, wenn die Erstarrung in *einer* Richtung verläuft. Günstig ist auch, wenn der Werkstoff beim Schmelzen nachfließen kann, vergleichbar dem Zusatzwerkstoff beim klassischen Schweißen. Das Abschmelzen und Fließen der Schmelze bewirkt eine gleichmäßige Temperaturverteilung. Die optimale Schmelztemperatur stellt sich von selbst ein, wenn die zugeführte Energie und das Volumen der Schmelze ein Gleichgewicht bilden können.

Überlappend gefügt bedeutet, die Schmelze muß erst das direkt vom Strahl getroffene Teil durchdringen, bis die Verbindungsstelle erreicht wird. Die Dicke muß daher möglichst klein sein. Ein zulässiger Fügespalt wird dagegen mit abnehmender Dicke des primär geschmolzenen Teiles kritischer. Als Faustformel gilt, der Fügespalt soll $\leq 1/3$ der Dicke des primär geschmolzenen Teiles sein. Kann bei überlappt gefügten Teilen eine Kante abgeschmolzen werden, z.B. durch Schweißen am Rand oder an einer „künstlichen" Kante durch eine zusätzliche Bohrung, gelten wieder die günstigen Bedingungen des Abschmelzens (s. Bild 8.8, Skizze 3 und 4).

Ist nach Art des *Stumpfstoßes* gefügt, entsteht die Schmelze in den zu verschweißenden Teilen gleichzeitig, von daher besteht keine Einschränkung in bezug auf die Dicke. Diese Art neigt jedoch aufgrund des Schrumpfens der Schmelze beim Erstarren zur Rißbildung. Der Riß tritt dann längs der Fuge auf. Durch einen Fügespalt wird die Rißbildung noch unterstützt. Durch entsprechendes Gestalten der Fügestelle kann die Rißbildung vermieden werden (s. Bild 8.8, Skizzen 6 bis

Bild 8.7

9). Bei Drähten, Bändern u.ä., die mit einem Puls durchgeschmolzen werden können, tritt keine kritische Schrumpfspannung auf.

Kehlschweißungen gelingen nur mit gut schweißbaren Werkstoffen, diese Art neigt besonders zur Rißbildung. Günstiger werden Kehlschweißungen mit sehr kleinen Schweißpunktdurchmessern. Größere Schweißpunktdurchmesser erhöhen nur dann den verschweißten Querschnitt, wenn sie in Richtung der Fuge auch entsprechend tief sind. Kann die Fügestelle für Abschmelzen gestaltet werden (s. Bild 8.8, Skizze 12), ergeben sich wieder die entsprechend günstigen Bedingungen.

Für *Nahtschweißen* gilt sinngemäß dasselbe wie für *Punktschweißen*. Gepunktete Nähte können bei genügend großem zeitlichen Abstand von Punkt zu Punkt, z.B. ca. 1 sec, praktisch „kalt" geschweißt werden. Die Schweißgeschwindigkeit geht dann nicht als Parameter ein. Durch überlappendes Punkten werden gasdichte Nähte erzielt. Punktdurchmesser, Pulsfolge und Überlappung bestimmen die Schweißgeschwindigkeit. Z.B. Schweiß-punktdurchmesser 0,6, Pulsfolge 10 Hz und Überlappung ca. 50% ergibt eine Schweißgeschwindigkeit von 3 mm/sec. Mit zunehmender Schweißgeschwindigkeit durch höhere Pulsfolge wirkt sich das Vor- und vor allem Nachwärmen in bezug auf die Schrumpfspannungen der Schmelze günstig aus. Die Gesamterwärmung des Teiles ist dabei jedoch höher.

8.9 Oberflächenbeschaffenheit

Blanke oder polierte Oberflächen erfordern, besonders bei hochreflektierenden Werkstoffen, eine höhere Pulsenergie, da zu Beginn der Bestrahlung höhere Reflexionsverluste auftreten. In diesen Fällen kann ein Intensitätsverlauf mit höherer Intensität zu Beginn des Pulses vorteilhaft sein. Samtig matte Oberflächen sind besonders günstig. Anzustreben ist eine gleichbleibende Oberflächenbeschaffenheit. Eine besondere Reinigung ist in der Regel nicht erforderlich. Brennbare Rückstände, z.B. Ölfilme, können störende Rußrückstände ergeben.

Galvanisch aufgebrachte Metallschichten, wie Nickel, Chrom, Kupfer, Silber oder Gold beeinträchtigen die Schweißbarkeit im allgemeinen nicht. Lediglich der Reflexionsgrad wird bei Silber oder Gold erhöht, was bei einer Schichtdicke $\leqslant 10\,\mu m$ die Staubildung noch nicht wesentlich beinflußt. Kritisch sind verzinkte Oberflächen, wenn die Zinkschicht auch in der Fuge ist. Das Zink verdampft, es entstehen Spritzer und Lunker. Unkritisch ist dagegen Zinn, besonders bei Kupfer und Kupfer-Legierungen. Zinn hat zwar einen niederen Schmelzpunkt (232 °C), im Vergleich dazu aber eine relativ hohe Siedetemperatur (906 °C).

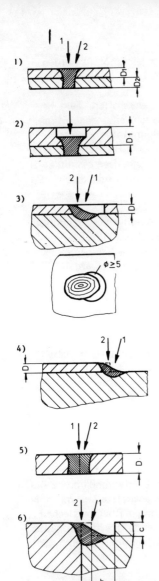

ÜBERLAPPEND

1) D_1 0,05 bis 0,7
   $D_1 + D_2 \leq 1,0$ für Durchschweißen,
   sonst D_2 beliebig
   Strahlrichtung $\neq \perp$ vermindert die
   Leistungsdichte

2) Verringerung von D_1 durch Bohrung,
   Prägung o. ä.

3) und 4) mit $D \leq 0,7$ im Vergleich
   zu 1) und 2) weniger Energie für
   gleichen verschweißten Querschnitt
   besseres Fließen durch Abschmelzen
   günstiger bei Fügespalt

STUMPFSTOSS

5) D 0,1 bis 1,0 für Durchschweißen,
   sonst D beliebig
   Strahlrichtung $\neq \perp$ vermindert
   die Leistungsdichte

6) a   0,1 bis 0,6
   $b + c \geq a$

Bild 8.8: Fügearten – schweißgerechtes Gestalten für Punkt- und Nahtschweißen
Strahlrichtung 1 – günstiger als 2

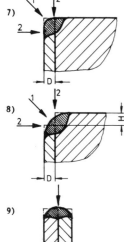

7) und 8) D 0,05 bis 1,0
$H \approx D$
$D + H \leq 2,0$

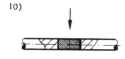

9) $D_1, D_2 \geq 0,05$
$D_1 + D_2 \leq 1,5$

10) $\emptyset \leq 0,5$ für Durchschweißen mit einem Puls

KEHLSCHWEISSUNG

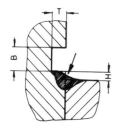

11) nur bei gut schweißbaren Werkstoffen
neigt zur Rißbildung

12) H 0,1 bis 0,6
$B, T \geq H$

Oxydschichten können, wenn sie direkt vom Strahl getroffen werden, die Reflexion vermindern, in der Fuge können sie zu Spritzer- und Lunkerbildung führen, jedoch in der Regel weit weniger als z.B. eine verzinkte Oberfläche, die Oxydschichten sind meistens viel dünner.

Wichtig ist das Verhalten von Isolationslacken, hauptsächlich bei Drähten in der Elektrotechnik. Die Lacke dampfen an der Oberfläche ab und führen auch in der Fuge nur zur Lunkerbildung, wenn verkohlte Reste hochtemperaturfester Lacke eingeschlossen werden. Dickere, hochtemperaturfeste Lackschichten können eine Schmelzbrückenbildung verhindern.

Flüssige Rückstände oder Flüssigkeiten, die die Oberfläche benetzen, können eine Schweißung verhindern.

8.10 Schutzgas

Aufgrund der kleinen Schmelzvolumen und der kurzen Dauer der schmelzflüssigen Phase sind häufig keine Schutzgase erforderlich. Es ist jedoch ohne weiteres möglich, die Schweißstelle mit Schutzgas etwas anzublasen, um ein Oxydieren der Schmelzenoberfläche zu vermeiden und ein besseres Fließen zu bewirken. Bei an Atmosphäre stark versprödenden Werkstoffen wie Tantal oder Titan muß

Bild 8.9

in jedem Fall Schutzgas verwendet werden. Schweißen in einer Kammer ist durch ein Fenster aus Glas hindurch möglich.

8.11 Beispiele für Punkt- und Nahtschweißen

8.11.1 Punktschweißen

Ein Schwerpunkt für den Einsatz von Laser-Punktschweißen ist die Fertigung von Baugruppen aus CrNi-Stahl für TV-Bildröhren. Die Teile werden automatisiert gefügt, die Fügetoleranzen liegen im Bereich von 0,01 mm. Die Präzision des Fügens bleibt beim Schweißen mit Laser erhalten. Ohne Wartung werden Millionen von Schweißungen ausgeführt, was bei der automatisierten Fertigung großer Stückzahlen, in diesem Falle 2000–3000 St. pro Stunde und Maschine, ein weiterer Vorteil ist (Bild 8.9). An einem Tonkopf wird der Befestigungsbügel nach dem Vergießen geschweißt. Aufgrund der von Puls zu Puls exakt definierten und gleichbleibenden Energieübertragung kann geschweißt werden, ohne daß die Schmelze auf die Innenseite des Bechers und damit zur Vergußmasse vordringt. Bei der Verbindung eines Permanentmagneten mit einem Joch aus Weicheisen wird dieses punktuell auf den Magneten aus Sinterwerkstoff abgeschmolzen. Der Magnet wird über die Schweißstelle hinaus nicht erwärmt. Beide Verbindungen können in bezug auf das Fixieren und einer justierten Lage ohne Erwärmung auch durch Kleben erzielt werden. Schweißen mit Laser eignet sich jedoch besser zur Automatisierung (Bild 8.10).

Gasdichte Glasdurchführungen können durch Druck beim Schweißen undicht werden. Die berührungslose Energieübertragung vermeidet dies. Durch das kurzzeitige Erwärmen innerhalb weniger ms und die geringe Energie pro Schweißpunkt, wenige Ws, wird zudem der IC mit kurzen Anschlußfahnen im Innern weniger erwärmt als bei herkömmlichem Löten (Bild 8.11).

Eine häufige Anwendung von Punktschweißen mit Laser sind Verbindungen von Drähten. Die Ringe in Bild 8.12 aus CrNi-Stahldraht, die exakt geschnitten und spaltfrei gefügt sind, können bis zu einem Drahtdurchmesser von 0,4 mm mit einem Puls ohne Querschnittsveränderung geschweißt werden. Um bei größeren Drahtdurchmessern noch den vollen Querschnitt zu verschweißen, muß mit 2 gegenüberliegenden Punkten geschweißt werden. Sind die Drahtenden wie die Kupfermanteldrähte in Bild 8.13 gefügt, entsteht eine tropfenförmige Verbindung. In der Elektrotechnik müssen vor allem lackisolierte Kupferdrähte kontaktiert werden. Der Lack ist dabei kein Hindernis für die Laserschweißung. Entscheidend ist das Fügen und Positionieren der Drähte. Die Kupferlackdrähte, meistens Enden einer Spule, werden in der Regel mit Stanzbiegeteilen kontak-

Bild 8.10

tiert. Von der Funktion her ist ein exaktes Fügen und Positionieren nicht erforderlich, für die Laserschweißung jedoch Voraussetzung. Wenn die Drähte daher nicht formschlüssig, wie in Bild 8.14 gefügt sind, werden speziell entwickelte Fügeverfahren angewandt.

8.11.2 Nahtschweißen

Das Stanzband aus CuSn 0,1 dick, Bild 8.15, wird ohne Spalt und Versatz der Schnittkanten zu einem geschlossenen Ring gefügt und verschweißt. Da ohne Zu-

Bild 8.11

Bild 8.12

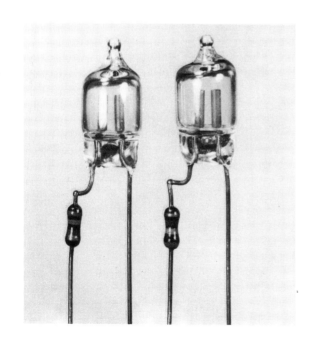

Bild 8.13

satzwerkstoff geschweißt wird, entsteht kein Auftrag an der Naht. Solche Nähte können im Bereich 0,1 bis 1 mm Werkstoffdicke geschweißt werden, wobei die Obergrenze werkstoffabhängig ist. Cu und Cu-Legierungen können z.B. nur bis ca. 0,5 mm Dicke geschweißt werden. Bei Dicken < 0,1 mm entstehen zunehmend Löcher. Überlappend gefügt können auch noch Folien < 0,1 dick geschweißt werden.

Bild 8.16 zeigt eine Dichtnaht an einem flachgedrückten Rohr aus CuSn. Diese Art zu schweißen eignet sich besonders gut für Dichtnähte. Während für die Nähte in Bild 8.16 und 8.17 entweder das Werkstück oder der Strahl bewegt werden können, kann für die Dichtnaht am Grund der Kalotte in Bild 8.17 nur das Werkstück bewegt, d.h. gedreht, werden, da mit einem zur Mittelachse geneigten Strahl geschweißt wird. Die Kalotte wird kontinuierlich gedreht, während der Laser mit gleichbleibendem Takt pulst.

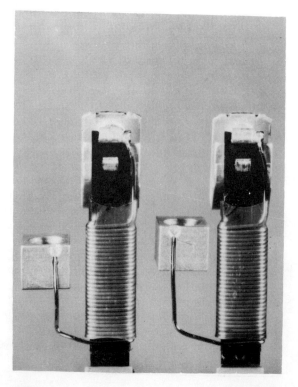

Bild 8.14

Bild 8.15

8.12 Schlußbemerkung

Punkt- und Nahtschweißen mit dem gepulsten Festkörperlaser ist eine Ergänzung der bisher angewandten Fügeverfahren. Das entscheidende Merkmal des Verfahrens ist die berührungslose Energieübertragung durch einen Lichtstrahl. Die hohe Energiedichte tritt nur im Brennpunkt auf und die Erwärmung erfolgt durch Absorption des Lichtes in einer exakt begrenzten Zone an der Werkstoffoberfläche.

Der Laserstrahl kann zwischen Strahlquelle und Fokussierungsoptik über eine größere Strecke geführt werden, wobei die Richtung durch Umlenken beliebig geändert werden kann. Über bewegliche optische Glieder kann die Schweißung von Puls zu Puls an einer anderen Stelle erfolgen, z.B. beim Schweißen mehrerer Einzelpunkte oder einer Naht in einer Ebene. Aus physikalischen und technischen Gründen ist das Verfahren auf feines Punkt- und Nahtschweißen mit Schweißpunktdurchmessern $\leqslant 1,5$ mm bzw. Nahtbreiten $\leqslant 1,5$ mm bei etwa derselben Eindringtiefe begrenzt.

Das Verfahren eignet sich aufgrund der berührungslosen Energieübertragung und ohne Verschleiß der Übertragungsmittel sowie der geringen Wartung besonders

Bild 8.16

Bild 8.17

für die Automation und wird deshalb überwiegend dort eingesetzt. Aber auch zum Schweißen von Einzelstücken und kleinen Serien hochwertiger Teile ist dieses Verfahren sehr praktikabel. Die Teile können ungehindert manipuliert und mit Hilfe des Mikroskopes exakt positioniert werden. Die Schweißung kann sofort visuell geprüft und gegebenenfalls korrigiert werden.

Dipl.-Ing. K. Lindner

9 Thermokompressionsschweißen und Impulslöten in Elektro- und Feinwerktechnik

9.1 Einleitung

Das Thermokompressionsschweißen und das Impulslöten mit Widerstandserwärmung sind beides Verfahren, die mit Druck und Wärme arbeiten. Druck und Temperatur unterscheiden sich graduell. Aus der Sicht des Anwenders entdeckt man Gemeinsamkeiten in den Geräten und Überschneidungen in der Anwendung. Eine Gegenüberstellung der beiden Verfahren kann daher Unterschiede, Vor- und Nachteile sowie typische Anwendungen deutlich machen.

9.2 Thermokompressionsschweißen

9.2.1 Definition und Grundlagen des Verfahrens

Das Thermokompressionsschweißen ist, wie aus der Bezeichnung zu erkennen ist, ein Preßschweißverfahren. Die Bezeichnung ist aus dem englischen Sprachgebrauch übernommen. Die im DVS Merkblatt 2804 versuchte Eindeutschung „Heizelementschweißen" hat sich, weil irreführend, nicht durchgesetzt (bei Heizelementschweißen denkt man zunächst an Schweißen von Kunststoffen).

Man unterscheidet nach DIN 1910 Kaltpreßschweißen und Warmpreßschweißen. Diesen Verfahren ist gemeinsam, daß eine homogene Verbindung dadurch zustande kommt, daß die Teile bis auf Molekülabstand mittels Druck angenähert werden. Eine plastische Verformung der Teile ist dabei verfahrenstypisch. Eventuell vorhandene Schmutz- und Oxydschichten und absorbierte Gase werden dabei verdrängt, können aber nicht, wie bei einem Schmelzschweißverfahren, ausgeschieden werden. Es ist daher besonders auf metallisch reine Oberfläche, saubere Verarbeitung und eine von Staub und aggressiven Gasen freie Umgebung zu achten.

Die Duktilität eines Werkstoffes und seine Affinität zum Sauerstoff bestimmen überwiegend seine Eignung zum Preßschweißen. Das Kaltpreßschweißen wird daher hauptsächlich bei Aluminium- und Kupferlegierungen angewendet, während das Thermokompressionsschweißen fast ausschließlich bei Gold angewendet wird. Unter Schutzgas bzw. im Vakuum würden sich noch eine Reihe von Werkstoffen verbinden lassen, jedoch sind dann meist wirtschaftlichere Alternativen vorhanden.

In der Mikroelektronik ist der Ausdruck ,,Thermokompressionsbonden" üblich. Darunter versteht man Schweißen von Drähten oder Bändchen, d.h., daß ein Draht bzw. Bändchen unter Einwirkung von Druck und Wärme auf dem zu kontaktierenden Bauelement (meist Halbleiter) und auf dem Gehäuseanschluß angeschweißt wird.

Erwärmung und Kraftaufbringung erfolgt über einen direkt oder indirekt beheizten Stempel sowie meist auch eine indirekte Beheizung des Bauteils (Substrate, Gehäuse usw.). Nach entsprechender Annäherung mittels Zusammenpressen kommt die Verschweißung durch Diffusion zwischen den Werkstoffen und atomare Bindungskräfte zustande.

Wenigstens einer der beiden Werkstoffe muß bei Schweißtemperatur duktil sein, damit beim Nachlassen der Anpreßkraft eine irreversible Annäherung der Oberflächen durch plastische Verformung zurückbleibt. Druck, Temperatur und Zeit — die drei Hauptparameter — müssen auf das plastische Fließverhalten abgestimmt sein.

In der Praxis werden z.B. Golddrähte mit einem Durchmesser zwischen 12 μm und 100 μm sowie Bändchen von 20 x 50 μm bis 0,2 x 2 mm verarbeitet. Typische Verfahrensparameter für einen Golddraht mit 25 μm Durchmesser sind 0,3—0,9 N Bondkraft (abhängig vom Werkzeug), 280—350 Grad Celsius Bondtemperatur und 0,3—0,6 s Bondzeit.

Die Parameter beeinflussen sich gegenseitig und müssen durch Versuche optimiert werden. Die Härte des Werkstoffes geht dabei ebenso ein wie die Dynamik der Maschine. Eine wichtige Rolle spielt auch die Gestaltung des Werkzeugs, des sogenannten Bondstempels.

9.2.2 Praktische Anwendung des Thermokompressionsschweißens

9.2.2.1 Ball-Wedge-Bonden

Die häufigste Anwendung des Thermokompressionsschweißens in der Mikroelektronik ist das Ball-Wedge-Bonden (Abb. 9.1). Der Golddraht wird durch eine

Bild 9.1:
Ball-Wedge-Bonden, Prinzip

Kapillare (auch Kontaktierdüse genannt) zugeführt. Die Bohrung der Kapillare mißt 1,5 bis 2 mal Drahtdurchmesser. Das aus der Kapillare vorstehende freie Drahtende wird mittels einer Wasserstoff-Flamme zu einer Kugel mit 2,5 bis 3fachem Drahtdurchmesser geschmolzen (Bild 9.2/3). Statt reinem Wasserstoff kann auch ein Wasserstoff-Sauerstoff-Gemisch verwendet werden, wobei sich Form und Temperatur der Flamme verändern. In letzter Zeit wird überwiegend eine sogenannte ,,elektrische Abflammung" verwendet. Dabei wird die Energie eines genau einstellbaren elektrischen Funkens zur Anschmelzung der Kugel verwendet.

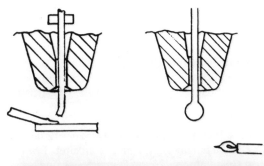

Bild 9.2:
Anschmelzen der Kugel an das abgerissene Drahtende

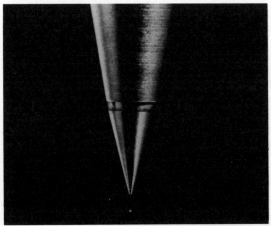

Bild 9.3:
Kapillare, Golddraht mit angeschmolzener Kugel

Durch Anpressen der Kugel (Ball) auf die Anschlußfläche am Halbleiter erfolgt die erste Schweißung, der Ball-Bond (Bild 9.4). Die Wärmezufuhr erfolgt über einen Heiztisch zum Substrat und über die Kapillare. Die Kapillare kann dabei dauernd oder nur impulsweise beheizt werden. An der Verbindungsstelle muß eine Temperatur von 290 Grad Celsius erreicht werden. Bei Impulsbeheizung der Kapillare kann die Temperatur des Substrates auf ca. 150—170 Grad Celsius reduziert werden. Als Kapillarenwerkstoff verwendet man dann meist das gut wärmeleitende Wolfram oder Wolframkarbid. Bei Dauerbeheizung der Kapillare hat sich in den letzten Jahren Keramik durchgesetzt, das sich durch niedrigen Preis und höhere Standmenge auszeichnet. Auch Kapillaren aus Rubin sind erfolgreich im Einsatz. Aufgrund ihrer glatten Oberfläche haben sie eine bis zu 4fach höhere Standmenge als Keramikkapillaren.

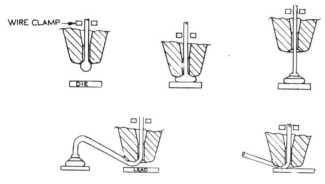

Bild 9.4: Kapillare senkt und macht Ballbond (1. Bond)
Kapillare hebt und verfährt, senkt wieder und macht Wedgebond (2. Bond)

Beim Abheben der Kapillare wird Draht nachgeführt. Durch Verschieben des Bondarms mit der damit verbundenen Kapillare oder durch Verschieben des Werkstücks wird die 2. Kontaktstelle angefahren. Die Kapillare preßt nunmehr mit ihrem Rand den Draht an und formt so die 2. Schweißung, den Wedge-Bond (Bild 9.4).

Die Ausformung des Kapillarenrandes bestimmt die Deformation des Drahtes und damit auch die Festigkeit der Schweißstelle (Bild 9.5). Gleichzeitig wird eine Sollbruchstelle geformt, um den Draht beim Abheben der Kapillare abreißen zu können.

Die Ausbildung der Kapillarenöffnung bestimmt die Form des Ball-Bonds. Sie reicht von einer Glockenform bis zu einer Nagelkopfform. Die Glocken-

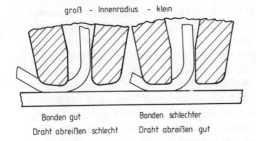

Bonden gut	Bonden schlechter
Draht abreißen schlecht	Draht abreißen gut

Bild 9.5:
Einfluß des Kapillarenrands
auf Wedgebond

form, entsprechend der größeren Kapillarenöffnung ermöglicht eine bessere Zentrierung der Kugel, während eine kleinere Öffnung einen kleineren Außendurchmesser und damit bessere Sicht beim Zielen ergibt. Der Außenradius der Kapillare bestimmt die Deformation des Wedge-Bonds. Zur Drahtschleife hin soll daher ein sanfter Auslauf und zur Kapillarenöffnung hin eine starke Deformation erfolgen. Auf diese Weise läßt sich der Draht abreißen, ohne die Schweißstelle zu schädigen.

Der Golddraht wird nach seiner Bruchlast und Dehnung (1/2—12%) ausgewählt. Die weicheren Drähte werden meist zum Thermokompressionsschweißen ausgewählt, während die härteren Drähte in der Regel mit dem Ultraschallschweißverfahren verarbeitet werden. Bei kleineren Drahtdurchmessern verwendet man ebenfalls härtere Drähte. Die geforderte Geometrie der Drahtschleife ist bei der Auswahl zu berücksichtigen. Die Wärme der Kapillare reduziert die Härte des Drahtes. Dies sollte bei der Wahl der Verfahrensparameter beachtet werden.

Die Führung des Drahtes in einer Kapillare ermöglicht ein freizügiges Ziehen der Drahtschleifen in jeder Richtung und begünstigt die Automatisierbarkeit des Verfahrens.

9.2.2.2 Wedge-Bonden von Drähten

Das Verfahren wird sowohl mit Kapillaren, als auch mit Keilen ausgeführt. Im einen Fall wird wie unter 9.2.2.1 der Wedgebond mit dem Kapillarenrand gebondet. Die Kapillare hat dabei innen und außen den gleichen Radius, da ja der Draht nicht abgequetscht werden darf (Bild 9.6). Für den ersten Bond muß der

Bild 9.6:
Wedgebonden mit Kapillare

Draht umgebogen unter dem Kapillarenrand liegen. Das Abtrennen des Drahtes erfolgt mit einer Schere oder durch Abstitchen. Dabei wird nach dem zweiten Bond der Draht am Rand des Pfostens oder der Gehäusedurchführung mit der Kapillare abgequetscht und ist so gleich für den ersten Bond wieder bereit.

Arbeitet man mit einem beheizten Keil, so gelten die gleichen Voraussetzungen (Bild 9.7/9.8). Nachteilig ist, daß man die Drahtschleife nur in einer Richtung — entsprechend der Drahtzuführung — ziehen kann. Dieses Verfahren wird daher zum Bonden von Drähten heute hauptsächlich dort angewandt, wo es auf sehr kleine Anschlußflächen und kleine Drahtbögen ankommt, z.B. in der Hochfrequenztechnik.

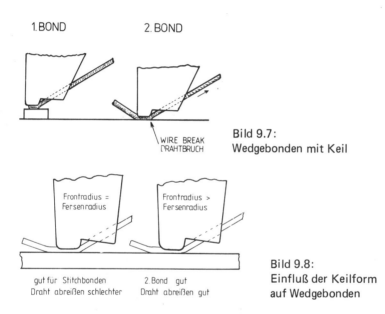

Bild 9.7: Wedgebonden mit Keil

Bild 9.8: Einfluß der Keilform auf Wedgebonden

9.2.2.3 Bändchen-Schweißen

Bei größeren Leitungsquerschnitten verwendet man anstelle von Drähten häufig Bändchen. Wegen der guten Leitfähigkeit und wegen der Korrosionsbeständigkeit setzt man teilweise Gold ein und verschweißt es im Thermokompressionsverfahren. In Mikrowellenbauteilen verwendet man Goldbändchen anstelle von Drähten wegen der stabilen Form der Schleife. Die Induktivität kann sich dabei nicht so leicht wie beim Verbiegen einer Drahtschleife verändern.

Dünne Bändchen von 20 x 50 μm bis 30 x 150 μm werden sowohl mit Kapillaren als auch mit Keilen verschweißt. Die Kapillare bietet den Vorteil des tieferen Eintauchens ins Gehäuse, während beim Schweißen mittels Keil auch noch größere Abmessungen verarbeitet werden können. Bändchen dicker als 30 μm können nicht mehr ohne weiteres abgerissen werden. Man arbeitet daher meist mit vorgeschnittenen Bändchen, die von Hand zugeführt werden oder mit einem Messer, das das Bändchen einkerbt, so daß es mit der Klammer abgerissen werden kann.

Eine weitere Anwendung ist das Aufschweißen von Bauteilen mit beam-lead-Anschlüssen, z.B. Dioden oder Transistoren (Bild 9.9).

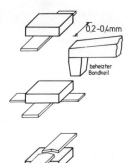

Bild 9.9:
Bonden von Beamlead-Bauteilen

9.3 Impulslöten

9.3.1 Definition und Grundlagen des Verfahrens

Beim Löten ist — im Unterschied zum Schweißen — ein Hilfswerkstoff mit einem niedrigeren Schmelzpunkt als der der Grundwerkstoffe als Bindemittel vorhanden. Das Lot wird bis auf Schmelztemperatur erhitzt und benetzt die zu verbindenden Oberflächen. Das Lot kann dabei auch in den Grundwerkstoff diffundieren.

Das Impulslöten ist eine Verfahrensvariante, bei der die Wärme mit einem beheizten Stempel unter Druck zugeführt wird (Bild 9.10). Der Stempel wird nur zum Zwecke einer Lötung (Impuls) aufgeheizt. Temperatur und Zeit richten sich dabei nach Masse und Geometrie des Bauteils. Der Druck dient zur Wärmeübertragung und zum Zusammenhalten der Teile. Er muß daher aufrechterhalten werden, bis das Lot erstarrt ist (Bild 9.11).

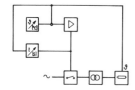

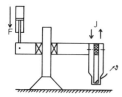

Bild 9.10:
Impulslöten mit Widerstandsheizung, Prinzip

Das Lot ist bereits vorhanden in Form einer galvanischen oder Schmelz-Auftragung, in Form von Lotformteilen (Ringe, Kugeln, Plättchen usw.) oder als Lotpaste. Es wird also nur nochmals aufgeschmolzen, weshalb dieses Verfahren unter die sog. Reflow-Verfahren einzureihen ist. Um ein gleichmäßiges Fließen des Lotes und damit eine zuverlässige Verbindung zu erreichen, ist das Vorhandensein von Flußmittel erforderlich. Es wird durch Tropfen, Pinseln, Tauchen, Stempeln, Walzen oder Fluxen — je nach Anwendungsmöglichkeiten — aufgetragen. Auf richtige Dosierung ist zu achten.

In der Handhabung und folglich auch in der Ausbildung der Maschinen hat dieses Lötverfahren viele Gemeinsamkeiten mit dem Thermokompressionsschweißen. Die Werkstoffauswahl ist umfangreicher als beim Thermokompressionsschweißen, da es nur auf das geeignete Lot ankommt. Wegen der relativ kurzen Lötzeiten sollte man allerdings aktivierte Flußmittel vermeiden, vor allem, wenn die Geometrie des Bauteils das Ausgasen erschwert. Ein Vorteil dieses Verfahrens ist jedoch, daß mehrere Stellen gleichzeitig verlötet werden können, während beim Thermokompressionsschweißen jede Stelle für sich alleine verschweißt werden muß. Die zu verlötende Masse ist begrenzt durch die Masse

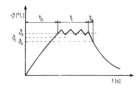

Bild 9.11:
Impulslöten mit Widerstandsheizung, Temperaturverlauf

und Wärmekapazität des Werkzeuges (Lötstempel), da ein rasches Aufheizen und Abkühlen nur mit relativ kleiner Werkstückmasse möglich ist.

9.3.2 Praktische Anwendung des Impulslötens

9.3.2.1 Montage von Halbleiterbausteinen auf Filmträger (Gang-Bonden, Film-Bonden)

Die zunehmende Komplexität elektronischer Bauteile führt zu höherer Anzahl elektrischer Anschlüsse. Bei der Herstellung der Drahtverbindungen zwischen Halbleiterchip und Gehäuseanschluß durch Drahtbonden muß man eine Verbindung nach der anderen machen. Bei automatisierten Maschinen kommt man heute schon auf maximal 4 Drähte pro Sekunde. Da die menschliche Arbeitskraft immer teurer wird, hat man parallel zu den klassischen Halbleitergehäusen aus Metall, Keramik und Plastik die Filmträger entwickelt (Bild 9.12). Ein Polyimidfilm ist mit einer geätzten Kupferleiterstruktur versehen. Diese wird galvanisch verzinnt. Die Halbleiterchips haben erhöhte Anschlüsse − sogenannte Lötbumps Bild 9.12), die meist vergoldet sind. In einem sogenannten Innerleadbonder (Bild 9.13) werden die chips mit ihren vorbereiteten Anschlüssen an der Kupferleiterstruktur des Filmträgers durch Reflowlöten befestigt.

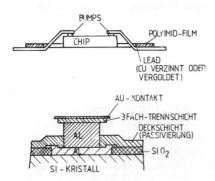

Innenanschlüsse : Innerlead − Bonder
Außenanschlüsse : Outerlead − Bonder
verzinnte Leads : Impulslöten 260 °C
vergoldete Leads : Thermokompressionsschweißen 400 °C

Bild 9.12:
Filmpacks, Aufbau, Lötbump

Der Vorteil liegt darin, daß mit einem Stempel alle Anschlüsse gleichzeitig gelötet werden können. Man hat dafür das Impulslötverfahren gewählt, da hierbei Druck und Wärme gleichzeitig für eine gleichmäßige Verlötung aller Anschlüsse sorgen. Eine genaue Werkzeugführung sorgt für gleichmäßige Druckverteilung.

Bild 9.13:
Innerlead-Bonder

Die Lötzeit liegt bei 1—2 sec. Je größer die Anzahl der Anschlüsse, umso wirtschaftlicher ist also dieses Verfahren.

Eine zweite Anwendung ist die Befestigung eben dieser Filmbauteile (Filmpacks) auf Schaltungen. Man setzt sie sowohl auf konventionellen gedruckten Schaltungen mit Epoxyplatten, als auch bei Hybridschaltungen auf Keramik- und Glassubstraten ein. Mit einem impulsweise beheizten Lötstempel werden in einem sogenannten Outerleadbonder (Bild 9.14) die Filmpacks vom Film abgeschnitten oder ausgestanzt. Anschließend werden sie positioniert und nach dem Reflow-Verfahren aufgelötet. Auch hier sorgen Druck und Wärme für ein gleichmäßiges und zuverlässiges Ergebnis. Bei größeren Geometrien muß durch geeignete Einrichtungen, z.B. Kardanische Halter für Lötwerkzeug oder Substrat, für gleichmäßige Druckverteilung gesorgt werden.

Bild 9.14:
Outerlead-Bonder
mit Prägen und
Stanzen der Leads,
Positionieren der
Filmpacks, Fluxen der
Substrate und
programmierbarem
x-y-Tisch

9.3.2.2 Impulslöten elektronischer Bauteile

Das Impulslötverfahren wird auch vorteilhaft zum Verlöten elektronischer Bauteile eingesetzt. Am weitesten verbreitet ist die Montage von Flatpacks. Das sind meist Plastikgehäuse mit flachen geraden oder gebogenen Beinchen, die auf die Schaltung aufgelötet werden — im Vergleich zu Gehäusen mit Durchsteckanschlüssen. Mit einer Impulslötmaschine werden entweder einzelne Beinchen oder mehrere gleichzeitig angelötet. Flußmittel und gleichmäßiger Anpreßdruck sind auch hier Voraussetzung für ein einwandfreies Ergebnis (Bild 9.15). Neuere Maschinen verwenden Kardanische Halter und Rahmenlötbügel, um alle Anschlüsse gleichzeitig zu verlöten (Bild 9.16/9.17).

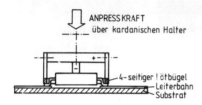

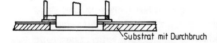

Bild 9.17:
Impulslöten von Flatpacks

Bild 9.16:
Impulslötmaschine mit kardanischem Halter und Rahmen-Lötbügel für vierseitige Flatpacks

Weiters lassen sich alle elektronischen Bauteile mit flachen Anschlüssen nach diesem Verfahren anlöten, z.B. Trimmer, Chip-Kondensatoren, Chip-Induktivitäten und natürlich auch Anschlußkämme.

Der Vorteil dieses Verfahrens liegt darin, daß die Teile angedrückt werden und

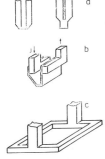

Bild 9.15:
Flat-Pack-Löten mit Widerstandsheizung, Stempelformen

der Druck erst wieder weggenommen wird, wenn das Lot erstarrt ist. Dieses Lötverfahren ermöglicht einen minimalen Lotverbrauch und wegen kurzzeitiger Erwärmung optimale Lötergebnisse ohne spröde Phasen im Bereich der Lötstelle.

9.3.2.3 Impulslöten lackisolierter Drähte

Bei kleinen Bauteilen sind mitunter die Anschlüsse für eine Tauchlötung nicht zugänglich. Da man die Hände zum Positionieren benötigt, ist der Einsatz einer Impulslötmaschine gegenüber dem Handlötkolben oft vorteilhaft. Dieses Verfahren wird z.B. bei kleinen Spulen für Tonköpfe oder Meßwerke eingesetzt oder bei der Befestigung von Spulenanschlüssen an Leiterplatten.

9.3.2.4 Vorbereitung der Werkstücke

Wie bereits erwähnt, werden Werkstücke mit kleiner Masse verarbeitet. Vor allem beim simultanen Verlöten von Anschlüssen hochpoliger IC's spielt die Gleichmäßigkeit aller zu verlötender Anschlüsse eine wichtige Rolle für ein gleichmäßiges Lötergebnis. Alle Anschlußpads sind daher auf gleiche thermische Masse auszulegen und Wärmesenken sind zu vermeiden (Bild 9.18). Eine gleichmäßige Dicke der Lotschicht, z.B. 10–15 μm ± 2 μm für Filmpacks und 15–30 μm ± 3 μm für Flatpacks, ist Grundvoraussetzung für ein gleichmäßiges Lötergebnis (bei feineren Anschlußstrukturen gelten die niedrigeren Werte). Die Beinchen der

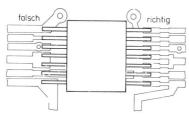

Bild 9.18:
Flat-Pack-Löten, Layout

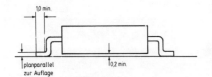

Bild 9.19:
Flatpack mit abgekröpften Beinchen

Flatpacks sind gleichmäßig vorzubiegen (Bild 9.19). Eutektisches Lot, z.B. galvanisch aufgetragen und umgeschmolzen, hat sich am besten bewährt. Als Flußmittel sind nicht aktivierte Flußmittel FSW 31 bzw. FSW 32 nach DIN zu bevorzugen.

9.4 Prüfung

9.4.1 Prüfung von geschweißten Verbindungen

Da es sich meist um Drahtverbindungen handelt, ist eine Zugprüfung am einfachsten auszuführen.

Mit einem Zugprüfgerät (Bild 9.20), das Kräfte herunter bis 1 mN messen kann, werden die Drahtschleifen gezogen. Dabei faßt ein Haken mit entsprechend kleinem Durchmesser unter die Drahtschleife (Bild 9.21). Der Antrieb solcher Geräte erfolgt über Gewichte oder mittels Motor. Die Kraft wird eingestellt je nachdem, ob nicht zerstörend oder zerstörend geprüft werden soll. Bei nichtzerstö-

Bild 9.20:
Zugprüfgerät zum Abziehen von Drahtschleifen in der Mikroelektronik

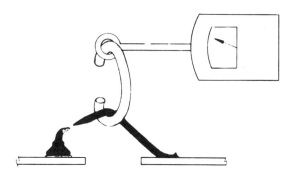

Bild 9.21:
Prüfen von Drahtverbindungen, Prinzip

render Prüfung ist ein gehöriger Sicherheitsabstand von der Bruchlast zu halten, um Vorschädigungen der Schweißstellen zu vermeiden.

Da die Drahtschleifen unter einem bestimmten Winkel gezogen werden, ergeben sich keine absoluten Werte, sondern Vergleichswerte für eine bestimmte geometrische Anordnung (Bild 9.21). Beim Prüfen von Bändchen oder Beam-lead-Bauteilen setzt man ebenfalls zerstörende Prüfung durch Abziehen oder Abscheren ein.

Als nichtzerstörende Prüfung wird auch die Sichtprüfung verwendet. Die Verformung ergibt dabei einen guten Anhaltswert für gute Schweißverbindungen, ist jedoch keine sichere Aussage. Für die dynamische Dauerfestigkeit werden auch Rütteltests mit hoher Beschleunigung durchgeführt.

A Bruch des 1. Bonds
B Drahtbruch neben dem 1. Bond
C Drahtbruch
D Drahtbruch neben dem 2. Bond
E Bruch des 2. Bonds

Bild 9.22:
Prüfen von Drahtverbindungen, mögliche Bruchstellen

9.4.2 Prüfen von Lötverbindungen

Wie bei allen Lötverbindungen ist auch hier die nichtzerstörende Prüfung problematisch. Sichtkontrolle und Mitschreiben des Temperatur-Zeitverlaufs führen zu einer relativ hohen Fertigungssicherheit. Eine zerstörende Prüfung an Stichproben ist jedoch auch hier zweckmäßig. In vielen Fällen wird dabei eine Zerstörung mittels Pinzette oder Zange ausreichend sein. Mit entsprechenden Kraftmeßeinrichtungen ist jedoch auch hier eine qualitative Aussage möglich.

Mittels Haken oder Spannzangen werden einzelne Anschlüsse abgezogen und ihre Abreißkraft ermittelt. Für die dynamische Dauerfestigkeit werden auch Rütteltests durchgeführt, wobei man versucht, die tatsächliche Bauteilbeanspruchung möglichst getreu zu simulieren.

9.5 Wirtschaftliche Bedeutung der Verfahren

Die beiden vorgestellten Verfahren, das Thermokompressionsschweißen und das Impulslöten sind aus der Elektronikfertigung nicht mehr wegzudenken. Beide Verfahren eignen sich für die Massenanfertigung und sind gut automatisierbar. Bei einigen Anwendungen haben diese Verfahren einen hohen Automatisierungsgrad erreicht, nämlich beim Bonden von integrierten Schaltkreisen. Sowohl das Drahtbonden als auch das Gangbonden können mit automatischen Maschinen ausgeführt werden. Allein in der Bundesrepublik schätzt man, daß jährlich ca. 10^{10} Verbindungen durch Thermokompressionsschweißen und Impulslöten hergestellt werden. Über die Elektronik hinaus sind zur Zeit kaum Anwendungen in Sicht. Durch die steigende Anzahl elektronischer Bauelemente werden diese Verfahren in ihrer Bedeutung noch zunehmen.

Dipl.-Ing. K. Lindner

10 Ultraschallschweißen in Elektro- und Feinwerktechnik

10.1 Einleitung

Das Ultraschallschweißen ist ein relativ junges Schweißverfahren. Für eine Reihe von Anwendungen hat es sich einen festen Platz in der Industrie erobert. Vor allem in der Elektrotechnik und Elektronik sind viele Verbindungen heute anders nicht mehr herstellbar. Um das Verfahren richtig einzusetzen, ist es wichtig, daß der Anwender die Grundlagen des Verfahrens kennt. Die folgenden Ausführungen sollen dazu helfen.

10.2 Definition des Ultraschallschweißens

Ultraschallschweißen ist ein Verfahren, mit dem artgleiche und artungleiche Metalle, aber auch Kunststoffe miteinander verschweißt werden. Die Energie wird dabei in Form hochfrequenter mechanischer Schwingungen über die Sonotrode auf die überlappte Verbindungsstelle geleitet. Praktisch werden Frequenzen von 15—60 kHz verwendet. Die beiden Werkstücke werden zusammengedrückt und ohne Zusatzwerkstoffe in einer sehr schmalen Zone verschweißt. Durch innere Reibung entstehende, sowie von außen zugeführte Wärmeenergie spielt für den Prozeß eine untergeordnete Rolle.

Man unterscheidet:

Ultraschall-Punktschweißen

Gebräuchlich für das Verbinden von Metallen und Kunststoffen. Dabei wird jeweils ein einzelner Punkt geschweißt. Beim Schweißen von Kunststoffen ist Mehrfachpunktschweißen möglich (Bild 10.1).

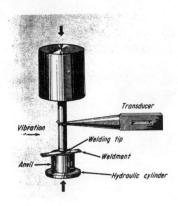

Bild 10.1:
Ultraschall-Punktschweißen

Ultraschall-Ringschweißen

Gebräuchlich für das Verbinden von Metallen. Durch kreisförmige Bewegung der Sonotrode wird eine ringförmige Schweißverbindung hergestellt (Bild 10.2).

Ultraschall-Linien- oder Strichschweißung

Gebräuchlich für das Verbinden von Metallen und Kunststoffen. Durch eine längliche Sonotrode wird eine linienförmige Schweißung erzeugt.

Ultraschall-Nahtschweißen

Gebräuchlich für das Verbinden von Metall-Folien. Die Werkstücke werden unter der Sonotrode weiter bewegt, so daß eine durchgehende Schweißnaht entsteht (Bild 10.3).

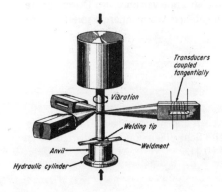

Bild 10.2:
Ultraschall-Ringschweißen

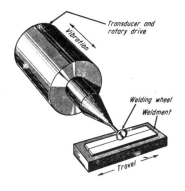

Bild 10.3:
Ultraschall-Ringschweißen

10.3 Grundlagen des Verfahrens

10.3.1 Ultraschallschweißen von Metallen

10.3.1.1 Bindungsmechanismen

Das Ultraschallschweißen ist ein Kaltpreßschweißverfahren, das ohne Wärmezufuhr arbeitet. Je nach Wahl der Parameter — Anpreßdruck, Ultraschall-Leistung, Schweißzeit — kann es zu deutlicher Erwärmung der Teile kommen. Dies ist jedoch für das Entstehen der Schweißverbindung unerheblich. Voraussetzung für das Zustandekommen einer Verschweißung zweier metallischer Werkstoffe ohne flüssige Phase ist die Annäherung der Oberflächen bis auf Atomabstand.

Dazu ist einerseits ein gewisser Anpreßdruck erforderlich, andererseits eine metallisch blanke Oberfläche.

Eine Reihe von Werkstoffen haben, dank ihrer Affinität zum Sauerstoff, stets eine Oxydhaut, die durchbrochen werden muß, soll eine Schweißverbindung zustande kommen. Dies kann durch ein reduzierendes Schutzgas bewerkstelligt werden oder aber durch mechanisches Zertrümmern der Oxydschicht. Letzteres ist beim Ultraschallschweißen der Fall. Da aber die Oxyde in der Schweißzone eingeschlossen bleiben, muß man für möglichst saubere Oberflächen und minimale Oxydschichtdicke sorgen.

Beim Gold, das in der Elektronik viel verwendet wird, ist zusätzliche Wärme (Vorwärmen auf ca. 150 Grad Celsius) vorteilhaft, um die Oberfläche zu entgasen und so das Zustandekommen der Verbindung zu fördern.

Beim Ultraschallschweißen von Metallen wird hochfrequente Schwingungsenergie in das obere — der Sonotrode zugewandte — Werkstück eingeleitet. Das untere Werkstück ist festgespannt. Das obere Werkstück schwingt parallel zu der Ebene, in der auch die Schweißverbindung entstehen soll.

Man hat sich lange Zeit vorgestellt, daß durch einen Reibeffekt, wenn die beiden Werkstücke gegeneinander schwingen, gewissermaßen ein Verhaken der Oberflächen eintritt. Nach einer Untersuchung von Harman und Albers tritt jedoch unter dem Einfluß der Ultraschallenergie ein Erweichen des Werkstoffes auf, das zum Fließen und damit zur Annäherung der beiden Werkstücke bis auf Atomabstand führt. Ist dies in einem ausreichend großen Bereich der Fall, so ist die Schweißung zustandegekommen. Weitere Zufuhr von Ultraschallenergie könnte die Verbindung wieder zerstören.

Eine wesentliche Voraussetzung für das Zustandekommen der Schweißverbindung ist demnach die Eigenschaft der Duktilität — d.h., daß dieses Fließen unter dem Einfluß der Ultraschallenergie in ausreichendem Maße zustande kommt.

10.3.1.2 Energiezufuhr

Beim Ultraschallschweißen von Metallen wird die Energie über die angedrückte Sonotrode zugeführt. Das die Werkstückoberfläche berührende Sonotrodenende schwingt in einer Ebene parallel zur Verbindungsebene (Bild 10.4). Die Längsschwingung des Transducers wird in Querschwingung des Werkzeugs umgewandelt.

Die Höhe des Anpreßdrucks ist abhängig von der Dicke und der Festigkeit des der Sonotrode zugewandten Werkstückteils. Höhe und Dauer der Energiezufuhr sind ebenfalls danach auszuwählen.

Dabei ist darauf zu achten, daß zwischen der Sonotrode und dem Werkstück ein guter Kontakt zustandekommt, um die zugeführte Energie möglichst vollständig auf das Werkstück zu übertragen.

Eine gewisse Rauhigkeit der Sonotrode kann hilfreich sein (vor allem bei größeren Leistungen).

Das der Sonotrode abgewandte Werkstückteil muß in einem stabilen Werkzeug — auch Amboß genannt — festgespannt sein. Die Masse des Werkzeugs und die Befestigung muß so sein, daß keine Schwingungen des unteren Werkstückteils stattfinden können.

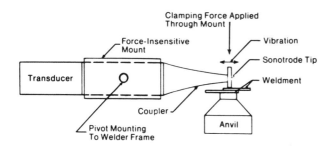

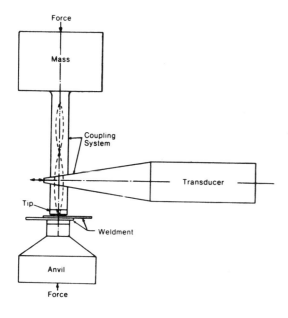

Bild 10.4: Ultraschall-Punktschweißeinrichtung für Metalle, prinzipieller Aufbau
oben: Schwinghebellagerung
unten: kraftunabhängige Lagerung des Transducers

10.3.2 Ultraschallschweißen von Kunststoffen

10.3.2.1 Bindungsmechanismen

Grundsätzlich lassen sich die thermoplastischen Kunststoffe verschweißen, indem man die Fügeflächen anschmilzt.

Dies kann durch direkte Wärmezufuhr oder durch Wärmeerzeugung über die Zufuhr mechanischer oder elektrischer Energie erfolgen.

Beim Ultraschallschweißen wird hochfrequente (meist 20 kHz) mechanische Energie in das eine Werkstückteil geleitet und erzeugt an der Stoßstelle zum anderen Werkstückteil Wärme. Diese führt zum Anschmelzen der Fügeflächen und somit zur Schweißverbindung.

Die Leitfähigkeit für die Ultraschallenergie ist unterschiedlich. Man unterscheidet daher ,,near field"- und ,,far field"-Schweißungen (Bild 10.5). Schlecht leitende Kunststoffe können nur in einem Dickenbereich von max. 5–6 mm verschweißt werden – man spricht von ,,near field"-Schweißung. Darüberhinaus spricht man von ,,far field"-Schweißungen. Solche gutleitenden Kunststoffe begrenzen die Dicke des aufzuschweißenden Teiles nicht so stark wie die vorerwähnten schlechtleitenden.

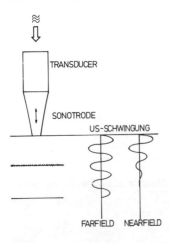

Bild 10.5:
Ultraschall-Schweißen von Kunststoff, Prinzip

10.3.2.2 Energiezufuhr

Anders als beim Ultraschallschweißen von Metallen wird bei Kunststoffen die Ultraschallschwingung eingeleitet in Richtung auf die Fügestelle zu. Mechanischer Druck und Ultraschallschwingung wirken also in der gleichen Richtung (90 Grad versetzt zur Fügeebene). Das untere, der Sonotrode abgewandte Werkstückteil wird ebenso in einer Halterung (Amboß) gespannt. Diese soll massiv sein, um nicht selbst zu schwingen.

10.3.3 Energieerzeugung

Elektrische Energie aus dem 50 Hz-Netz wird in einem Ultraschallgenerator (Bild 10.6) in hochfrequente Schwingungsenergie umgewandelt. In der Anwendung liegt die Mehrzahl dieser Geräte bei kleinen Leistungen: 5, 10, 30, 50, 100 W sind typische Nennleistungen. Es sind jedoch heute schon Leistungen bis etwa 5 kW realisierbar.

Die verwendeten Frequenzen liegen zwischen 15 und 60 kHz. Die hohen Frequenzen sind mehr den kleinen Leistungen vorbehalten, weil hier die Übertragungsverluste bereits ins Gewicht fallen.

Die hochfrequente elektrische Schwingung wird in einem Transducer in mechanische Schwingung umgewandelt. Dabei werden verschiedene Arten von Schwingern eingesetzt.

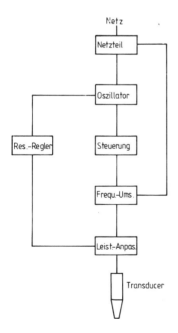

Bild 10.6:
Ultraschall-Generator,
Blockschaltbild

Magnetostriktive Transducer arbeiten mit dem physikalischen Effekt der Längen-Änderung magnetostriktiver Werkstoffe, wenn sie einem magnetischen Feld ausgesetzt werden. Am häufigsten wird hierfür Nickel verwendet, aber auch Legierungen, wie z.B. 2 V Permendur oder Ferrocube. Auftretende Wirbelströme würden zu starker Erwärmung führen, daher werden die Transducer ebenso lamelliert, das heißt aus Plättchen zusammengesetzt wie Transformatorkerne. Als Isolierung zwischen den Blechlamellen dient eine dünne Oxydschicht. Die Magnetostriktionseigenschaften werden meist durch Härten verbessert. Die Wicklung wird um die Lamellen oder durch ein Fenster in den Lamellen gewickelt.

Der Magnetostriktionseffekt ist dem Quadrat der magnetischen Feldstärke proportional. Um eine lineare Abhängigkeit von einem sinusförmigen Wechselstrom zu erhalten, wird das Lamellenpaket daher polarisiert oder vorgespannt — bei kleinen Leistungen mittels Dauermagnet, bei großen mittels Gleichstrom.

Elektrostriktive Umformer arbeiten mit der Längenänderung elektrostriktiver Materialien unter dem Einfluß des elektrischen Feldes. In der Regel werden Keramikelemente aus Blei-Zirkon oder Barium-Titan verwendet.

Diese Elemente werden durch eine angelegte elektrische Spannung polarisiert. Dieser Spannung wird die hochfrequente Wechselspannung überlagert. Da die Längenänderung dem Quadrat der elektrischen Feldstärke proportional ist, ergibt sich aus der oben beschriebenen Verfahrensweise, daß die Platte mit der doppelten Frequenz der zugeführten Spannung schwingt. Blei-Zirkon und Barium-Titan können bleibend polarisiert werden, so daß die elektrische Vorspannung entfallen kann.

Allerdings geht die Vorspannung verloren, wenn eine Erwärmung über den Curie-Punkt stattfindet. Dieser liegt für Barium-Titan bei 115 °C.

Die elektrostriktiven Umformer haben einen Wirkungsgrad von 80% gegenüber 30% bei den magnetostriktiven. Allerdings sind sie in der Leistung begrenzt, bedingt durch die begrenzten Einspannmöglichkeiten. Denn nur im starr eingespannten Zustand können sie ihre Schwingungen übertragen.

Zum Transducer gehört auch noch das Horn, das die Ultraschallschwingung zum Werkstück weiterleitet. Um eine möglichst große Schwingungsamplitude am Werkstück zu erhalten, hat man die Form des Horns optimiert. Die Länge und Form des im Horn befestigten Werkzeugs spielt ebenfalls eine wichtige Rolle (Bild 10.7).

Transducer, Horn und Werkzeug müssen so abgestimmt sein, daß sie ihre Resonanzfrequenz in der Nähe der Arbeitsfrequenz des Ultraschallgenerators haben. Dieser selbst ist in der Frequenz nachstellbar, um auf die Resonanzfrequenz des

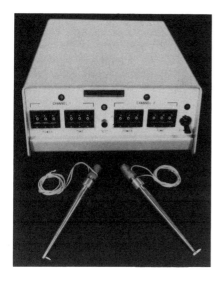

Bild 10.7:
Ultraschall-Generator
5 W mit Piezokeramischen
Transducern

Übertragungssystems abstimmen zu können. Generatoren mit kleinen Leistungen sind selbstnachregelnd, d.h., sie suchen sich selbst die Resonanzfrequenz innerhalb eines bestimmten Frequenzbereichs und zwar für jeden Schweißvorgang; sie regeln also die Resonanzfrequenz, wenn sich diese z.B. durch Erwärmung verändert.

10.4 Praktische Anwendung des Ultraschallschweißens

10.4.1 Ultraschallschweißen von Metallen

10.4.1.1 Mikroelektronik — Ultraschallbonden

Unter Ultraschallbonden in der Mikroelektronik versteht man das Verbinden von Halbleiterbausteinen mit dem Gehäuse oder der Hybridschaltung mittels Aluminium oder Golddraht. Das Herstellen dieser Verbindungen mittels Ultraschallenergie hat den Vorteil der niedrigen Schweißtemperatur im Vergleich zum Thermokompressionsschweißen. Man verwendet dafür ausschließlich Einrichtungen, die mit 60 kHz arbeiten. Bei niedrigeren Frequenzen besteht die Gefahr, daß durch Eigenschwingung die Siliziumhalbleiter springen. Es gibt allerdings Bauelemente, die auch bei der Frequenz von 60 kHz zerstört werden. Da Geräte mit höheren Frequenzen nicht erhältlich sind, weicht man dann auf das Thermokompressionsschweißen aus.

Beim Draht-Bonden unterscheidet man Wedge-Wedge-Bonden und Ball-Wedge-Bonden. Das Wedge-Wedge-Bonden (Bild 10.8) wird hauptsächlich für Aluminiumdraht und gelegentlich für Golddraht eingesetzt. Wegen der Affinität zum Sauerstoff ist es nur unter Schutzgas möglich, an den Aluminiumdraht eine Kugel (Ball) anzuschmelzen. Daher wird in der Praxis das Ball-Wedge-Bonden (Bild 10.9) fast ausschließlich bei Golddraht angewendet.

Das Anschmelzen der Kugel erfolgt mit einer feinen Wasserstoff-Flamme oder bei neueren Maschinen meist mit einem elektrischen Funken.

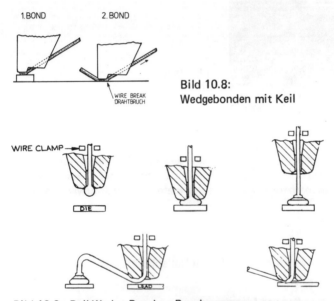

Bild 10.8: Wedgebonden mit Keil

Bild 10.9: Ball-Wedge-Bonden, Bondvorgang
Kapillare senkt und macht Ballbond (1. Bond)
Kapillare hebt und verfährt, senkt wieder und macht Wedgebond (2. Bond)

Mit dem Ultraschallschweißverfahren werden Golddrähte von 17–100 μm Ø und Aluminiumdrähte von 17–500 μm Ø verarbeitet. Die Aluminiumdrähte enthalten in der Regel 1% Silizium, um bessere mechanische Eigenschaften zu erzielen.

Bei dickeren Drähten verarbeitet man zum Teil auch Reinstaluminium Al 99,5, da hier die Festigkeit gegenüber der Leitfähigkeit etwas an Bedeutung verliert.

Beim Ultraschallbonden verwendet man in der Regel auch härtere Golddrähte als beim Thermokompressionsbonden. Als typische Kennwerte verwendet man jedoch nicht die Härte, sondern Reißlast und Dehnung. Typische Werte sind z.B. für einen Draht mit 25 μm ∅

	Alu (1% Si)	Gold
Reißlast	0,10–0,14 N	0,065–0,009 N
Dehnung	1–3%	2–4%

Typische Bondparameter sind für 25 μm ∅

	Alu (1% Si)	Gold
Bondkraft	0,2–0,3 N	0,3–0,4 N (ball), 0,4–0,5 N (wedge)
Schweißzeit	20–50 ms	20–50 ms
Ultraschall-Leistung	< 0,5 W	< 0,5 W

Da die Halbleiter meist Anschlußflecke mit Al-Beschichtung haben, verwendet man z.B. in Bauelementen für militärische und Raumfahrteinrichtungen vorzugsweise Aluminiumdrähte (Bild 10.10). Da man diese meist wedge-wedge-bondet, ist die Arbeitsweise richtungsabhängig. Dies macht die Automatisierung aufwendiger. Der Golddraht kann beim Ball-Wedge-Verfahren frei in allen Richtungen verlegt werden und erleichtert damit die Automatisierung. Allerdings tritt eine Wanderung von Goldatomen in das Aluminium hinein auf, und zwar verstärkt bei höheren Temperaturen. Dies kann, vor allem, wenn die Aluminiumschicht dick ist im Verhältnis zum Golddraht, zu einer Auflösung der Verbindung führen.

Eine Variante des Ultraschall-Bondens von Golddraht ist das sogenannte Thermosonic-Verfahren (Bild 10.11). Dabei wird das Werkstück (oder das Bondwerkzeug)

Bild 10.10:
Ultraschall-Wedgebonder für Drähte und Bändchen

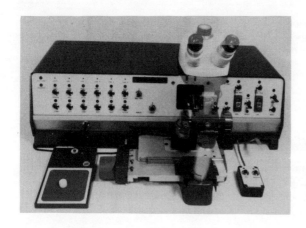

Bild 10.11:
Mikroprozessor-
gesteuerter Ultraschall-
Drahtbonder
Ball-Wedge für
Golddraht 17 bis 38 μm
Durchmesser

auf eine Temperatur im Bereich von 100–170 °C vorgeheizt. Da die Zugfestigkeit im Bereich von 25–320 °C bei Gold nur um 15% absinkt, kann das bessere Bonderergebnis, das man mit solchen Maschinen erreicht, nicht durch höhere Duktilität erklärt werden.

Man muß vielmehr annehmen, daß die Beseitigung von Oberflächenverunreinigung, vor allem Gaseinschlüssen, die bei dieser erhöhten Temperatur schneller geht, die Hauptursache für diese Verbesserung ist. In der Tat lassen sich manche Metallisierungen erst mit zusätzlicher Erwärmung reproduzierbar bonden. Nach diesem Verfahren werden nicht nur Runddrähte, sondern auch Bändchen von 20 x 50 μm bis ca. 50 x 300 μm verschweißt.

10.4.1.2 Ultraschallschweißen von Bauteilen

Eine ganze Reihe von Werkstoffen lassen sich mittels Ultraschallschweißen verbinden (Bild 10.12). Es ist zu beachten, daß sich duktile Werkstoffe am besten zum Ultraschallschweißen eignen, spröde Werkstoffe so gut wie gar nicht.

Die größte Anwendung liegt hier bei Aluminium und Kupfer – in der Elektrotechnik weitverbreiteten Werkstoffen. Typische Anwendungsbeispiele sind Aluminiumkondensatoren (Anschlüsse an Wickel).

Dafür werden Ultraschall-Punktschweißmaschinen eingesetzt (Bild 10.4). Diese bestehen aus dem Transducer mit dem Horn, einem Schweißwerkzeug, einer Einrichtung zur Krafterzeugung und einem Amboß, um das Werkstück aufzunehmen. Der Transducer ist entweder als Schwinghebel gelagert oder kraftunabhängig so mit dem Werkzeug verbunden, daß die Anpreßkraft direkt auf das Werkzeug ausgeübt werden kann.

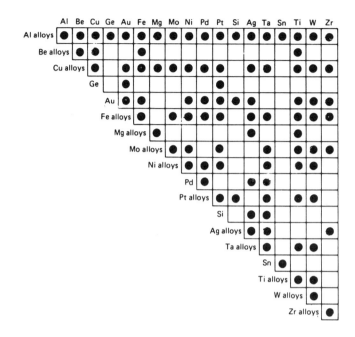

Bild 10.12: Ultraschallschweißbare Metalle (nach AWS)

Es gibt Anhaltsformeln zur Ermittlung der erforderlichen Schweißenergie:

$E = K \times H^{3/2} \times s^{3/2}$
E = elektrische Energie in Ws
K = Const., z.B. 1,1718 für keramische Transducer
H = Vickershärte
S = Materialdicke in mm

Daraus ist ersichtlich, daß die Härte wesentlich die schweißbare Blechdicke begrenzt, und zwar des der Sonotrode zugewandten Teils der zu fügenden Werkstücke (Bild 10.13).

Für Weich-Aluminium ist die Grenze zur Zeit bei ca. 2,5 mm, für härtere Werkstoffe bei 0,4—1 mm.

Die Grenze nach unten liegt für Drähte bei ca. 12 μm und für Folien ca. 4 μm und zwar aus physikalischen Gründen. Die Größe der Kristalle liegt hier bereits in einer Größenordnung, daß das Ausbrechen eines einzelnen Kristalls Festigkeitsschwankungen von 30—50% zur Folge haben kann.

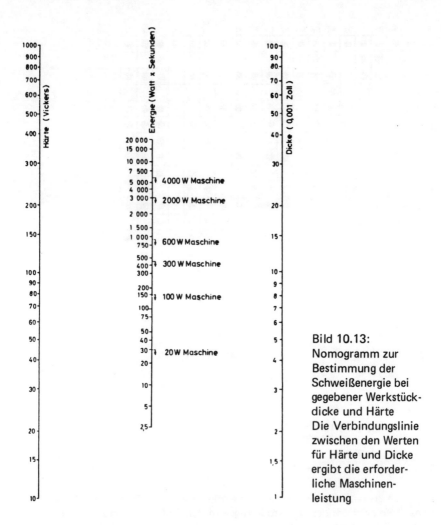

Bild 10.13:
Nomogramm zur Bestimmung der Schweißenergie bei gegebener Werkstückdicke und Härte
Die Verbindungslinie zwischen den Werten für Härte und Dicke ergibt die erforderliche Maschinenleistung

Schweißparameter

Anpreßkraft
Höhe bestimmt durch erforderliche Schweißenergie. Die Sonotrode muß durch die Anpreßkraft mit dem ihr zugewandten Werkstückteil gekoppelt werden, damit die Relativbewegung zwischen den zu verschweißenden Teilen erfolgt.

Anpreßkraft
passend — min. Schweißzeit

zu hoch — Deformation
zu niedrig — Rutschen zerstört Oberfläche und evtl. auch Sonotrode

für magnetostriktive Transducer gilt ca. 0,1—4 N je W Maschinenleistung.

Elektrische Leistung
Angaben in W Hochfrequenzleistung. Für den Leistungsbedarf ist das der Sonotrode zugewandte Teil maßgebend. Maschinen von 3 W — ca. 10 kW sind auf dem Markt.

Schweißzeit
dünne Drähte und Folien: 5—30 ms
dickere Teile max. 1 s

Bei zu langer Schweißzeit tritt Erwärmung und eventuelle Zerstörung der Schweißung auf.

Parameterzusammenspiel siehe Bild 10.14. Zur Ermittlung der optimalen Parameter ermittelt man eine Kurve, die bei Verändern der Kraft (Zeit, Leistung jeweils konstant) entsteht. Diese Kurve schließt ein Feld optimaler Parameter ein.

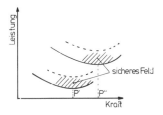

P', P'' optimale Kraft für minimale Energie bei Blechdicke s', s''
Diagramm jeweils für konst. Zeit

Bild 10.14:
Parameteroptimierung für
Ultraschallschweißen von Metallen

Sonotrode
Oberfläche und Form sind wichtig. Meist wird die Form ballig mit einem Radius von 50—100 x Blechdicke sein. Zu kleiner Radius ergibt zu starke Deformation. Zu großer Radius ergibt unverschweißte Inseln und erfordert mehr Energie. Für kleine Teile, wie z.B. dünne Folien, ist auch ein flaches Werkzeug mit Radius am Rand geeignet.

Die Oberfläche sollte rauh sein, z.B. sandgestrahlt. Dadurch kann mit kleinerer Anpreßkraft und Energie gearbeitet werden.

Schutzgas: normalerweise nicht erforderlich, nur wenn unerwünschte Verfärbung vermieden werden soll.

Werkstückvorbereitung
Da Oxyde und Schmutz in die Schweißung eingeschlossen werden, ist auf saubere, metallisch blanke Oberfläche zu achten. Entfetten ist stets zweckmäßig, beizen gelegentlich vorteilhaft.

Schweißpunkte sollten nicht am Rand gesetzt werden. Randabstand ca. 3 x Blechdicke ist empfehlenswert.

Beim Einbringen des Werkstückes ist auf feste Einspannung des der Sonotrode abgewandten Teils zu achten. Werkstückresonanz ist zu vermeiden, da dann keine Schweißung, jedoch Zerstörung des Werkstücks auftreten kann.

Punktschweiß-Maschinen können vielfältig eingesetzt werden. Außer den erwähnten Aluminiumkondensatoren wurden erfolgreich Thermoelemente geschweißt. Auch isolierte Kupfer- und Aluminiumdrähte können unter gewissen Bedingungen geschweißt werden. Die Spulenenden von Rotoren von Gleichstrommaschinen werden in USA teilweise durch Ultraschall mit dem Kollektor verschweißt.

Das Utraschall-Ringschweißen setzt eine Drehschwingung des Werkzeugs voraus. Dies wird erreicht durch zwei Transducer, die im Gegentakt schwingen (Bild 10.2). Die Herstellung von Horn und Sonotrode verlangt hier besondere Sorgfalt.

Ein planes Aufsetzen der Sonotrode auf dem Amboß ist Voraussetzung für eine auf den ganzen Kreisumfang verteilte Schweißnaht. Anwendungsbeispiele sind das Verschließen von Gehäusen aller Art, angefangen von Halbleitern bis hin zu Sprengkörpern und -kapseln. Bei letzteren liegt der Vorteil des Ultraschallschweißens als kaltes Füge-Verfahren auf der Hand.

Die Ultraschall-Linien- oder Strichschweißung wird z.B. bei der Herstellung von Aluminiumdosen für die Längsnaht eingesetzt. Beim Verschließen rechteckiger Gehäuse kann ebenfalls das Linienschweißen (4mal) eingesetzt werden. Ein weiterer Anwendungsbereich ist das Verschweißen von Al-Folien. Jedoch wird hier meist das Ultraschallnahtschweißen eingesetzt. In Aluminiumwalzwerken werden die Aluminiumfolien endlos geschweißt. Anwendungen bis herab zu 0,008 mm Foliendicke sind bekannt. Diese Ultraschallnahtschweißmaschinen werden auch zum Verschließen von Folienverpackungen erfolgreich eingesetzt.

Schweißbare Werkstoffe
Aluminium: fast alle Legierungen in fast allen Zuständen (gegossen, gezogen, gewalzt, geschmiedet, geglüht), jedoch vorzugsweise nicht hart

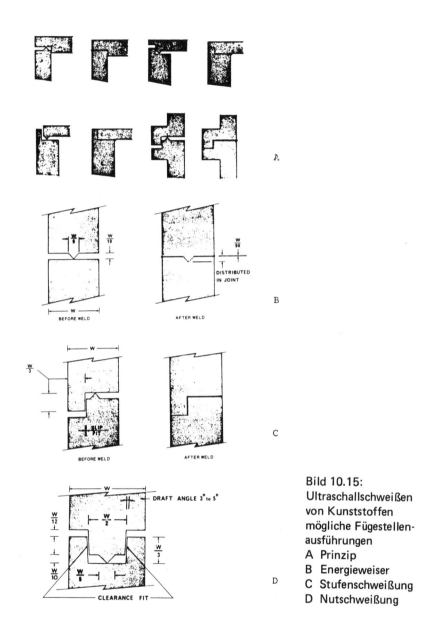

Bild 10.15:
Ultraschallschweißen von Kunststoffen mögliche Fügestellenausführungen
A Prinzip
B Energieweiser
C Stufenschweißung
D Nutschweißung

Kupfer und Kupferlegierungen
schweißbar mit wenigen Einschränkungen

Eisen und Stahl
bei den meisten Legierungen zufriedenstellende Ergebnisse

Edelmetalle (Gold, Silber, Platin)
schweißbar, hauptsächlich wird Gold in der Mikroelektronik verarbeitet

Hitzebeständige Werkstoffe
Molybdän, Tantal, Wolfram, Columbium, Beryllium, Rhenium
schweißbar mit Einschränkungen. Auf Materialstruktur und Qualität ist hier besonders zu achten.

Nickel, Titan, Zirkon, dispersionsgehärtete Werkstoffe schweißbar, abhängig vom Härtezustand.

Metallschichten auf Nichtmetallen (Glas, Keramik usw.)
mit Einschränkungen wegen Schichtaufbau, -dicke und -Struktur vorzugsweise in der Elektronik, wo meist eine Gold- oder Silber-Palladiumdeckschicht vorhanden ist. Abhängig von der Dicke des aufzuschweißenden Drahtes und damit der erforderlichen Ultraschall-Leistung, ist eine Schichtdicke erforderlich, die die eingebrachten Spannungen aufnehmen kann. Bei zu geringer Schichtdicke keine Schweißung oder Abplatzen der Metallschicht vom Träger.

Zwischenfolien als Schweißhilfen
Werkstoffe wie Ni, Pt, Be, Al kommen zum Einsatz.

10.4.2 Ultraschallschweißen von Kunststoffen

Thermoplastische Kunststoffe werden in vielfältigen Formen als Folien, Stäbe, Rohre und vor allem auch als Gußteile verwendet.

In welcher Weise solche Bauteile miteinander verbunden werden können, zeigt Bild 10.15. Häufig steht der Konstrukteur vor der Frage, wie ein Kunststoffbauteil verbunden werden soll. Als rationale Alternative zum Kleben, vor allem bei größeren Bauteilen, bietet sich das Ultraschallschweißen an.

Beispiele aus der Elektrotechnik sind Schaltgeräte aller Art (Mikroschalter, Taster usw.), Halterungen, Spulenkörper und viele andere.

Die Wahl des Kunststoffes bestimmt oft die Möglichkeit des Ultraschallschweißens. Wegen der unterschiedlichen Leitfähigkeit des Kunststoffes sollte man vor

Kurz-zeichen	Material	Handelsnamen (Beispiele)	E-Modul (kp/qcm) $\times 10^3$ bei 20°C	Dichte (g/ccm)	Erweichungs-temperatur (°C) ca.	Dämpfung gering / mittel / hoch	Schweißbarkeit Nahfeld / Fernfeld		Nieten	Einbetten	Geräteleiste hoch / niedrig	Anwendungsgebiete und Bemerkungen
ABS	Acryl-nitril-Butadien-Styrol	Cycolac Novodur Terluran	20-28	1,02-1,21	185	X X	sehr gut	gut	sehr gut	sehr gut	X	Gehäuse u.Verkleidungen Ventilatoren u.Schutzhelme I.vielen Ver'.gen.auch mit PMMA verschweißbar.
SAN	Styrol-Acryl-nitril	Luran Vestoran	20-22	1,07-1,08	125	; X	sehr gut	gut	sehr gut	sehr gut	X	siehe ABS
CA	Cellu-lose-acetat	Cellidor Ecaron Trelit	20	1,28-1,32	180	X	bedingt bedingt		gut	gut	Y	Bedienungsknöpfe,Schreibgeräte Spielzeug, verhm.starke Wasseraufnahme
PA	Poly-amid	Durethan Nylon Rilsan Ultramid Zytel Vestamid	12-30	1,00-1,35	235	X	gut bedingt		gut	gut	X	Zahnräder,Lager,Gleitelem. Pumpen,Gehäuse. Glasfüllg.verb.d.Schweiß-barkeit
PC	Poly-carbonat	Makrolon Lexan	22	1,19-1,40	230	X	sehr gut	gut	sehr gut	sehr gut	X	Lichtkuppeln,Tel.-Zellen, Str.-Leuchten,Laufräder Material m guten akust. EGS
PE	Poly-äthylen	Hostalen Lupolen Vestolen Supralen	3-10	0,92-0,96	150 - 160	X	gut bedingt		gut	bedingt	X	Spielw.,Lagerbehälter,Flascher E-techn.Teile Bessere Schweißergebnisse bei glasgefüllten Typen
PMMA	Poly-methyl-meth-acrylat	Perspex Plexiglas Plexidur Resarit Transpex	30	1,10-1,18	160	y	sehr gut	gut	sehr gut	sehr gut	X	Mit PS,SAN,ABS meist gut verschweißbar Lichtkuppeln,Leuchten,Organ-ersatz
POM	Poly-acetal-harz	Hostaform C Delrin	30	1,42-1,56	170	X	gut	gut	bedingt	gut	X	KFZ-Teile,techn.Artikel Feuerzeugtanks
PP	Poly-propylen	Hostalen PP Novolen Vestolen P	8-15	0,50-0,91	180	X	gut	nicht	gut	bedingt	X	Hochbeanspr.techn.Teile, Teile f.E-Geräte u.Kfzs. Bessere Schweißergebnisse bei glasgefüllten Typen
PPO	Poly-phenylen-oxid	Noryl	25-27	1,05-1,35	185	X	gut	bedingt	gut	gut	X	HA-Geräte,Pumpen,Filter
PS	Poly-styrol	Hostyren Vestyron Luran	31-33	1,05	170	X	sehr gut	sehr gut	sehr gut	sehr gut	X	Spielw.,Werbeart.,Gerätegehäu Sehr gute akust.u.elektr.EGS Bis zu 30% Glasanteilschweißb
PVC	Poly-vinyl-chlorid	Hostalit Mipolam Trovidur Vestolit Vinoflex	30	1,15-1,39	165	X	gut	bedingt	sehr gut	sehr gut	X	Rohre,Armaturen,Verkleidgn. f.Fassaden,Decken,Wände etc.

Tabelle 10.1: Eignung von Kunststoffen zum Ultraschallschweißen

allem bei dickeren Bauteilen darauf achten, daß sich „far field"-Schweißungen durchführen lassen (Bild 10.5, Tabelle 10.1).

Wegen des direkten Einleitens der Ultraschallschwingungen lassen sich auch mehrere Punkte gleichzeitig schweißen. Dies ist z.B. interessant bei Fügen zweier Teile, zwischen denen mehrere Hohlräume verbleiben, während die Trennwände verschweißt werden sollen.

10.5 Wirtschaftliche Bedeutung des Ultraschallschweißens

Das Ultraschallschweißen ist ein relativ junges Verfahren. Seit Anfang der 50er Jahre hat es sich einen festen Platz unter den Fügeverfahren erobert. In der Elektronik werden Drahtverbindungen hergestellt. In der Elektrotechnik werden Kondensatorwickel und vor allem auch Kunststoffteile mittels Ultraschall verschweißt.

In anderen Bereichen ist das Ultraschallschweißen auch nicht mehr wegzudenken. Allein in der Bundesrepublik stehen mehrere hundert Ultraschallbonder für die Mikroelektronik. Die Anzahl der Ultraschallschweißmaschinen für Kunststoff dürfte sicher höher sein als diejenige für Metall, in der Bundesrepublik sind schätzungsweise einige tausend Maschinen im Einsatz. Da der Preis solcher Maschinen von DM 5000,– bis etwa DM 150000,– reicht, kann man ersehen, daß das Verfahren nicht nur für Spezialfälle unentbehrlich ist, sondern auch innerhalb der Schweißtechnik wirtschaftliche Bedeutung hat.

Prof. Dr.-Ing. Lutz Dorn

11 Qualitätssicherung von Mikroschweißverbindungen

11.1 Einführung

Die Bauteile der Mikrotechnik unterliegen häufig besonders hohen Anforderungen an die Zuverlässigkeit, d.h. die Verfügbarkeit unter den Betriebsbedingungen während der vorgesehenen Gebrauchsdauer muß gewährleistet sein. Besonders offensichtlich sind diese Erfordernisse bei elektronischen Schaltungen mit einer großen Zahl an Verbindungsstellen, wo der Ausfall einer einzigen Kontaktierung zum Fehlverhalten der Gesamtschaltung führt. Während in der „Konsum"elektronik der erforderliche Zuverlässigkeitsgrad im wesentlichen von dem Verhältnis der Mehrkosten für die Qualitätsverbesserung gegenüber den Einsparungen durch weniger Ausschuß und Reparatur abhängt, sind in der Industrieelektronik im Hinblick auf mögliche Schadensfolgen und die Haftung des Produzenten extreme Zuverlässigkeitsansprüche zu erfüllen.

Die Maßnahmen zur Qualitätssicherung beim Mikroschweißen sollen nachstehend am Beispiel des Widerstandsschweißens aufgezeigt werden. Die Qualitätssiche-

Einflußgrößen	abhängig von			
	Versorgung	Maschine	Fertigung	Werkstück
Schweißstromstärke	•	•		•
Stromform	•	•		
Schweißzeit	•	•		
Elektrodenkraft	•	•		
Nachsetzverhalten		•		
Elektrodenspitze		•	•	
Elektrodenzentrizität		•	•	
Elektrodenkühlung	•	•		
Werkstoff der Werkstücke				•
Oberflächenzustand der Werkstücke			•	•
Werkstückdicken			•	•
Punkt- und Randabstand			•	•
Überlappung			•	•
Anlage der Werkstücke			•	•
Zugänglichkeit			•	•

Tabelle 11.1:
Übersicht über wichtige qualitätsbestimmende Einflußgrößen beim Widerstandspunktschweißen[1]

rung beim Widerstandsschweißen ist ein bis heute nicht zufriedenstellend gelöstes Problem. Bereits geringfügige Veränderungen der Schweißbedingungen, wie sie sich in der industriellen Anwendung kaum vermeiden lassen, führen zu starker Streuung der Schweißgüte. Die Streueinflüsse können von der Maschinenversorgung, der Schweißmaschine selbst und ihrer Steuerung, den Fertigungsbedingungen sowie dem Werkstück ausgehen, Tab. 11.1[1]. Erschwerend kommt hinzu, daß die zerstörungsfreien Prüfverfahren, wie Röntgen-Durchstrahlung und Ultraschallprüfung, bei Punktschweißverbindungen nur geringe Aussagekraft besitzen; insbesondere ist eine Beurteilung der Größe der Schweißlinsen damit kaum möglich.

11.2 Qualitätsplanung

In Anlehnung an die Begriffserläuterung der Deutschen Gesellschaft für Qualität (ASQ)[2] ist die Güte einer Mikroschweißverbindung diejenige Beschaffenheit, die sie für ihren Verwendungszweck geeignet macht. Sie hängt ab von

a) dem Grad der Funktionserfüllung
b) der Verfügbarkeit unter Betriebsbedingungen während der Gebrauchsdauer (Zuverlässigkeit)

Die Ausführung der Schweißverbindung ist qualitativ einwandfrei, wenn die erzeugten Istwerte bestimmter variabler Merkmale innerhalb von der Konstruktion vorgegebener Grenzwerte bleiben, was eine Beurteilung ermöglicht. Grundsätzlich ist jedes Merkmal variabel, solange nicht durch eine Übereinkunft eine klare Ja-/Nein-Entscheidung bei attributiven/alternativen Merkmalen möglich ist[3]. Man kann definieren:

a) meßbare Merkmale (z.B. Zug-Scherfestigkeit),
b) zählbare Merkmale (z.B. Lastwechsel bis zum Bruch),
c) subjektiv klassifizierbare Merkmale (z.B. Elektrodeneindruck auf einer Oberfläche).

Tab. 11.2 gibt einen Überblick über Qualitätsmerkmale von Punkt- und Buckelschweißverbindungen.

Je nach den Anforderungen an die Mikroschweißverbindung können unterschiedliche Wertmaßstäbe das entscheidende Kriterium sein. Deshalb müssen die Zielgrößen eindeutig formuliert werden, um das Erfüllen der Anforderungen an die Ausführung bzw. an die Eigenschaften der Mikroschweißung prüfen zu können.

1 nach der Geometrie
Punktdurchmesser (Torsions- bzw. Ausknöpfversuch)
Linsendurchmesser (Schliff)
Eindringtiefe der Linse (Linsenhöhe)
Eindrucktiefe der Elektroden
Spalt zwischen den Blechen
Gleichmäßigkeit der Linsenform

2. mechanisches Verhalten
   2.1. statische Beanspruchung, zum Beispiel
Scherzugkraft
Streckkraft
Torsionsmoment
Verdrehwinkel
Kopfzugkraft
Härte
Dichtheit
Ausknöpfen (Abrollen)
Meißelprobe
   2.2. dynamische Beanspruchung, zum Beispiel
Zugdruck-Wechselkraft bis
Zugschwellkraft
Biegewechselkraft
Schlagarbeit (Scherzug- oder Kopfzugproben)

3. Gefügeeigenschaften

4. Korrosionseigenschaften

5. Elektrische Eigenschaften

6. Fehler (Größe, Anzahl, Lage)

Risse
Hohlräume
feste Einschlüsse
Bindefehler
Formfehler der Linse
Oberflächenfehler
Fehler durch Nachbearbeitung

Tabelle 11.2:
Qualitätsmerkmale von Punkt- und Buckelschweißverbindungen[4]

Für die festigkeitsmäßige Auslegung eines Schweißbauteiles müssen die zu erwartenden Betriebsbeanspruchungen definiert werden, was wegen ihrer Komplexität oftmals schwierig ist. Neben den mechanischen Lasten wie Kräften und Momenten sind auch Zusatzbeanspruchungen aus chemischen und thermischen Einflüssen mit einzubeziehen.

Die Arbeitsanweisungen für die Fertigung sollten Mindest- oder Höchstwerte enthalten. Diese Grenzwerte sind nach technisch-wirtschaftlichen Gesichtspunkten festzulegen. Sie schließen den Sollwert des Merkmals ein, die Zielgröße, auf die die Fertigung auszurichten ist. Abweichungen vom Sollwert sind somit nur dann als Fehler anzusehen, wenn sie außerhalb der vorgegebenen Toleranzgrenzen liegen.

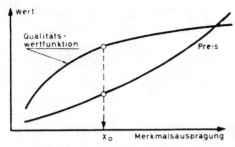

Bild 11.1:
Gegenüberstellung der Qualitätswertfunktion und dem Preis eines Produktes (schematisch)[3]

Den Anwender interessiert die Qualität des Schweißbauteiles, den Hersteller aber darüber hinaus die Qualität der Fertigung, d.h. wie viele unbrauchbare Teile produziert werden und mit welchem Aufwand sie vermieden werden können. Bild 11.1 zeigt schematisch, wie sich bei optimaler Qualität eine maximale Gewinnspanne zwischen der erreichten Qualitätswertfunktion und den Preis einer Produktion einstellt. Die Qualität einer Fertigung sollte daher sorgfältig geplant werden. Hierzu sind folgende Festlegungen eindeutig zu beschreiben:

— Qualitätsmerkmale (Soll- und Grenzwerte)
— Meß- und Prüfverfahren
— Stichprobenentnahme
— Bewertungsrichtlinien
— Aufzeichnung der Prüfergebnisse
— Informationsrückmeldung an die Fertigung (Qualitätskreis)

11.3 Qualitätssicherungsmaßnahmen vor dem Schweißen

Beim Mikroschweißen sind an die Vorbereitung der Teile besonders hohe Anforderungen hinsichtlich exakter Positionierung, präziser Passungen und sauberer Oberflächen zu stellen. Teilweise werden die Bauteile vor dem Verbinden nochmals gereinigt, z.B. im Ultraschallbad, und sollten danach nur noch mit Handschuhen oder Pinzette angefaßt werden. Es kann sogar erforderlich sein, in staubfreien klimatisierten Räumen zu arbeiten.

Die Qualitätskontrolle sollte bereits zu diesem Zeitpunkt einsetzen, um die geeignete Beschaffenheit der Einzelteile und den korrekten Zusammenbau für das Schweißen sicherzustellen. Für die Fertigung sind jeweils Toleranzfelder vorzugeben, innerhalb deren die geforderten Güteeigenschaften erreicht werden. Die wichtigsten Einflußgrößen des Werkstoffes, der Werkstücksgeometrie und der Schweißmaschine auf die Qualität beim Punkt- und Buckelschweißen sind in Tab. 11.3 zusammengestellt.

Bezeichnung	Fehlerdarstellung Fehlerbezeichnung	Auswirkung auf Schweißergebnis	Abhilfemaßnahmen Forderung
1. Werkstoff			
Chem. Zusammensetzung	Streuung	mittel	kl. Toleranz
Schlacken, Doppelungen	isolierend	stark	Eingangsprüfung
Oberfläche: a) Aluminium	ungleiche Oxidschicht	stark	Beizen
b) galvanische c) nichtmetall. Schichten (Phosphatieren)	Toleranz $> 1 \mu m$ isolierend	mittel-stark stark	Toleranz $< 1 \mu m$ Schichtdicke $< 3 \mu m$
2. Werkstückabmessungen – Schweißgerechte Gestaltung			
Zugänglichkeit zur Schweißstelle	ungenaues Zielen	mittel-stark	Konstruktion
Verhältnis Blechdicke zu Punkt- bzw. Buckel-Ø	ungeeignete Abmessungen	mittel-stark	Konstruktion
Abmessungen der Teile	bei Punktschw. Dickeverhältnis max 3:1	mittel-stark	Konstruktion
Punkt- u. Buckelabstand	zu klein (Nebenschluß)	mittel	Konstruktion
Klaffen der Bleche	verminderter Fügedruck	stark	Vorkontrolle
Nebenschluß (Vorrichtung bzw. Werkstück)	Schweißstromverminderung	stark	Konstruktion
3. Maschine u. Versorgung			
Nachsetzverhalten	schlecht (Spritzer)	stark	Maschinenausführung
Elektrodenwerkst und -form	Stromdichteabweichung, Elektrodenverschleiß	stark	Elektrodenpflege
Kühlung	ungenügend (Elektrodenerwärmung)	stark	Kühlwasserüberwachung
Druckluftnetz	Druckschwankung	stark	Ausr. Druckluftnetz (Windkessel)
Stromversorgung	Netzspannungsschwankungen	stark	Ausr. Trafostation

Tabelle 11.3: Einfluß des Werkstoffes, der Werkstückgeometrie und der Schweißmaschine auf die Schweißqualität

Die Ermittlung optimaler Einstellwerte ist durch Versuche zu ermitteln; Richtwerttabellen stellen stets nur eine grobe Annäherung für die richtige Maschineneinstellung dar. Die günstigste Maschineneinstellung ist dann erreicht, wenn die qualitätsbestimmenden Merkmale, z.B. die Scherzugkraft, auch bei geringfügigen

Abweichungen der Einstellwerte innerhalb der zulässigen Grenzwerte verbleiben, Bild 11.2. Zur Ermittlung geeigneter Einstellwerte nach der Simplex-Gitterplanung und der Gradienten-Methode sei auf[6] verwiesen.

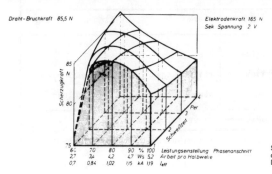

Scherzugkraft als Funktion der Schweißparameter für die Paarung Ni99,8-Blech, 0,4 mm – X5NiCo28 18-Draht, 0,45 mm.

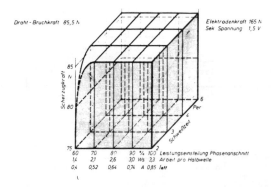

Scherzugkraft als Funktion der Schweißparameter für die Paarung X20NiMn20 6-Blech, 0,4 mm – X5NiCo28 18-Draht, 0,45 mm.

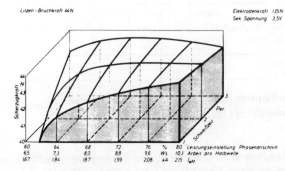

Scherzugkraft als Funktion der Schweißparameter für die Paarung Ni99,8-Blech, 0,4 mm – E-Cu-Litze, 0,2 mm².

Bild 11.2: Scherzugkraft in Abhängigkeit von der Schweißenergie und Stromzeit für das Mikrowiderstandsschweißen[5]

11.4 Prozeßüberwachung und -regelung

Nachstehend wird versucht, einen Überblick über die z.Zt. bekannten Verfahrenskontrollgeräte und Schweißregler zu geben und ihre Anwendungsmöglichkeiten zu umreißen. Die tabellarischen Zusammenstellungen beschränken sich auf die durch praktische Anwendung oder Literaturberichte bekannt gewordenen Prinzipien; die Angaben zur Eignung der unterschiedlichen Kontroll- und Regelprinzipien in Abhängigkeit von der jeweiligen Aufgabenstellung sind nur als Anhalt zu verstehen; sie basieren auf eigenen oder im Schrifttum angegebenen Untersuchungsergebnissen.

11.4.1 Verfahrenskontrolle

Verfahrenskontrollgeräte beschränken sich darauf, die Überschreitung eines vorwählbaren Toleranzbereiches für die Kontrollgröße(n) optisch oder akustisch zur Anzeige zu bringen. Die entsprechende Korrektur erfordert einen Eingriff von außen. Dem geringeren Kostenaufwand dieser Einrichtungen stehen als Nachteile gegenüber, daß die Ermittlung geeigneter Toleranzgrenzen umfangreiche Vorversuche erforderlich machen kann und zum Auffinden und Beseitigen bereits geringfügiger Störungen jeweils eine Maschinenstillsetzung erfolgen muß, Bild 11.3.

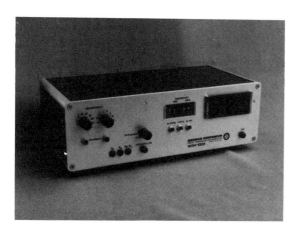

Bild 11.3:
Verfahrenskontrollgerät zur Überwachung des Widerstandsverlaufes beim Punkt- und Buckelschweißen (Werkfoto: Messer Griesheim)

Tabelle 11.4 gibt einen Überblick über einige gebräuchliche Verfahrenskontrollgeräte und ihe Anwendungsmöglichkeiten. Der Erfolg durch Einsatz der Verfahrenskontrolle wird am Beispiel von Bild 11.4 deutlich[26].

		Netzspannungsschwankungen	Elektrodenkraftschwankungen	Elektrodenform	Oberflächenzustand	Nebenschluß	Schweißspritzer/Lunker	Mißbildung	Linsendurchmesser	Schrifttum
++ Eignung stets vorhanden + Eignung im allg. vorhanden o Eignung teilweise vorhanden										
Meßprinzip	Meßaufnehmer									
Schweißstrom	Meßgürtel					++		o		[7] [8]
Schweißspannung	Elektrodenklemmen	++	o	o	+	o	o		o	[7] [9]
Schweißleistung (-energie)	Meßgürtel + Elektrodenklemmen	++	o	+	+	o	o		+	[7]
Elektrodenkraftverlauf	Piezoquarz		++				+			
Schweißwiderstand vor dem Schweißen	Elektrodenklemmen			+	+	+	+			[7]
Schweißwiderstandsverlauf	Elektroden	+	o	+	+	+	o		+	[10]
Elektrodenbewegung	Mechan. Wegmessung	++	o	+	+	o	+		+	[11]
	Beschleunigungsmesser	++	o	+	+	o	+		+	
Schallemission	Mikrophon						+	+	+	[12]
Ultraschall	Schallköpfe in Elektroden						o	o	+	[13]

Tabelle 11.4: Übersicht über gebräuchliche Prinzipien der Verfahrenskontrolle und ihre Anwendungsmöglichkeiten

Bild 11.5 stellt am Beispiel des Kondensator-Impulsschweißens die Qualitätsaussage unterschiedlicher Verfahren der Prozeßüberwachung über das Einbettungsmaß, die Schweißimpulsmessung und die Infrarotstrahlungsmessung gegenüber. Durch gleichzeitige Überwachung von zwei Prozeßgrößen wurde eine sichere Qualitätsbeurteilung erzielt.

11.4.2 Prozeßregelung

Bei der Prozeßregelung wird die Abweichung des Istwertes von einem vorgegebenen Sollwert der Führungsgröße(n) dazu verwendet, über eine geeignete Stellgröße den Istwert wieder in Richtung des Sollwertes zu verändern. Der Vorteil der geschlossenen Wirkungskette liegt im selbsttätigen Ausgleich von Störgrößen, ohne daß die Maschinen hierzu stillgesetzt werden müssen.

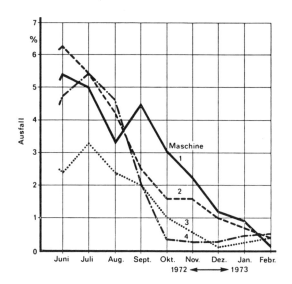

Bild 11.4:
Verringerung der Ausschußrate beim Stumpfschweißen von versilbertem Kupferdraht (0,8 mm) auf ein NiCr-Blech durch Stromüberwachung[26]

Als Führungsgrößen können im Grundsatz die von der Verfahrenskontrolle verwendeten „Kontrollgrößen" verwendet werden. Die Ausregelung von bestimmten Störeinflüssen wird mit denjenigen Führungsgrößen besonders gut gelingen, die sich bei der Verfahrenskontrolle zum Nachweis dieser Störgrößen als geeignet erwiesen haben.

Als Stellgrößen werden entweder die Schweißzeit oder der Phasenanschnittwinkel verwendet. Bei der einfacheren Schweißzeitregelung wird bei Erreichen eines vorgegebenen Sollwertes der Führungsgröße der Schweißstrom abgeschaltet. Gleichmäßige Schweißergebnisse lassen sich mit diesem Prinzip nur beschränkt erreichen, da sich bei Schweißbeginn vorhandene Störgrößen durch Vor- und Rückverlegung des Schweißzeitendes niemals völlig ausgleichen lassen. Da zur Kleinhaltung des schaltungstechnischen Aufwandes im allgemeinen die Löschung des gerade stromführenden Thyristors erst zum nächstfolgenden Nulldurchgang möglich ist, kommt eine (bei kurzen Schweißzeiten besonders nachteilhafte) Regelungsungenauigkeit hinzu. Bei der Phasenanschnitt-Regelung können Soll-Istwert-Abweichungen unmittelbar nach ihrer Entstehung korrigiert werden, so daß der gesamte Schweißvorgang entsprechend der vorgegebenen Führungsgröße abläuft.

Eine weitere Unterteilung der Reglerbauarten kann danach vorgenommen werden, ob die Korrektur erst für den der Messung nachfolgenden Schweißpunkt oder bereits während des gleichen Schweißvorganges vorgenommen wird. Im erstgenannten Fall handelt es sich um ein Stellsystem, im zweiten um einen „echten" Prozeßregler.

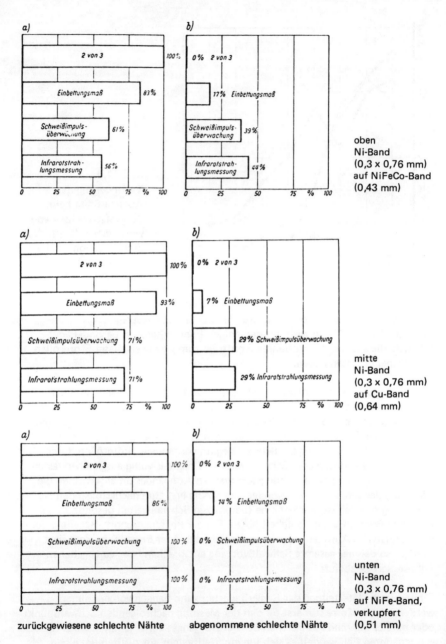

Bild 11.5: Prozeßüberwachung beim Kondensator-Impulsschweißen[14]

Stellsysteme erfordern nur eine vergleichsweise geringe Regelgeschwindigkeit, da für die Veränderung der Stellgröße die Zeit zwischen zwei Schweißpunkten zur Verfügung steht. Daher brauchen sie nicht vollelektronisch ausgeführt zu werden, sondern es können (z.B. durch Verwendung von Drehpotentiometern zur Stellgrößenveränderung) preisgünstige Geräteausführungen verwirklicht werden. Stellgeräte eignen sich allerdings nur zum Ausgleich systematischer, d.h. einem bestimmten Trend unterliegender, Einflußgrößen. Dies trifft beim Punktschweißen insbesondere für den Einfluß des Elektrodenverschleißes zu, Bild 11.6. Sofern die Richtung dieses Trends keiner Umkehr unterliegt, genügt es für die Istwerte, eine einseitige Sollwertschranke vorzugeben, andernfalls sind Geräte mit zweiseitiger Sollwertschranke erforderlich.

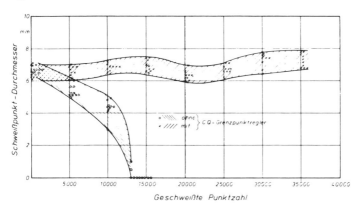

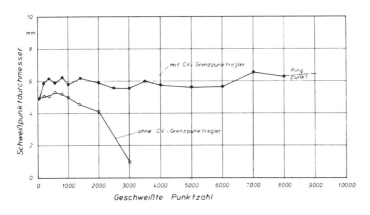

Bild 11.6: Verlängerung der Elektrodennutzungsdauer durch ein Stellsystem[15,16]
oben: blankes Tiefziehblech, Konstant-Energie-Regelung
unten: feuerverzinktes Stahlblech, Konstant-Spannungs-Regelung

Prozeßregler erfordern eine hohe Arbeitsgeschwindigkeit, da die Meßwerterfassung, der Soll-Istwertvergleich und die Stellgrößenveränderung ein oder mehrmals während des nur Sekundenbruchteile dauernden Schweißvorganges ablaufen müssen. Diese vollelektronisch ausgeführten Geräte benötigen zunächst ein Meßintervall, z.B. die erste Halbwelle, bevor in den weiteren Prozeßverlauf korrigierend eingegriffen werden kann. Die kürzeste Schweißzeit, bei der der Einsatz von Prozeßreglern Vorteile bringt, beträgt daher eine Periode. Bei längeren Schweißzeiten wird das Zahlenverhältnis der geregelten Perioden gegenüber der gesteuerten Anfangsperiode größer und damit der Regelungsausgleich wirksamer. Prozeßregler ermöglichen es, sowohl systematische Störeinflüsse als auch stochastische, d.h. nach Zeitpunkt und Größe regellos auftretende Abweichungen auszugleichen. Hierzu gehören z.B. Netzspannungsschwankungen, örtlich unterschiedliche Oberflächenzustände des Werkstückes, Nebenschlußwirkungen durch unterschiedliche Punktabstände usw.

Die Regler für das Widerstandsschweißen befinden sich noch im Stadium der industriellen Erprobung; in der laufenden Produktion werden sie bisher kaum eingesetzt.

Tabelle 11.5 gibt einen Überblick über einige Reglerentwicklungen. Mehrere Reglertypen wurden auf ihre Eignung hin untersucht, die Elektrodennutzungsdauer

System	Bezeichnung	Führungsgröße	Anwendung	Schrifttum
Stellsystem	Normalpunkt-System (NPI 500)	Spannung	Kompensation des Elektrodenverschleißes bei blanken u. beschichteten Stahlblechen	[9]
	Grenzpunktsysteme a) LM 13/RS 10	Leistung	Kompensation des Elektrodenverschleißes a) bei blanken Stahlblechen	[15]
	b) VM 13/RS 10	Spannung	b) bei verzinkten Stahlblechen	[16]
Zeitregler	Automatic Voltage Drop Correction System	Spannung	Änderungen der Netzspannung, Elektrodenkraft, Blechdicke, Nebenschluß	[17]
	Automatic Extension Correction System	Elektrodenweg	Änderungen von Netzspannung, Elektrodenkraft, Nebenschluß	[11]
	Gesamtwiderstandsabh. Steuerung	Widerstandsverlauf	Änderungen von Netzspannung und Blechdicke	[10]
Phasenanschnitt-Regler	Zielpunktregler (R 145)	Leistung Spannung oder Strom	Änderungen von Netzspannung, Elektrodenform, Oberflächenzustand, Elektrodenkraft, Nebenschluß	[15]
	BAM-Regler	Elektrodenbewegung	"	[18]
Kombinierte Regler	ISF-Regler	Widerstand (Vorwärmphase), Elektrodenweg	Störgrößen, z.B. Nebenschluß	[19]

Tabelle 11.5: Übersicht über gebräuchliche Prinzipien der Prozeßregelung beim Punktschweißen und ihre Anwendungsmöglichkeiten

beim Punktschweißen blanker und verzinkter Stahlbleche durch Kompensation des Elektrodenverschleißes über den Schweißstrom zu verlängern, Tabelle 11.6.

Werkstoff	Blechdicke (mm)	Oberfläche	Elektrodenform (mm)	Elektrodenwerkstoff	Steuerung bzw. Regelung	Elektrodennutzungsdauer	Schrifttum
St 12.03	1 + 1	blank	R = 70	CuCr	Steuerung	10 000	
"	"	"	"	"	Grenzpunktsystem LM 13/RS 10	35 000	[16]
St 14.03	2 + 2	blank	d = 7,5	-	Steuerung	8 000	
"	"	"	"	-	Normalpunktsystem NJT 500 N	55 000	[17]
St 12.03	1,75 + 2,0	blank	d = 4	-	Steuerung	20 000	
"	"	"	"	-	Normalpunktsystem NJT 500 N	80 000	[17]
St 12.03	1 + 1	feuerverzinkt	d = 4,8	CuCr	Steuerung	3 000	
"		"	"	"	Grenzpunktsystem VM 13/RS 10	8 000	[16]
St 14.03	1 + 1	feuerverzinkt	d = 4,8	CuCr	Steuerung	800	
"	"	"	"	"	Normalpunktsystem NJT 500 N	9 900	[17]
USt 12.04	0,88 + 0,88	feuerverzinkt	R = 75	CuCrZr	Steuerung	2 000	
"	"	"	"	"	BAM-Regelung	4 000	[18]

Tabelle 11.6: Verlängerung der Elektrodennutzungsdauer bei blanken und verzinkten Stahlblechen mit unterschiedlichen Regelsystemen

11.4.3 Schlußfolgerung

Die Prozeßüberwachung bietet den Vorteil, Abweichungen in der Fertigung frühzeitig erkennen und ausgleichen zu können. Bisher ist jedoch noch keine Kontroll- bzw. Führungsgröße bekannt, die eine ausreichende Schweißgüte von Punktschweißverbindungen unter allen denkbaren Störeinflüssen gewährleistet. Die Prozeßüberwachung bzw. -regelung reicht daher für sich allein zur Gütesicherung nicht aus, vermag jedoch in Verbindung mit anderen Maßnahmen einen Beitrag bei der Qualitätsüberwachung punktgeschweißter Bauteile zu liefern[20].

11.5 Qualitätskontrollkarten

Qualitätskontrollkarten dienen der laufenden Überwachung und Registrierung von Qualitätsmerkmalen. Hiermit ist nicht nur möglich, das Qualitätsniveau jederzeit zu erkennen, sondern es können auch systematische Veränderungen von Qualitätsmerkmalen erkannt und zur Fertigungssteuerung ausgenutzt werden. Hierzu werden die Kontrollkarten, Bild 11.7, nicht nur mit einer oberen und unteren Kontrollgrenze versehen, die die maximale Toleranzabweichung der

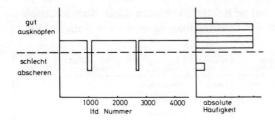

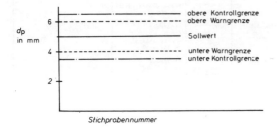

Bild 11.7:
Beispiele von Qualitätskontrollkarten[21]
oben:
für attributive Prüfung
unten:
für messende Prüfung

Istwerte gegenüber dem Sollwert kennzeichnet, sondern auch mit Warngrenzen, bei deren Überschreitung eine Rückmeldung zur Fertigung erfolgen soll, um durch entsprechende Korrekturmaßnahmen die Istwerte wieder näher dem Sollwert anzugleichen. Auf diese Weise kann der Überschreitung der Toleranzgrenzen und damit der Herstellung fehlerhafter Schweißungen wirksam begegnet werden.

11.6 Prüfung von Mikroschweißverbindungen

Die vorgegebenen Wertmaßstäbe müssen selbstverständlich meßbar bzw. überprüfbar sein. Dazu muß vorhanden sein: eine Prüfvorschrift für die Fertigung, an der sie sich orientieren kann, sowie zweckmäßige Prüfmittel für die Fertigungskontrolle.

11.6.1 Mechanische Prüfverfahren

Die geringen Abmessungen der Bauteile und die Vielfalt der Werkstückgeometrien erschweren die Zugänglichkeit für Prüfwerkzeuge, wodurch die Anwendung konventioneller Prüfverfahren erschwert oder sogar verhindert wird.

Für das Prüfen punktförmiger Verbindungen an überlappten Blechen können die für das Widerstandspunktschweißen entwickelten Prüfverfahren[22] herangezogen werden, Bild 11.8.

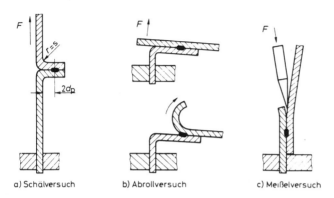

a) Schälversuch   b) Abrollversuch   c) Meißelversuch

Bild 11.8: Einfache Werkstattversuche an Punktschweißverbindungen[21]

Bei der Beanspruchung einer Blech-Drahtverbindung nach Bild 11.9a (freier Scherzugversuch) wird keine reine Scherzugkraft ermittelt. Mit zunehmender Belastung tritt eine Kopfzugbelastung der Schweißverbindung auf. Werden Profile und Drähte, die gekreuzt miteinander zu verbinden sind, nach Bild 11.9b geprüft, so ist die Schweißstelle dabei auf Zug, Verdrehen und Abscheren beansprucht. Diese Methode eignet sich daher nur für vergleichende Untersuchungen an gleichartigen Mikroschweißverbindungen.

Für eine Aussage über die Verformungsfähigkeit einer Mikroschweißverbindung bietet sich die Torsionsprüfung an, Bild 11.10. Dieses Prüfverfahren beansprucht einen Schweißpunkt an seinem gesamten Umfang gleichmäßig. Als Qualitätsmerkmal werden das Torsionsmoment und der maximale Verdrehwinkel ermittelt[23].

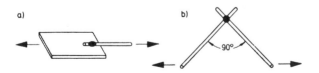

Bild 11.9: Verfahren zur Ermittlung der statischen Bruchlast von Kleinstproben[9]

11.6.2 Visuelle Inspektion

Diese mehr subjektive — aber zerstörungsfreie — Prüftechnik dient der Fragestellung, ob die Mikroschweißverbindungen sich unter den tatsächlichen Umgebungsbedingungen als optisch zufriedenstellend erweisen. Merkmale mangelhaft ausgeführter Schweißverbindungen sind:

— übermäßig starke Deformation der zu verbindenden Teile
— Materialauswurf (Krater- bzw. Spritzerbildung)
— Rißbildung

Im Gegensatz zum Löten, wo aus dem Verlaufen des Lotes eine recht gute Qualitätsaussage möglich ist, liefert die Sichtprüfung an Schweißverbindungen keine gesicherte Aussage über das Tragverhalten.

11.6.3 Metallographische Beurteilung

Die Gefügeuntersuchung liefert, insbesondere in Ergänzung mit Härtemessungen, umfangreiche Informationen für eine Gütebeurteilung. Die Größe der Verbindungszone, die Gefügestruktur und der Härteverlauf lassen bei entsprechender Erfahrung Aussagen über die zu erwartenden Eigenschaften von Schweißverbindungen zu. Aus den Schliffbildern ergeben sich vielfach Hinweise für eine weitere Verbesserung des Schweißprozesses, Bild 11.11.

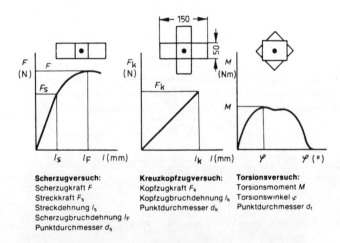

Scherzugversuch:
Scherzugkraft F
Streckkraft F_s
Streckdehnung l_s
Scherzugbruchdehnung l_F
Punktdurchmesser d_s

Kreuzkopfzugversuch:
Kopfzugkraft F_k
Kopfzugbruchdehnung l_k
Punktdurchmesser d_k

Torsionsversuch:
Torsionsmoment M
Torsionswinkel φ
Punktdurchmesser d_t

Bild 11.10: Mechanische Eigenschaften von Punkt- und Buckelschweißungen[21]

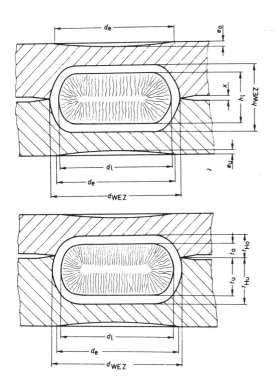

Bild 11.11: Beurteilungsgrößen an Schliffen[21]

- d_L Linsendurchmesser
- d_{WEZ} Durchmesser der Wärmeeinflußzone
- d_e Durchmesser des Elektrodendrucks
- h_L Linsenhöhe
- t Linseneindringtiefe
- h_{WEZ} Höhe von Linse und Wärmeeinflußzone
- t_H Eindringtiefe von Linse und Wärmeeinflußzone
- e Elektrodendrucktiefe
- x Spalt zwischen den Blechen
- Index: o = oberes Blech und u = unteres Blech

11.6.4 Elektrische Prüfung

Für elektrisch leitende Verbindungen, die einen bestimmten elektrischen Leitwert besitzen müssen, ist der Ohmsche Eigenwiderstand der Schweißstelle von Bedeutung. Der Istwert des Widerstandes, ermittelt nach der Vierpunktmethode[24], ist kritisch zu beurteilen, da die Meßfehler durch das Abgreifen mit Meßspitzen die Genauigkeit der Aussage stark einschränken. So wurde festgestellt, daß zwischen dem Widerstand der Verbindung nach dem Schweißen und der

Tragfähigkeit der Mikroschweißung kein eindeutiger Zusammenhang besteht, da auch Schweißstellen mit geringer Festigkeit einen kleinen Übergangswiderstand aufweisen können.

Prüfverfahren	Durchführung	Zerstörungfrei	Prüfumfang	mögliches Beurteilungsmerkmal
Sichtprüfung	Lupe Mikroskop	ja	bis 100%	Verformung Oberfläche Risse, Spritzer
mechanisch statisch	Zugprüfung Scherprüfung Torsionsprüf.	nein	stichprobenweise	Bruchkraft evtl. Verformung
	Schleudern	nein	stichprobenweise	max. Beschleunigung
mechanisch dynamisch	Falltest	nein	stichprobenweise	max. Fallhöhe
	Vibrationstest	nein	stichprobenweise	Zeit bis Bruch
	Schwingprüfung	nein	stichprobenweise	Bruchschwingspielzahl
thermisch	Thermographie	ja	bis 100%	örtl. Temperaturanstieg
	Thermoschock	nein	stichprobenweise	max. Temperaturdifferenz
elektrisch	Leitfähigkeitsmessung	ja	bis 100%	elektr. Widerstand
	Funktionsprüfung	ja	bis 100%	Bauteilfunktion
elektrischmechanisch	Rauschmessung bei Vibration	ja	bis 100%	Rauschfaktor-Änderung
Röntgenprüfung	gekapselte Elektronikbauteile	ja	bis 100%	defekte Verbindungen

Tabelle 11.7: Übersicht über gebräuchliche Prüfverfahren für Mikroschweißverbindungen

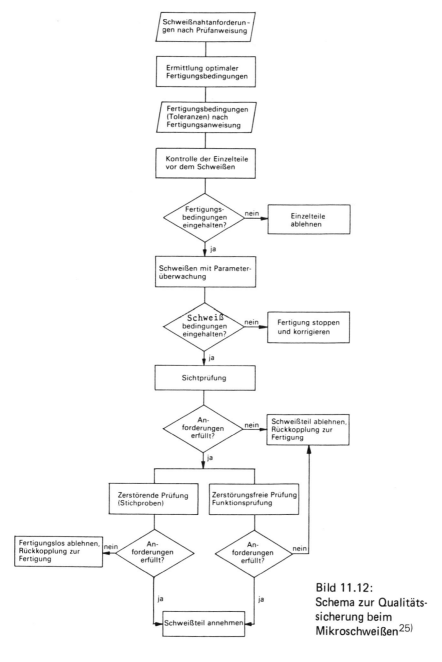

Bild 11.12:
Schema zur Qualitätssicherung beim Mikroschweißen[25]

11.6.5 Sonstige Prüfverfahren

Neben den beschriebenen Prüfverfahren kommen als zerstörende Kurzzeitprüfungen Vibrations-, Schleuder-, mechanische oder thermische Schocktests, Temperaturwechsel- und Korrosionsprüfungen zur Anwendung, Tab. 11.7[25]. Noch schwieriger gestaltet sich die zerstörungsfreie Prüfung, z.B. mittels Röntgenstrahlen, Ultraschall, Wirbelstrom, Farbeindring- und magnetischer Rißprüfung und Thermographie, da das Aussagevermögen im ungünstigen Verhältnis zum technischen Aufwand steht.

11.7 Zusammenfassung

Die Reproduzierbarkeit geschweißter Mikroverbindungen wird hauptsächlich vom Ausgangszustand der zu verbindenden Teile und der Einhaltung der als optimal ermittelten Einstelldaten der Schweißmaschinen beeinflußt. Daher kann eine Überwachung bzw. Regelung von Verfahrensparametern zu verringerter Zahl fehlerhafter Schweißverbindungen beitragen. Für die Prüfung der Mikroschweißverbindungen zur Qualitätsbestimmung — ob am Bauteil oder an einer Probe — stehen nur begrenzt aussagefähige Verfahren zur Verfügung. Der Ablauf der Qualitätssicherung beim Mikroschweißen ist in Bild 11.12 schematisch dargestellt.

Literaturhinweise

Kapitel 1

1) Dorn, L.: Schweißen und Löten in der Mikroelektronik, Umschau 74 (1974), H. 17, S. 535/541

Kapitel 2

1) Dorn, L. und K.H. Grobe: Mikro-Widerstandsschweißen – eine zuverlässige Fügetechnik für Industrieelektronik und Elektrotechnik. Schweißtechnik (Basel), 1975, H. 1, S. 1/23
2) Dorn, L.: Widerstands-Schweißmaschinen für die Feinwerktechnik. Feinwerktechnik 75, 1971, H. 9. S. 280/284
3) Dorn, L.: Neue gerätetechnische Entwicklungen zur Mikro-Widerstandsschweißtechnik. Vortragsband der IEZ-Tagung „Löten und Bonden in der Elektrotechnik" am 26./27. September 1973 in München
4) Dorn, L.: Schweißen und Löten in der Mikroelektronik. Umschau 74 (1974), H. 17, S. 535/541
5) Grobe, K.H.: Neue Verbindungsverfahren mittels Widerstands-Schweißmaschinen in der Mikroelektronik. Vortrag auf der 7. Stuttgarter Sondertagung „Widerstandsschweißen und Mikrofügeverfahren" 1967, Stuttgart, DVS-Fachbuch Bd. 51. S. 75/85
6) Grobe, K.H.: Wirtschaftliches Widerstandsschweißen in der Kleinteilfertigung. Verbindungstechnik 13 (1981), H. 9. S. 21/25
7) Dorn, L.: Anwendung des Widerstandsschweißens von Kleinteilen in Elektronik, Elektrotechnik und Feinmechanik. Feinwerktechnik und Micronic 76 (1972), H. 3, S. 117/122 und H. 6, S. 295/300
8) Grobe, K.H.: Widerstandsschweißen an Thermo-Bimetallen und Heizleitern. Sonderdruck 15/73 der Fa. Messer Griesheim-PECO, München
9) N.N.: Widerstandsschweißen isolierter Drähte. DVS-Merkblatt 2921, Deutscher Verband für Schweißtechnik, November 1979, Düsseldorf
10) Grobe, K.H.: Metallbrillenfertigung mit Widerstandsschweißmaschinen. Feinwerktechnik und Meßtechnik (1977), H. 6. S. 246/252
11) Grobe, K.H.: Mechanisierte und automatisierte Widerstandsschweißtechnik. ZWF-Zeitschrift für Wirtschaftliche Fertigung (1979), H. 4, S. 199/204 und H. 254/258
12) Grobe, K.H.: Mechanisieren und Automatisieren an Widerstandseinrichtungen für Bauelemente der Elektrotechnik. DVS-Berichte, Band 40, DVS-Verlag, Düsseldorf 1976, S. 83/89
13) Maronna, G. und W. Scheel: Fügetechnik in der Elektronik. ZIS-Mitteilungen (1971), H. 9, S. 1391/1399
14) Brunst, W.: Auswahl geeigneter Verbindungen für die industrielle Fertigung. Ingenieur Digest 15 (1976), H. 2, S. 45/48
15) Hartung, R.: Kondensatorimpulsschweißen in der Feinwerktechnik und Elektroindustrie. Der Praktiker (1971), H. 2. S. 35

16) Ladiges, B.: Das Schweißen mit Hilfe der transformierten Kondensatorentladung. Industrie + Elektronik, 14 (1969), H. 1/2, S. 1/3
17) Grobe, K.H.: Mikroschweißen. Schweizer Maschinenmarkt (1972), H. 12, S. 64/71
18) Grobe, K.H.: Automatisierungsprobleme beim Kleinteil-Widerstandsschweißen. Der Praktiker (1975), H. 3, S. 551/554 und 6, S. 100/102

Kapitel 3

1) DODUCO: Geschweißte Kontakte. Dr. E. Dürrwächter DODUCO AG, Pforzheim, Katalog 476/Reg.Nr. 3
2) DVS: DVS Merkblätter, Widerstandsschweißtechnik, Fachbuchreihe Schweißtechnik 68/III, Deutscher Verlag für Schweißtechnik GmbH, Düsseldorf 1979
3) H. Sauer: Relais-Lexikon, Universalbuchhandlung Ladner, München 1975, S. 45
4) D. Stöckel: Werkstoffe für elektrische Kontakte, Kontaktwerkstoffe auf Silberbasis, Kontakt & Studium, Band 43, Expert-Verlag 1980
5) H.A. Schlatter: Kontaktschweißverfahren im Baukasten, H.A. Schlatter AG, Schlieren/CH, Firmenschrift 6.110/1980
6) A. Keil: Bemerkung zur Technologie der elektrischen Kontakte, 1. Berichtsband der Tagung über Niederspannungs-Schaltgeräte in Plovdiv (BG) 1971, S. 126
7) S. Iwasaki/H. Sauer: 5-Lagen-Kontakt, Industrielle Elektronik 2, (1981), S. 26—27
8) DODUCO: Miniprofile für elektrische Kontakte, Firmenschrift der Dr. E. Dürrwächter DODUCO KG, Pforzheim
9) M. Burstin: Anwendung von Kreuzkontakten bei Klein- und Miniaturrelais, Industrie Elektrik Elektronik 6 (1978), S. 157—161
10) M. Burstin: Umgestalten der Kontaktstellen elektrischer Schaltgeräte bringt Edelmetalleinsparung, Maschinenmarkt 13, (1981), S. 188—191
11) H.R. Leutwyler: Relais, STZ 20, (1980), S. 1012
12) M. Burstin: Anwendung der Widerstandsschweißtechnik für Bauteile der Elektrotechnik und Elektronik, DVS-Berichte 40: Löten und Schweißen in der Elektronik, München (1976), S. 69—72
13) E. Vinaricky: Elektrische Schweißverfahren zur Aufbringung von Kontaktwerkstoffen auf Trägermetalle, Jubiläumsschrift 1922—1972 der Dr. E. Dürrwächter DODUCO KG, Pforzheim (1972)
14) F.E. Schneider: Lötverfahren für elektrische Kontaktwerkstoffe, Kontakt & Studium, Band 43, Expert-Verlag 1980
15) B. Graumüller: Widerstandsschweißverfahren für Miniaturkontakte der Nachrichtentechnik, Feingerätetechnik 9 (1979), S. 402—403
16) V. von Ehrenstein: Aufschweißen von Kontakten. DVS-Berichte 71: Weichlöten und Schweißen in Elektronik und Feinwerktechnik München (1981), S. 52—56
17) M. Burstin: Maschinen und Anlagen zum Kontaktschweißen. Werkstatt und Betrieb 112 (1979), S. 735—738

Kapitel 4

1) Firmenschrift G. Rau: Elektrische Kontakte — Werkstoffe und Technologie, Eigenverlag (1980)
2) Schröder, K.H.: Kontakte der Energietechnik, VDE-Fachbericht 27 (1972)
3) Claus, H./Stöckel, K.: Eigenschaften von Werkstoffen für stromführende Federn, Feinwerktechnik & Meßtechnik 91 (1983) 1, S. 19—21
4) Claus, H./Stöckel, D.: Werkstoffe für stromführende Federn, Feinwerktechnik & Meßtechnik 91 (1983) 3, S. 127—130

5) Schneider, F./Stöckel, D.: Auswahlkriterien für Verfahren zur Herstellung von Kontaktbimetallen, Maschinenmarkt 86 (1980) S. 1179—1181
6) Firmschrift der Firma Bihler, Halblech: Schweißen, Stanzen, Biegen
7) Firmschrift der Firma Schlatter, Schlieren: Kontaktschweißverfahren im Baukasten
8) Firmschrift der Firma Intermodern, Bornheim-Hersel: Schaltstückherstellung mit Schweißautomaten
9) Firmschrift der Firma Messer Griesheim-PECO, München: Micro-Schweißtechnik
10) Burstin, M.: Maschinen und Anlagen zum Kontaktschweißen, Werkstatt und Betrieb 112 (1979)
11) Burstin, M.: Werkstoffe und Verfahren zum Kontaktschweißen, Werkstatt und Betrieb 112 (1979) 7, S. 457—463
12) Schneider, F.E./Stöckel, D.: Schweißen in der Kontakttechnik, ZwF 72 (1977), S. 211—214, S. 314—318
13) Vinaricky, E.: Elektrische Schweißverfahren zur Aufbringung von Kontaktwerkstoffen auf Trägermetalle, DODUCO-Jubiläumsschrift (1972), S. 59—
14) Keil, A./Bauer, H.: Aufgeschweißte Edelmetallkontakte, Schweizer Maschinenmarkt 21 (1977), S.
15) Firmschrift der Firma Siemens, Bruchsal
16) Firmschrift Weldequip
17) Stöckel, D.: Oberg, H.J.: Ultraschallschweißen von Kontaktwerkstoffen, Z. f. Werkstofftechnik 6 (1975), S. 125—132
18) Stöckel, D.: Ultraschallschweißen in der Kontakttechnik, ETZ-A (1980)
19) Niebuhr, F.W./Stöckel, D.: Ultraschallmetallschweißen — Substitutions- oder Alternativverfahren, DVS-Berichte Band 70 (1981), S. 128—135
20) Stöckel, D./Ultraschallschweißen, VDE-Seminarbericht „Kontaktverhalten und Schalten", Karlsruhe (1979)
21) Stöckel, D./Oberg, H.J.: Ultrasonic Welding of AgMeO-Contact Materials, Proc. 8th Int. Conf. El. Contact Phenomena, Tokyo (1976), S. 321—326
22) Stöckel, D./Oberg, H.J.: Some Recent Investigations on Sonic Welding of Contact Materials, Proc. 9th Int. Conf. El. Contact Phenomena, Chicago (1978), S. 383—388
23) Dorn, L./Öhlschläger, E.: Grundlagen und Anwendungsmöglichkeiten des Lasers in der Schweißtechnik; Blech Rohre Profile 28 (1981), S. 127—131, 152—155
24) Dorn, L.: Feinschweißen mit WIG-Lichtbogen, Plasmabogen, Laserstrahl und Elektronenstrahl, Feinwerktechnik & Meßtechnik 90 (1982) 6, S. 293—299
25) Seiler, P.: Schweißen mit Laser, Firmschrift der Firma Haas Strahltechnik, Schramberg
26) Vinaricky, E.: Lehrgang „Werkstoffe für elektrische Kontakte", Technische Akademie Esslingen (1983)

Kapitel 5

1) Hulst, A.P.: Überblick über das Mikroschweißen in der Massenfertigung von elektronischen Bauelementen. Schweißen und Schneiden 31 (1979), H. 6, S. 248/251
2) Rykalin, N.N.: Energy Sources for Welding. International Institute of Welding (Houdremont lecture) 1974, Budapest
3) Ingenbrand, H.-D.: Abgrenzung zwischen dem Elektronenstrahl- und dem Plasmaverbindungsschweißen. ZIS-Mitteilungen 9 (1967), H. 12, S. 1634/57
4) Dorn, L.: Moderne Schweißgeräte in der Luft- und Raumfahrt. Maschinenmarkt 76 (1970), Nr. 66, S. 1485—1489
5) Lovery, J.F.: Microplasma Arc Welding. BWRA Bulletin, 8 (1967), Nr. 8
6) Visser, A.: Laser- oder Elektronenstrahlen? Laser und angewandte Strahlentechnik Nr. 1 (1980), S. 5/14

7) von Grothe, K.H. und Stemme, R.: Technologie und Ökonomie bei Pulslaser-Schweißanlagen. DVS-Berichte 40, Deutscher Verlag für Schweißtechnik (1976), S. 93/100
8) Born, K., Dorn, L. und H. Herbrich: Plasma-, Laser-, Elektronenstrahl – die Strahl-, Schweiß- und Schneidverfahren im Vergleich, Blech, Rohre, Profile (1973), H. 9
9) Dorn, L.: Merkmale und Anwendungen moderner Schweißverfahren, Maschinenmarkt 76 (1970) Nr. 89, S. 1988/1992
10) P. Seiler: Laserschweißen im Schmelzschweißverfahren für Feinpunktschweißungen, DVS-Berichte 40, Deutscher Verlag für Schweißtechnik (1976), S. 101/104
11) Herziger G. und Peschko, W.: Eigenschaften des Lasers zum Schweißen und Schneiden, DVS-Berichte, Bd. 63, Deutscher Verlag für Schweißtechnik Düsseldorf (1980), S. 171/174
12) Dorn, L. und Öhlschläger, E.: Grundlagen und Anwendungsmöglichkeiten des Lasers in der Schweißtechnik, Teil I und II, Blech, Rohre, Profile 28 (1981), H. 3, S. 127/131 und H. 4, S. 152/155
13) Dorn, L.: Über die Wechselwirkungen zwischen Elektronenstrahl und Materie. DVS-Berichte 5, Deutscher Verlag für Schweißtechnik, Düsseldorf (1969), S. 9/25
14) Schöbel, K.: Feinschweißen nach dem WIG-Verfahren. Fachbuchreihe Schweißtechnik, Bd. 51, Deutscher Verlag für Schweißtechnik GmbH, Düsseldorf
15) Wagenleitner, A.H. und Liebich, H.: Mikroplasmaschweißen, ein neues Verfahren für das Verbinden kleinster Querschnitte, Kolloquium über neue Werkstoffe im Maschinenbau, ETH Zürich, Febr. 1967
16) Kullen, I.: Wirkungsweise und Problematik der Laserpunktschweißung bei Metallen. Zeitschrift für industrielle Fertigung (1978), S. 13/17
17) Locke, E.V. und Hella, R.A.: Metal Processing with a High-Power-Laser. IEEE Journ. of Quantum Electronics 10 (1974), Nr. 2, S. 179/185
18) Russel, J.D.: Entwicklung auf dem Gebiet des Hochleistungs-Elektronenstrahlschweißens und -Laserschweißens, DVS-Berichte Bd. 63, Deutscher Verlag für Schweißtechnik, Düsseldorf (1980), S. 171/174
19) Matting, A., Koch, H., Dorn, L.: Beitrag zur Aufhärtung und Rißbildung beim Elektronenstrahlschweißen abschreckhärtender Stähle, Schweißen und Schneiden 22 (1970), H. 4, S. 154/56
20) Dorn, L.: Erfahrungen mit dem Elektronenstrahlschweißen allgemeiner Baustähle, Schweißen und Schneiden 21 (1969), H. 2, S. 60/63
21) Dorn, L.: Erfahrungen zur Formungs- und Fügetechnik von Titan- und Titanlegierungen aus der Luft- und Raumfahrt. Bleche, Bänder, Rohre 11 (1970) Nr. 8, S. 397/406 und Nr. 11, S. 509/15
22) Matting, A., Koch, H., Dorn, L.: Beitrag zum Verschweißen verschiedenartiger Metalle mit dem Elektronenstrahl. Metall 24 (1970), H. 4, S. 345/53 und H. 10, S. 1086/91
23) Borutzki, U.: Vergleich des WIG-, Mikroplasma- und Elektronenstrahlschweißens. Schweißtechnik 22 (1972), H. 7, S. 310/312
24) Seiler, P.: Schweißen mit Laser – Voraussetzungen für den Einsatz in der Fertigung. DVS-Berichte 63, Deutscher Verlag für Schweißtechnik, Düsseldorf (1980), S. 187/191
25) Dietrich, W.: Elektronen- und Laserstrahl-Maschinen zum Schweißen metallischer Werkstoffe. Verbindungstechnik, Ausgabe Thermisches Fügen (1973), S. 53/56
26) Kirner, F., Oberreiter, W. und Schuler, A.: Eine flexible Rechnersteuerung für Bearbeitungsprozesse mit Elektronenstrahlen, DVS-Berichte 63, Deutscher Verlag für Schweißtechnik (1980), S. 7/11
27) Skubich, J. und T. Stöckermann: Laser- und Elektronenstrahlbearbeitung in der Fertigung, Werkstatt und Betrieb 1908 (1975) H. 7, S. 425/440
28) Dorn, L., Jäckle, G., Öhlschläger, E. und Smernos, S.: Einfluß der Strahlparameter beim Laserimpulsschweißen auf das Aufschmelzverhalten und die Eigenschaften von Schweißverbindungen. DVS-Berichte, Bd. 63, Deutscher Verlag für Schweißtechnik, Düsseldorf (1980), S. 158/162

29) Dorn, L.: Anwendungsmöglichkeiten des Laserschweißens in Elektrotechnik und Feinwerktechnik. DVS-Berichte 58 „Qualitätssteigerung durch Strahlverfahren", Deutscher Verlag für Schweißtechnik, Düsseldorf (1979), S. 15/19
30) Anderson, D.G.: What Designers should know about Laser Welding and Cutting. Mechanical Engineering (1978), June, S. 44/49
31) Sepold, G. und Bödecker, V.: Schweißen mit Dauerstrich-YAG-Laserstrahl. Laser und Elektro-Optik (1972), S. 11/13
32) Evans, S. und Maasters-Lee, S.H.: Programmiertes Herstellen von elektronischen Mikro-Modul-Baugruppen mit Hilfe des Elektronenstrahlverfahrens. VDI-Z 109, (1967), Nr. 26, S. 1204 ff
33) Schafhausen, R.: Die praktische Anwendung des Elektronenstrahl-Schweißens in der Elektroindustrie. Der Praktiker (1977), H. 4, S. 60/63
34) Schultz, H.: Elektronenstrahlschweißen von Graphit. Schweißen und Schneiden 19 (1967), H. 7, S. 332
35) König, D.: Der Elektronenstrahl als Werkzeug in der Feinwerktechnik. Neue Uhrmacherzeitung Nr. 2 (1967)
36) Steigerwald, K.H.: Thermische Feinbearbeitung mit Elektronenstrahlen. Feinwerktechnik 66 (1962), H. 2
37) Garibotti, D.J., Ullery, L.R.: Production-line packaging of solid state circuits. Electronics (1964), September 7
38) Konkoly, T.: Herstellung von elektronischen Baueinheiten aus vorgalvanisierten Invarteilen durch Elektronenstrahlschweißen. DVS-Berichte 63, Deutscher Verlag für Schweißtechnik (1980), S. 125/128
39) von Dobeneck, D.: Kriterien und Beispiele zum Elektronenstrahlschweißen von elektrischen Bauteilen. DVS-Berichte 40, Deutscher Verlag für Schweißtechnik (1976), S. 137/141
40) N.N.: Elektronenstrahlschweißen in der Mikrotechnik. Merkblatt DVS 2803, Deutscher Verband für Schweißtechnik (1974)
41) Wiesner, P. und Gutzer, H.: Auswahl der Sonderschweißverfahren. ZIS-Mitteilungen (1981), H. 1, S. 13/25

Kapitel 6

1) Löten und Schweißen in der Elektronik, DVS-Berichte Bd. 40, DVS Verlag Düsseldorf
2) DVS Merkblatt 2804: „Heizelementschweißen", DVS Verlag Düsseldorf 2.75
3) Weichlöten und Schweißen in Elektronik und Feinwerktechnik, DVS-Berichte Bd. 71, DVS Verlag Düsseldorf

Kapitel 7

1) Welding Handbook, Section 3B Chapter 59, AWS, New York
2) Löten und Schweißen in der Elektronik, DVS Berichte Bd. 40, DVS Verlag Düsseldorf
3) CJ Dawes M Weldl: „Effect of tool shape when Ultrasonic wire welding", The Welding Institute Research Bulletin Jan. 1978, Febr. 1978
4) W. Florian: „Mikro Ultraschallschweißverbindungen von Golddrähten auf Halbleiterbausteinen", Industrie-elektrik + elektronik (1975), Nr. 17/18, S. 341/343
5) R. Sievers: „Metallschweißen mit Ultraschall", EPP Nr. 1/2, (1977)
6) Florence R. Meyer: „Ultrasonics produces strong, oxide-free welds", Assembly Engineering, May 1977
7) H.M. Vroomans: „Ultraschallschweißen", Maschinenmarkt 1–68
8) Werner Ruhland: „Kunststoffteile mit Ultraschall fügen", KEM 2.79

Kapitel 8

1) Dorn, L.: Betrachtungen zur Güteüberwachung während des Widerstandsschweißens. Schweißen und Schneiden 25 (1973), H. 1, S. 17/20
2) Begriffserläuterungen und Formelzeichen im Bereich der statistischen Qualitätskontrolle. ASQ/AWF 4
3) Masing, W.: Qualitätslehre, DGQ 19. Deutsche Gesellschaft für Qualität, Frankfurt 1977
4) Krause, H.-J.: Stand der Gütesicherung beim Punkt- und Buckelschweißen. Maschinenmarkt 82 (1976), Nr. 32, S. 545/549
5) Dorn, L. und E. Stöber: Verbinden unterschiedlicher Metalle mittels Mikro-Widerstandspunktschweißen. DVS-Berichte, Bd. 70, Deutscher Verlag für Schweißtechnik, Düsseldorf (1981), S. 23/30
6) Dorn, L. und A. Jüch: Statistisches Optimieren der Einstellwerte beim Widerstandsschweißen. DVS-Berichte, Bd. 51, Deutscher Verlag für Schweißtechnik, Düsseldorf (1978), S. 9/15
7) Dorn, L. und K. Lindner: Widerstands-, Strom-, Spannungs- und Leistungsmessung als Mittel zur Gütesicherung. Fachbuchreihe Schweißtechnik, Bd. 62, Düsseldorf, Deutscher Verlag für Schweißtechnik (DVS) GmbH (1973), S. 61/74
8) Krause, H.-J.: Messen beim Widerstandsschweißen. Fachbuchreihe Schweißtechnik, Bd. 58, Düsseldorf, Deutscher Verlag für Schweißtechnik (DVS) GmbH (1970), S. 92/122
9) Ganowski, F.-J.: Spannungsintegration als Mittel zur Gütesicherung. Fachbuchreihe Schweißtechnik, Bd. 62, Düsseldorf, Deutscher Verlag für Schweißtechnik (DVS) GmbH (1970), S. 44/61
10) Milcke, H.: Steuerung der Schweißzeit in Abhängigkeit vom Widerstandsverlauf der Elektroden. Schweißen und Schneiden 19 (1967), H. 4, S. 152/156
11) Needham, J.C.: Automatic Weld Size Control in Resistance Spot Welding of Mild Steel. The Weld. Inst. Res. Bulletin 10 (1969), H. 7
12) Steffens, H.D. und H.-A. Crostak: Die Bedeutung der Schallemissionsanalyse für das Widerstandsschweißen. DVS-Bericht, Bd. 35 „Widerstandsschweißen VII" DVS-Verlag, Düsseldorf (1975), S. 16/23
13) Deutsch, V.: Automatisches Prüfen von Schweißpunkten mit Ultraschall. Schweißen und Schneiden 19 (1967), H. 1, S. 24/26
14) Griffith, W.S.: Zerstörungsfreie Prüfung von Schweißverbindungen an elektrischen Bauteilen. Fachbuchreihe Schweißtechnik, Bd. 58, S. 256/276, Düsseldorf
15) Dorn, L.: Grenzpunkt- und Zielpunktregelung – Fortschritte in der Gütesicherung beim Widerstandsschweißen. DVS-Bericht 35 „Widerstandsschweißen VII", Deutscher Verlag für Schweißtechnik e.V., Düsseldorf (1975), S. 24/34
16) Dorn, L.: Grenzpunktregelung beim Punktschweißen erhöht die Elektrodennutzungsdauer. Verbindungstechnik, März 1975
17) Ganowski, F.-J. und O. Gengenbach: Die Normpunkttechnik des Widerstandsschweißens. Kuka Schweißtechnik 9 (1973), H. 12
18) Krause, H.-J.: Stand der Gütesicherung beim Punkt- und Buckelschweißen. Maschinenmarkt, Würzburg, Nr. 32, 20. April 1976, S. 545/549
19) Deutsche Patentanmeldung P 25 55 792.0-34: Verfahren zur Qualitätssicherung der Schweißverbindungen beim elektrischen Widerstandspunktschweißen. Anmelder: Prof. Dr.-Ing. F. Eichhorn; Aachen
20) Dorn, L.: Stand und Entwicklungstendenzen der Verfahrensüberwachung und Verfahrensregelung beim Widerstandspunktschweißen. Schweißen und Schneiden 29 (1977), H. 1, S. 9/12
21) Krause, H.-J.: Qualitätskontrolle beim automatischen Widerstandsschweißen. Verbindungstechnik, Sonderheft Thermisches Fügen (1977)

22) N.N.: DVS-Merkblatt 2916 (Juni 1978): Prüfen von Widerstandsschweißverbindungen.
23) Dorn, N., Gross, G. und A. Jüch: Aussagen des instrumentiert-geregelten Torsionsversuches zum Tragverhalten von Widerstandspunktschweißverbindungen. Schweißen und Schneiden 30 (1978), H. 1, S. 13/18
24) Garibotti, D.J.: Microminiature Elektron Beam Welded Connections. Welding Journal 1963, S. 417/427
25) Dorn, L. und E. Stöber: Problematische Gütesicherung — Mikroschweißverbindungen in der Elektrotechnik und Elektronik. Elektrotechnik 61 (1979), H. 20, S. 45/47
26) Dorn, L.: Bessere Schweißpunkte durch Verfahrenskontrolle. Der Praktiker, (1973), H. 8.

Stichwortverzeichnis

Abbrennstumpfschweißen 76
Abrollversuch 271
aktives Medium 199
Alodine-Behandlung 67, 68
Arbeitsabstand 203
Arbeitskammer 170
Arbeitsschutz 22
Aufhärtung 178, 180
Aufschweißkontakte 145
Aufwölben 149 f
Automatisierung 51

Bändchen-Schweißen 227
Ball-Wedge-Bonden 223
Ball-Wedge-Bonden, Prozeßablauf 225, 226
Beobachtungsoptik 204
Blechgehäuseschweißen 87
Blechpaketschweißen 77
Brennweite 203
Brillengestelle 48
Buckelschweißen 26, 74—76

CO_2-Laser 168

Diffusion 67, 68, 69
Diffusionsschweißen 142
Dreielektrodensystem 45

Einschnürdüse 165
Elektrische Prüfung 273
Elektroden 26, 30
Elektrodenkraft 29
Elektrodenstandmenge 73, 74
Elektrodenverschleiß 269
Elektronenröhren 36
Elektronenstrahl 163
Elektronenstrahl-Kanone 169
Elektronenstrahlschweißen 159, 184
elektrostriktive Transducer 244
Elektrotechnik 15, 195
Energieerzeugung beim Ultraschallschweißen 243—245
Energiekonzentration 170

Falltest 274
Feinschweißen 159
Feinvakuum 177
Feinwerktechnik 15, 194
Festkörperlaser 167
Filmbonden 230
Flat pack 37
Flatpack-Löten 232
Flußmittel 229
Fokussierungsoptik 203
Folienschweißen 152
Fügen im Elektroapparatebau 77
Fügespalt 210
Funktionsprüfung 274

Gaslaser 168
Gleichstrom-Steuerung 33

Hackenkollektorschweißen 79
Halbleiterschaltungen 36
Halbleiter-Schutzgehäuse 39
Heizelemente 43
Heizleiterwerkstoff 64, 70, 75
Hochvakuum 177
Hybridschaltungen 37

Impulslöten, Definition 228
Innerleadbonder 231
Isolierdrahtschweißen 28, 44

Kabelanschweißen 86
Kabellitzen 40
Kaltwalzschweißen 143
Kernspeicher 46
Kleinelektromotoren 77
Kollektorenhartlöten 88
Kollektorschweißen 79
Kornwachstum 70
Kondensatorimpuls-Steuerung 32, 40
Kontaktbimetalle 137 f, 140, 157, 151
Kontakte, elektrische 135 ff
Kontaktphänomene 136

Kontaktschweißen mit horizontaler
   Drahtzuführung 147
Kontaktschweißen mit vertikaler
   Drahtzuführung 149, 157
Kontaktträgerwerkstoffe 138
Kontaktwerkstoffe 56, 57, 65, 136, 137
Kontrollgrenze 270
Kopfzugversuch 272
Kreuzdrahtschweißen 26
Kreuzkontakte 148
Kugel anschmelzen 224
Kugelaufschweißen 146, 157
Kurzzeit-Abbrennstumpfschweißen 152,
   157

Lackdrahtschweißen 82
Laser-Schweißen 155, 157, 159, 184
Laserstab 167
Laserstrahl 161
Leichtmetalle 56
Leistungsdichte 171, 202
Leiterplatten 38
Leiterwerkstoffe 56, 57, 61, 62, 64
Litzenschweißen 82
Luft- und Raumfahrt 186, 194

magnetostriktive Transducer 244
Magnetwerkstoffe 56, 58
Manteldraht 147, 155
Maschineneinstellung 29
Meißelversuch 271
Membran 49
Metallographische Beurteilung 272
Mikrolöten 16
Mikroplasma-Schweißen 165
Mikroprofile 144, 148
Mikroschweißen 16
Mikrowiderstandsschweißen 24
Mittelfrequenz-Steuerung 33
Mittlerer Schweißfaktor 66
Montageschweißungen 83—87

Nachsetzverhalten 60, 67, 74, 75
Neodym-Laser 167

Oberflächenzustand 180
Outerleadbonder 231
optischer Resonator 200
Oxydschichten 214

Packungsdichte 18
Percussion welding 152, 157
Plättchenaufschweißen 145, 157

Plasmabogen 161
Plasma-Schweißen 159, 183
Porenbildung 178, 181
Profilabschnittschweißen 147, 154, 157
Prozeßregelung 263, 264
Prozeßregler 268
Prozeßüberwachung 263
Prüfen von Impulslötungen 235, 236
Prüfung 270
Punktschweißen 25, 74, 75

Qualitäts-Kontrollkarten 269
Qualitätsmerkmale 258
Qualitätsplanung 258
Qualitätssicherung 19, 257
Qualitätssicherungs-Maßnahmen 260

Reaktortechnik 186
Reflexion 173
Riesenimpuls 171
Rißbildung 179, 181, 209
Röntgenprüfung 274
Rollennahtlöten 151 f
Rollennahtschweißen 27, 40, 74, 143,
   157
Rubinlaser 167

Schälversuch 271
Schärfentiefe 203
Schallschutz 154
Schallschweißen 153 f, 157
Schaltplatten 38
Scherzugversuch 272
Schliffbeurteilung 273
Schmelzbadschutz 176
Schmelzzonenform 172
Schnittweite 203
Schrumpfung 183
Schutzgas 176
Schweißeignung 18, 56, 59, 74, 178
Schweiß-Einstellwerte 261
Schweißgeschwindigkeit 183
Schweißlöten 151
Schweißparameter beim Ultraschall-
   schweißen von Metallen 250, 251
Schweißpunkt-Topographie 68, 69
Schweißstrom 29
Schweißstrom-Steuerung 31
Schweißzeit 29
Schwingquarzgehäuse 39
Schwermetalle 55
Sichtprüfung 272
Siedetemperatur 60

Spaltschweißen 28, 38
Spulenanschlüsse 83, 84
Stanz-Biege-Teile 141, 151
Steckeranschlüsse 86
Stellsysteme 265
Steuerung 31
Strahlaufteilung 155
Strahldivergenz 203
Strahlaufweitung 203
Strahlleistung 170
Strahlumlenkung 156
Stromquelle 166
Stumpfschweißen 47

Thermographie 274
Thermokompressionsbonden 223
Thermokompressionsschweißen, Definition 222
Thermoschock 274
Thermosonic-Verfahren 247, 248
Tiefschweißeffekt 175
Torsionsversuch 271

Übergangswiderstände 67
Überzugssysteme 71–73
Ultraschall-Drahtbonden 245–248
Ultraschall-Linienschweißen 238
Ultraschall-Nahtschweißen 238
Ultraschall-Punktschweißen 237
Ultraschall-Ringschweißen 238
Ultraschallschweißen 153 f, 157
Ultraschallschweißen, Definition 237
Ultraschallschweißen, Energiezufuhr 240, 242
Ultraschallschweißen, schweißbare Kunststoffe 255
Ultraschallschweißen, verschweißbare Metalle 249, 252, 254

Ultraschallschweißen von Kunststoffen 242, 243, 253–255
Ultraschallschweißen von Metallen 239–241

Vakuum-Kammer 177
Verfahrenskontrolle 263
Vibrationstest 274
Visuelle Inspektion 272
Vorbelotung 229

Wärmeschockempfindlichkeit 69, 70
Warmnieten 88
Warmpreßschweißen 139 ff
Warmwalzschweißen 142
Warngrenzen 270
Wedge-Wedge-Bonden 226
Wellenlänge 201
Werkstoffpaarungen 71
Werkstücksvorbereitung 29
Werkstückvorbereitung zum Impulslöten 233, 234
Widerstandshartlöten 88
Widerstandsnieten 88
Widerstandsprüfung 273
Widerstandsschweißen 24, 145 ff, 150 ff
Widerstands-Schweißmaschinen 30
Widerstandswerkstoffe 56, 57, 63
WIG-Lichtbogen 160
WIG-Schweißen 159, 182
Wirtschaftlichkeit 22
Wolfram-Inertgas-Schweißen 159, 182

YAG-Laser 167

Zugprüfung von Drahtschleifen 234, 235
Zusatzwerkstoff 178
Zweipunktschweißung 155

Neues vom expert verlag
Ihrem Fachbuch-Partner

Ondracek
Werkstoffkunde
294 Seiten, DM 38,–
ISBN 3-88508-503-8

Schmid
Handbuch der Dichtungstechnik
464 Seiten, DM 136,–
ISBN 3-88508-504-6

Bossard
Handbuch der Verschraubungstechnik
292 Seiten, DM 89,50
ISBN 3-88508-783-9

Gohl
Elastomere, Dicht- und Konstruktionswerkstoffe
3. überarbeitete Auflage 1983
277 Seiten, DM 54,–
ISBN 3-88508-878-9

Schlichting
Verbundwerkstoffe
229 Seiten, DM 44,–
ISBN 3-88508-724-3

Bartz
Schäden an geschmierten Maschinenelementen
301 Seiten, DM 68,–
ISBN 3-88508-600-X

Rohs
Numerisch gesteuerte Werkzeugmaschinen
168 Seiten, DM 38,–
ISBN 3-88508-674-3

Braune / Streck
Betriebswirtschaftslehre für technische und naturwissenschaftliche Fach- und Führungskräfte
320 Seiten, DM 55,–
ISBN 3-88508-603-4

Bartz
Gleitlagertechnik Teil 1
319 Seiten, DM 54,–
ISBN 3-88508-613-1

Gerhard
Entwickeln und Konstruieren mit System
219 Seiten, DM 34,–
ISBN 3-88508-615-8

Warnecke / Hickert / Voegele
Planung in Entwicklung und Konstruktion
312 Seiten, DM 55,–
ISBN 3-88508-629-8

Tuffentsammer
Programmiergerechte Zeichnungsbemaßung
132 Seiten, DM 29,80
ISBN 3-88508-750-2

Seeger
Technisches Design
216 Seiten, DM 39,50
ISBN 3-88508-671-9

Jung / Wolf
Informationen sammeln und schnell wiederfinden
102 Seiten, DM 24,–
ISBN 3-88508-639-5

Bartz
Luftlagerungen
214 Seiten, DM 49,50
ISBN 3-88508-618-2

Kunst
Verschleiß metallischer Werkstoffe und seine Verminderung durch Oberflächenschichten
256 Seiten, DM 58,50
ISBN 3-88508-805-3

Schneider
Thermobimetalle
180 Seiten, DM 54,–
ISBN 3-88508-807-X

Gerhard
Baureihenentwicklung
ca. 150 Seiten, ca. DM 38,–
ISBN 3-88508-866-5

Dorn
Schweißgerechtes Konstruieren
ca. 180 Seiten, ca. DM 42,–
ISBN 3-88508-877-0

Seeger
Technisches Design
216 Seiten, DM 39,50
ISBN 3-88508-671-9

expert verlag GmbH, 7031 Grafenau 1/Württ., Postfach 2